"十四五"高等职业教育计算机类专业规划教材

Linux 网络服务器配置
与管理项目教程

丛佩丽 李建光 主 编

付崇国 副主编

中国铁道出版社有限公司
CHINA RAILWAY PUBLISHING HOUSE CO., LTD.

内 容 简 介

本书以 Red Hat 公司的 Red Hat Enterprise Linux 8 为平台,以一个中小规模企业建设需求为背景,采用"项目导向,教学做一体化"方式编写而成。本书共有 13 个项目,每个项目均来自实际工作岗位,学生按照书中步骤可以实现所有项目,学生在做中学,在学中做,实现教学做合一。本书紧跟行业技术发展,重点突出技能培养,旨在使学生胜任网络服务器架设和管理等相关岗位工作。本书提供了丰富的数字化教学资源,项目实现过程录制了微课,学生扫码即可在线观看视频。

本书适合作为高等职业院校计算机类专业的教材,也可作为全国职业技能大赛和网络培训班的培训教材,还可供网络管理员和系统集成人员及所有准备从事网络管理的网络爱好者参考使用。

图书在版编目(CIP)数据

Linux 网络服务器配置与管理项目教程/丛佩丽,李建光主编.——2 版.—— 北京: 中国铁道出版社有限公司,2021.8(2024.11 重印)

"十四五"高等职业教育计算机类专业规划教材

ISBN 978-7-113-27929-5

Ⅰ.①L… Ⅱ.①丛… ②李… Ⅲ.①Linux 操作系统-高等职业教育-教材 Ⅳ.① TP316.89

中国版本图书馆 CIP 数据核字(2021)第 076934 号

书　　名:Linux 网络服务器配置与管理项目教程
作　　者:丛佩丽　李建光

策　　划:汪　敏　　　　　　　　　　　　编辑部电话:(010)51873135
责任编辑:汪　敏　徐盼欣
封面设计:付　巍
封面制作:刘　颖
责任校对:孙　玫
责任印制:赵星辰

出版发行:中国铁道出版社有限公司(100054,北京市西城区右安门西街 8 号)
网　　址:https://www.tdpress.com/51eds
印　　刷:三河市兴达印务有限公司
版　　次:2016 年 1 月第 1 版　2021 年 8 月第 2 版　2024 年 11 月第 3 次印刷
开　　本:787mm×1092mm　1/16　印张:19.75　字数:504 千
书　　号:ISBN 978-7-113-27929-5
定　　价:49.80 元

版权所有　侵权必究

凡购买铁道版图书,如有印制质量问题,请与本社教材图书营销部联系调换。电话:(010)63550836

打击盗版举报电话:(010)63549461

前 言（第二版）

本书自第一版出版以来，得到了广大读者的支持和厚爱。现在第一版的基础上，结合企业需求、新技术发展和网络操作系统在工作岗位上的典型应用，对其进行了改编。

本版的优势主要有：

（1）进行了版本升级，升级到 Red Hat 公司的 Red Hat Enterprise Linux 8 版本。

（2）提供了丰富的数字化教学资源，项目实现过程录制了微课，学生扫码即可在线观看视频。提供课程标准、授课计划、电子教案、电子课件等多种资源。

（3）采用"项目导向，教学做一体化"的编写方式，每个项目由项目描述、相关知识、项目实施、项目总结、项目实训和项目练习构成。每个项目中的任务来自实际工作岗位；项目描述中准确介绍了解决问题的思路和方法，培养学生未来在工作岗位上的终身学习能力；相关知识讲解简明扼要、深入浅出，理论联系实际；项目实施操作步骤具体，学生按照书中步骤可以实现所有任务。通过"项目驱动"，使学生在做中学，在学中做，重点突出技能培养。

（4）本书在第一版基础上，结合实际岗位需求，对项目进行了合理优化。以一个中小规模的企业网络建设为背景，以网络工程实际工作过程所需要的知识和技能设计 13 个实际工程项目，分别是安装 Linux 操作系统、管理文件系统、管理组群和用户、管理磁盘、软件安装、架设 DHCP 服务器、架设 Samba 服务器、架设 NFS 服务器、架设 DNS 服务器、架设 Web 服务器、架设 FTP 服务器、架设邮件服务器和架设防火墙。项目设计力求体现"以企业需求为导向，注重学生技能的培养"，使学生学习完本书内容后，能构建中小型企业或校园网的网络应用环境。

本书适合作为高等职业院校计算机类专业的教材，也可作为全国职业技能大赛和网络培训班的培训教材，还可供网络管理员和系统集成人员及所有准备从事网络管理的网络爱好者参考使用。

本书由辽宁机电职业技术学院丛佩丽、李建光任主编，大连东软信息学院付崇国任副主编。具体编写分工如下：丛佩丽编写项目 1、项目 2、项目 4、项目 5、项目 6、项目 7、项目 8、项目 9 和项目 10，李建光编写项目 3、项目 11 和项目 12，付崇国编写项目 13。

在本书编写过程中，赵景晖、赵晓玲、阎坤、王志红、刘娜、杨德志、何芳、卢晓丽，中锐网络股份有限公司代明山对本书的内容安排提出了宝贵的意见，在此表示诚挚的谢意。

由于编者水平所限，在本书的选材和内容安排上难免存在疏漏和不妥之处，恳请读者批评指正！作者的电子邮箱地址：congpeili@yeah.net。

编　者
2021 年 2 月

前　言（第一版）

Linux 网络操作系统具有开放和自由的特点，其安全性、稳定性和可靠性已经得到用户的肯定。近年来，Linux 在服务器操作系统领域占据主流的地位。本书以稳定的 Red Hat Enterprise Linux 6 为平台讲解 Linux 操作系统的应用与管理。

本书以某公司 Linux 服务器系统管理和网络服务为项目背景进行阐述，从网络管理员的视角进行 Linux 服务器的管理，项目设计深入浅出、循序渐进，按照安装 Linux 操作系统、资源管理、配置网络服务器和实现网络安全逐步递进的学习规律开展项目，适合初学者的学习进阶。

本书的特色如下：

（1）紧跟行业技术发展，以"网络服务与管理"为主线展开项目设计，依据全国职业技能大赛技能要求，根据课程内容特点采取项目导向教学模式，确立职业岗位工作过程中工作任务，将工作任务内容转化为学习领域课程内容，与企业合作，共同进行项目的开发和设计。

（2）采用"项目导向，教学做一体化"的编写方式，每个项目由项目描述、相关知识、项目实施、项目总结、项目实训和项目练习构成。每个项目中的任务来自实际工作岗位；项目描述中准确介绍了解决问题的思路和方法，培养学生未来在工作岗位上的终身学习能力；相关知识讲解简明扼要、深入浅出，理论联系实际；项目实施操作步骤具体，学生按照正文步骤可以实现所有任务。通过"项目驱动"，使学生在做中学，在学中做，重点突出技能培养。

（3）教材内容贴近实际，按照学生职业能力成长的过程，教、学、做一体，并且在用户和组群管理等项目中，采取了图形化配置和文本方式配置两种方法，图形化操作有助于提高学生的兴趣，降低学习 Linux 的难度，更好地培养学生的基本职业技能和实际操作能力，从而使其胜任网络服务器架设和管理等相关岗位工作。

本书适合作为高等职业院校计算机类专业的教材，也可作为全国职业技能大赛和网络培训班的培训教材，还可供网络管理员和系统集成人员以及所有准备从事网络管理的网络爱好者参考使用。

本书由辽宁机电职业技术学院丛佩丽、卢晓丽担任主编，广东职业技术学院陈荣征担任副主编。具体编写分工如下：丛佩丽编写项目 4、项目 5、项目 6、项目 7、项目 8、项目 9、项目 10、项目 11 和项目 12，卢晓丽编写项目 1、项目 2 和项目 3，陈荣征编写项目 13 和项目 14。

在本书编写过程中，赵景晖、赵晓玲、王志红、曹起武教授和刘娜、杨德志副教授对本书的内容安排提出了宝贵的意见，在此表示诚挚的谢意。

由于编者的水平所限，在本书的选材和内容安排上如有错误和不妥之处，恳请读者批评指正！作者的电子邮箱地址：congpeili@yeah.net。

编　者
2015 年 12 月

目　录

目录

项目 ① ➡ 安装 Linux 操作系统

Linux 操作系统因为自由与开放的特性,加上强大的网络功能,已经成为当前发展迅速的网络操作系统,在 Internet 中扮演着越来越重要的角色。

1.1　项 目 描 述

某公司因业务需要,决定升级公司服务器。公司网络管理员为了保证公司对于服务器的稳定性和安全性要求,决定为服务器安装 Red Hat Enterprise Linux 8 操作系统。系统安装完成后,熟悉并使用 Red Hat Enterprise Linux 8(RHEL 8)的用户界面。

1.2　相 关 知 识

1.2.1　Linux 操作系统概述

Linux 操作系统是一个类似 UNIX 的操作系统,是 UNIX 在微机上的完整实现。Linux 操作系统的图形化界面如图 1-1 所示。

图 1-1　Linux 操作系统的图形化界面

Linux 操作系统的雏形是芬兰赫尔辛基大学学生 Linus Torvalds 开发的,Linus 为内核程序(kernel)定了主基调,由全世界很多程序员共同开发完成操作系统。这个操作系统可用于 586、686 或奔腾处理器的个人计算机上,并且具有 UNIX 操作系统的全部功能。Linux 是可免费获得的、为 PC 平台上的多个用户提供多任务、多进程功能的操作系统。

现在有许多 CD-ROM 供应商和软件公司（如 Red Hat 和 Turbo Linux）支持 Linux 操作系统。Linux 成为 UNIX 系统在个人计算机上的一个代用品。

1.2.2　Linux 的特点

Linux 操作系统的特点有很多，主要包括：

1. 免费、源代码开放

Linux 是免费的，获得 Linux 非常方便，而且节省费用。Linux 开放源代码，用户可以自行对系统进行改进，包括所有的核心程序、驱动程序、开发工具程序和应用程序。

2. 可靠的安全性

Linux 有很多安全措施，包括读、写权限控制，带保护的子系统，审计跟踪，核心授权等，这为网络多用户环境中的用户提供了必要的安全保障。

3. 支持多任务、多用户

Linux 是多任务、多用户的操作系统，支持多个用户同时使用系统的磁盘、外设、处理器等系统资源。Linux 操作系统的保护机制使得每个应用程序和用户互不干扰，一个任务崩溃，其他任务仍然可以正常运行。

4. 支持多种硬件平台

Linux 操作系统能在笔记本电脑、PC、工作站甚至大型机上运行，并能在 x86、MIPS、PowerPC、Alpha 等主流的体系结构上运行。

5. 全面支持网络协议

Linux 支持的网络协议包括 FTP、Telnet、NFS 等。同时支持 Apple talk 服务器、NetWare 客户机及服务器、Lan Manager（SMB）客户机及服务器。稳定的核心中包含的稳定网络协议有 TCP、IPv4、IPX、DDP 和 X.25。

6. 可移植性

Linux 支持许多为所有 UNIX 系统提出的标准。Linux 符合 UNIX 的世界标准，即可将 Linux 上完成的程序移植到其他 UNIX 机器上运行。

7. 良好的用户界面

Linux 为用户提供了两种界面：图形化界面和命令行界面。

Linux 的传统用户界面是基于文本的命令行界面，即 shell，它既可以联机使用，也可以存储在文件上脱机使用。shell 有很强的程序设计能力，用户可方便地用它编制程序，从而为用户扩充系统功能提供了更高级的手段。可编程 shell 是指将多条命令组合在一起，形成一个 shell 程序，这个程序可以单独运行，也可以与其他程序同时运行。用户可以在编程时直接使用系统提供的系统调用命令。系统通过命令行界面为用户程序提供低级、高效率的服务。

Linux 还为用户提供了图形化界面。它利用鼠标、菜单、窗口、滚动条等，给用户呈现一个直观、易操作、交互性强的、友好的图形化界面。

1.2.3　Linux 的版本

Linux 的版本分为内核版本和发行版本。

1. 内核版本

内核版本提供了一个在裸设备与应用程序间的抽象层。例如，程序本身不需要了解用户的主板芯片集或磁盘控制器的细节就能在高层次上读写磁盘。

内核的开发和规范一直由 Linus 领导的开发小组控制着，版本也是唯一的。开发小组每隔一段时间公布新的版本或其修订版本，Linux 的功能越来越强大。Linux 内核的版本号是有一定规则的，版本号的格式通常为"主版本号.次版本号.修正号"。主版本号和次版本号标志着重要的功能变动，修正号表示较小的功能变更。以 4.18.1 版本为例，4 代表主版本号，18 代表次版本号，1 代表修正号。其中，次版本号还有特定的意义：如果是偶数数字，就表示该内核是一个可放心使用的稳定版；如果是奇数数字，则表示该内核加入了某些测试的新功能，是一个内部可以存放着 BUG 的测试版。例如，4.5.24 表示是一个测试版的内核，4.6.12 表示是一个稳定版的内核。

2. 发行版本

仅有内核而没有应用软件的操作系统是无法使用的，所以许多公司或社团将内核、源代码及相关的应用程序组织构成一个完整的操作系统，让一般的用户可以简便地安装和使用 Linux，这就是所谓的发行版本（Distribution），一般谈论的 Linux 系统便是针对这些发行版本的。发行版本有很多种，它们的发行版本各不相同，使用的内核版本号也可能不一样，最流行的套件有 Red Hat（红帽）、CentOS、SuSE、Ubuntu、红旗 Linux、Kali 等。

（1）Red Hat Linux。Red Hat 是当前最成功的商业 Linux 套件发布商。它自 1999 年在美国纳斯达克上市以来，发展良好，当前已经成为 Linux 商界事实上的龙头。

一直以来，Red Hat Linux 就以安装简单、适合初级用户使用著称。当前它旗下的 Linux 包括两种版本：一种是个人版本的 Fedora（由 Red Hat 公司赞助，由社区维护和驱动，Red Hat 并不提供技术支持）；另一种是商业版的 Red Hat Enterprise Linux。

（2）CentOS。CentOS 是 Linux 发行版之一，它是来自 Red Hat Enterprise Linux 依照开放源代码规定释出的源代码所编译而成。由于出自同样的源代码，因此有些要求高度稳定性的服务器以 CentOS 替代商业版的 Red Hat Enterprise Linux 使用。

（3）SuSE Linux Enterprise。SuSE 是欧洲最流行的 Linux 发行套件，它在软件国际上做出过不小的贡献。现在 SuSE 已经被 Novell 收购，发展也一路走好。不过，与 Red Hat 相比，它并不太适合初级用户使用。

（4）Ubuntu。Ubuntu 是 Linux 发行版本中的后起之秀，它具备吸引个人用户的众多特性：简单易用的操作方式、漂亮的桌面、众多的硬件支持等，它已经成为 Linux 界一颗耀眼的明星。

（5）红旗 Linux。红旗 Linux 是国内比较成熟的一款 Linux 发行套件，它的界面十分美观，操作起来也十分简单，类 Windows 的操作界面让用户使用起来更加亲切。

（6）Kali。Kali Linux 是基于 Debian 的 Linux 发行版，设计用于数字取证操作系统。Kali Linux 预装了许多渗透测试软件，包括 nmap、Wireshark、John the Ripper 等，用户可以用这个操作系统进行渗透测试。

1.3 项 目 实 施

1.3.1 安装 RHEL 8 操作系统

Linux 的安装有光盘、硬盘驱动器、NFS 映像、FTP、HTTP 等多种方法，一般情况下可

项目 1

安装 Linux 操作系统

以使用光盘形式进行安装。

使用光盘形式安装 Linux 操作系统，需要按照以下步骤进行：

（1）设置光盘为第一启动盘。

（2）从光盘启动计算机。

（3）检查光盘介质。

（4）配置安装程序。

（5）进行安装。

（6）初始化 RHEL 8 系统。

（7）登录测试。

该管理员以安装光盘进行安装。首先要准备 Linux 操作系统的安装盘，采用光盘安装方式进行安装，最后进行登录测试。

1. 安装 RHEL 8 操作系统的步骤

（1）光盘启动。设置 BIOS 从光盘启动，然后将 RHEL 8 系统安装盘放入光驱，启动计算机，当计算机检测到光驱后，光驱开始读取光盘，屏幕出现安装选择界面，如图 1-2 所示。

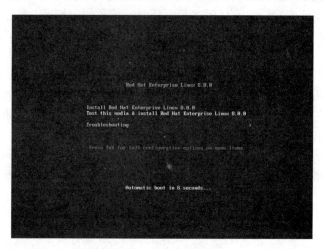

图 1-2　安装选择界面

在该界面中，引导菜单选项包括 3 个选择：

① Install Red Hat Enterprise Linux 8.0.0：安装系统。

② Test this media & Install Red Hat Enterprise Linux 8.0.0：检测安装介质然后安装系统。

③ Troubleshooting：救援安装的系统。如果系统出错，启动不了，可以选择这一种安装方式，从光盘启动。

管理员要给公司员工安装操作系统，所以选择第一种安装方式，然后按【Enter】键。

（2）出现语言选择界面，如图 1-3 所示。

安装程序要求选择一种安装过程所使用的语言，管理员选择"简体中文"选项，随即就可以看到安装界面右侧窗格的在线帮助变成了简体中文显示，并且在接下来的安装过程中屏幕都会以中文字幕进行提示，安装程序也会根据用户指定的语言来定义恰当的时区。

（3）单击"继续"按钮，出现安装信息摘要界面，如图 1-4 所示。

图 1-3 语言选择界面

图 1-4 安装信息摘要界面

Red Hat Enterprise Linux 8 系统的安装，都可以在这个界面完成，可以设置"键盘""语言支持""时间和日期""安装源""软件选择""安装目的地""KDUMP""网络和主机名""安全策略""系统目的"。根据安装需求，设置"时间和日期""软件选择""安装目的地""网络和主机名"这 4 项内容，其他设置按照默认即可。

（4）单击"时间和日期"按钮，出现时间和日期界面，如图 1-5 所示，将"地区"选择为亚洲，"城市"选择为上海，时间设置为当前日期和时间。单击"完成"按钮，回到图 1-4 所示界面。

（5）单击"软件选择"按钮，出现"软件选择"界面，如图 1-6 所示。根据 Linux 服务器承担的角色，选择安装的软件包。管理员选择了"Windows 文件服务器""文件及存储服务器""FTP 服务器""邮件服务器""网络服务器""基本网页服务器""开发工具""图形管理工具""系统管理工具"。如果在此窗口中没有选择需要的服务，可以在系统安装完成后再进行安装。选择好安装的软件后，单击"完成"按钮，回到图 1-4 所示界面。

图 1-5 时间和日期界面

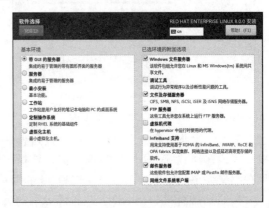

图 1-6 软件选择界面

（6）单击"安装目的地"按钮，进行分区设置，如图 1-7 所示，"安装目的地"选项必须进行点选设置，即使选择自动分区模式，也需要单击左下角"自动"按钮完成分区。在"存储配置"选项组中选择"自定义"单选按钮，然后单击"完成"按钮，出现图 1-8 所示界面，为系统自定义分区结构。可以通过单击"+"按钮和"-"按钮进行创建分区和删除分区操作。

图 1-7　设置目标位置界面

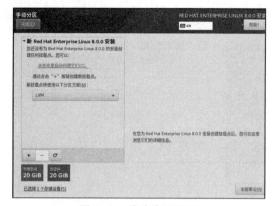

图 1-8　手动分区界面

安装 Linux 操作系统，一定要创建/boot 分区、根分区和交换分区，否则程序无法安装。一般情况下，推荐用户创建下列分区。

① /boot 分区。/boot 分区包含操作系统的内核，以及其他在引导过程中使用的文件。对于大多数用户来说，1024 MB 的引导分区是足够的，单击图 1-8 左下角的"+"按钮，出现"添加新挂载点"界面，如图 1-9 所示。在"挂载点"中选择/boot，"期望容量"中输入 1024M，然后单击"添加挂载点"按钮，出现创建好的第一个分区，如图 1-10 所示。

图 1-9　创建/boot 分区界面　　　　图 1-10　完成/boot 分区界面

在创建新分区时，有以下选项：

a. "挂载点"下拉列表框。在下拉列表框中输入或选择分区的挂载点，如果这个分区是根分区，选择"/"；如果是/boot 分区，选择"/boot"；如果是交换分区，则不用选择挂载点，只在"文件系统"下拉列表框中选择 swap 即可。

b. "期望容量"文本框。设置该分区的磁盘空间。根据实际需求进行设置。

c. "设备类型"下拉列表框。设备类型有标准分区、LVM 和 LVM 简单配置。/boot 分区设备类型永远是标准分区，LVM 是逻辑盘卷管理（Logical Volume Manager）的简称，它是 Linux 环境下对磁盘分区进行管理的一种机制，是建立在硬盘和分区之上的一个逻辑层，来提高磁盘分区管理的灵活性。通过 LVM 系统管理员可以轻松管理磁盘分区。

d. "文件系统"下拉列表框。在下拉列表框中选择用于该分区的合适的文件系统。常见的文件系统类型有 ext2、ext3、ext4、swap、vfat 和 xfs 等。ext2 文件系统支持标准的 UNIX 文件系统；ext3 和 ext4 文件系统是基于 ext2 文件系统的，它们的主要优点是登记功能，使用登记的文件系统将减少崩溃后恢复文件系统所花费的时间。xfs 一种高性能的日志文件系统，特别擅长处理大文件，同时提供平滑的数据传输。在安装 Linux 时，xfs 文件系统会被默认选定，也推荐用户使用该文件系统。swap 是交换分区类型，如果系统内存不够，则将数据写在交换分区上。vfat 文件系统是一个 Linux 文件系统，它与 Windows 的 FAT 文件系统的长文件名兼容。

② 交换（swap 分区）。交换分区用来支持虚拟内存。当没有足够的内存来存储系统正在处理的数据时，这些数据就被写入交换分区。交换分区的最小值相当于计算机内存的两倍。一般应该把交换分区设置大一些，这样在用户将来升级内存时特别有用。使用同样的方法创建交换分区，挂载点选择 swap，期望容量输入 2048M，如图 1-11 所示，创建完成后如图 1-12 所示。设备类型默认是 LVM。

图 1-11　创建交换分区界面　　　　　　图 1-12　完成交换分区界面

③ 根分区。这是"/"根目录将被挂载的位置，即系统安装的位置，管理员根据用户需要，使用全部可用空间创建了根分区，挂载点选择"/"，期望容量空白，这样就表示使用全部剩余空间，如图 1-13 所示，创建完成后如图 1-14 所示，期望容量是 17 GB，设备类型默认是 LVM。

图 1-13　创建根分区界面　　　　　　图 1-14　完成根分区界面

④ 分区创建完成后，如果想删除某一个分区，选择分区后，单击"－"按钮即可；如果想全部删除，单击右下角的"全部重设"按钮。如果设置正确，单击"完成"按钮，出现"更改摘要"界面，如图 1-15 所示，单击"接受更改"按钮，回到图 1-16 所示界面，可以看到"安装目的地"已经改变为"已选择自定义分区"，这样就完成了分区创建。

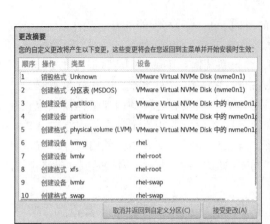

图 1-15　更改摘要界面

图 1-16　完成分区界面

（7）单击"网络和主机名"按钮，出现"网络和主机名"界面，如图 1-17 所示。以太网网卡的名称是 ens160，默认状态网卡是关闭的，只显示了物理地址和连接速度。主机名称默认是 localhost.localadmin。

单击"关闭"按钮左侧的空白方框，打开以太网连接界面，如图 1-18 所示，自动获得 IP 地址、默认路由和 DNS 服务器的 IP 地址。单击右下角的"配置"按钮，可以编辑网卡信息，如图 1-19 所示。这里先不进行 IP 地址等信息的基本配置，只要选中"可用时自动链接到这个网络"选项即可，IP 的具体配置在系统安装好了以后进行配置。选中后单击"保存"按钮回到图 1-17 所示界面。

图 1-17　网络和主机名界面

图 1-18　打开以太网连接界面

将主机名修改为 server，单击"应用"按钮完成主机名设置，如图 1-20 所示。最后单击"完成"按钮完成主机名和 IP 地址设置，回到图 1-16 所示界面。

（8）在图 1-16 中，单击"开始安装"按钮，开始安装系统，出现设置 ROOT 密码界面，如图 1-21 所示，设置管理员账户 root 的密码，密码至少 6 个字符，好的密码组合了数字和大小写字母，不容易让别人猜出，在第一次登录系统时使用。单击两次"完成"按钮完成设置。

（9）出现创建用户界面，如图 1-22 所示。输入用户名 common，设置密码，这是一个普通用户，用于日常工作使用。

图 1-19 网卡"常规"界面

图 1-20 设置主机名称界面

图 1-21 ROOT 密码界面　　　　　　　　　　　图 1-22 创建用户界面

（10）系统安装完成后，提示完成，要求重启系统，如图 1-23 所示。

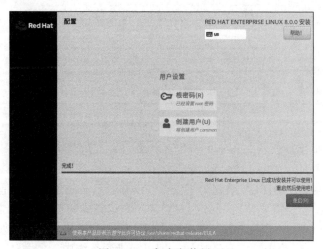

图 1-23 完成安装界面

2. 配置首次安装的操作系统

（1）完成安装后，计算机重新启动，进入安装好的 RHEL 8 操作系统。首次启动 RHEL 8，自动运行初始设置程序，需要管理员对系统进行初始化配置，如图 1-24 所示。

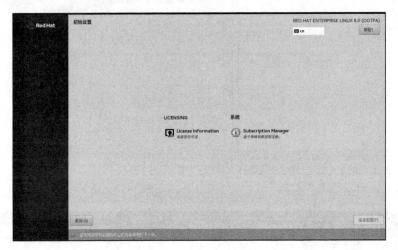

图 1-24　初始设置界面

（2）单击"License Information"按钮，进入许可信息界面，如图 1-25 所示。阅读许可协议后，选择"我同意许可协议"单选按钮，单击"完成"按钮回到图 1-24 所示界面，出现"许可证已接受"提示。

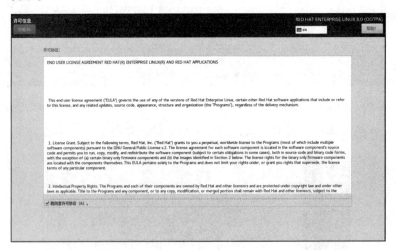

图 1-25　许可信息界面

（3）系统注册采用默认状态，不进行配置，单击右下角"结束配置"按钮，完成初始程序配置，进入登录界面，如图 1-26 所示。

（4）在完成安装后，RHEL 8 系统为了安全，没有显示 root 用户，而是显示安装系统时创建的普通用户。首次登录需要使用 root 账户登录，继续完成配置。单击"未列出？"按钮，出现图 1-27 所示界面，在"用户名"文本框中输入"root"，单击"下一步"按钮，输入 root 密码，如图 1-28 所示，单击"登录"按钮，即可登录到系统中。

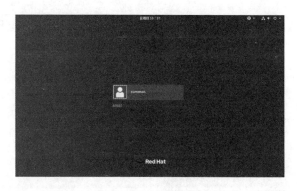

图 1-26　登录界面

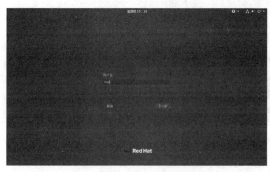

图 1-27　输入用户名界面

图 1-28　输入密码界面

（5）登录系统后，首先对用户环境进行设置。出现欢迎界面，如图 1-29 所示，显示语言是汉语，可以进行语言转换，选择默认语言。

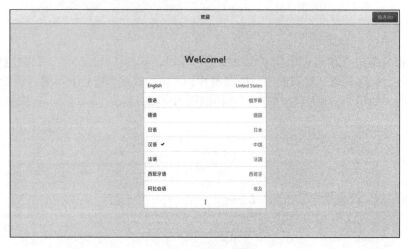

图 1-29　欢迎界面

（6）单击"前进"按钮，出现"输入"界面，如图 1-30 所示，默认选择的键盘布局是汉语，不用进行修改。

（7）单击"前进"按钮，出现"隐私"界面，如图 1-31 所示，默认状态是打开位置服务，允许应用程序确定用户的地理位置，为了安全，可以选择将其关闭。

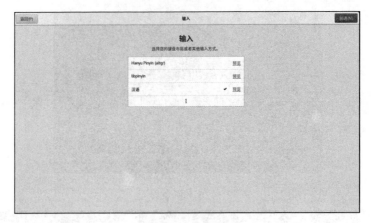

图 1-30　输入界面

图 1-31　隐私界面

（8）单击"前进"按钮，出现"在线账号"界面，如图 1-32 所示，可以连接在线账号，轻松访问邮件、在线日历、联系人、文档和照片，单击"跳过"按钮，不进行设置。出现"准备好了"界面，如图 1-33 所示，单击"开始使用 Red Hat Enterprise Linux"按钮。

图 1-32　在线账号界面

图 1-33　准备好了界面

（9）出现桌面使用介绍界面，如图 1-34 所示，其中显示如何搜索应用程序、如何打开任务窗口等，每个功能有视频进行演示，如果需要学习，单击开始按钮就可以观看视频演示，如图 1-35 所示。

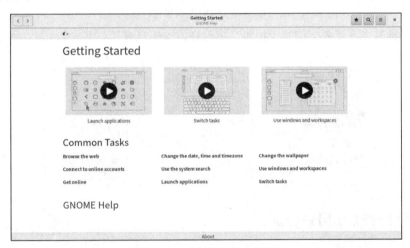

图 1-34　桌面使用介绍界面

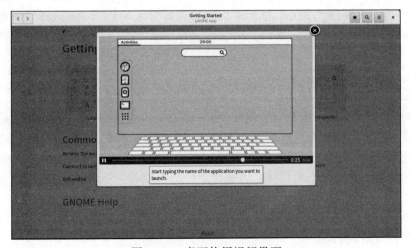

图 1-35　桌面使用视频界面

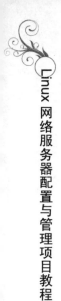

（10）观看结束后，关闭窗口，出现 RHEL 8 的窗口，系统桌面非常简洁，如图 1-36 所示。这样管理员就完成了安装并成功登录到系统中。

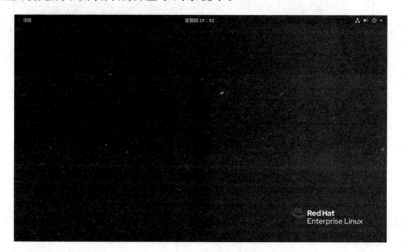

图 1-36　RHEL 8 桌面

请扫描二维码观看任务 1 创建虚拟机。请扫描二维码观看任务 2 安装 RHEL 8 操作系统。

任务 1
创建虚拟机

任务 2
安装 RHEL 8
操作系统

1.3.2　使用 RHEL 8 用户界面

管理员已经完成了 RHEL 8 操作系统的安装，为了更好地提供服务及架设服务器，需要熟悉用户界面，主要熟悉 Linux 操作系统用户界面分类，认识 Linux 操作系统命令行界面，认识 Linux 操作系统图形化界面，实现命令行界面和图形化界面切换和系统注销、关机等操作。

1. Linux 操作系统用户界面分类

Linux 向用户提供了两种界面，即命令行界面（CLI）和图形化界面（GUI）。

RHEL 8 的图形化界面非常简洁。现在 Linux 操作系统主要应用在网络环境中，图形化界面虽然非常直观友好，但是非常耗费系统资源，不利于远程传输数据，并且图形化界面存在的安全漏洞也多。相对而言，命令行界面的操作方式可以高效地完成所有的操作和管理任务，并能节省系统开销，在安全上更可靠，因而命令行操作方式至今仍然是 Linux 操作系统最主要的操作方式。

但是，对于初学者来说，图形化界面更容易学习，所以在本教材中，对图形化界面和命令行界面都进行讲解。

（1）图形化界面。

① 启动图形化界面。当系统正常引导后，输入用户名和密码，即可出现图 1-1 所示的图形化界面。

桌面分为三部分，如图 1-37 所示。第一部分是"活动"菜单，可以打开系统中应用程序；第二部分是中间部分，显示当前日期和时间；最后一部分是系统声音、网络连接和电源按钮。

| 活动 | 星期日 14：12 | 🔊 ⏻ ▾ |

图 1-37　桌面的任务栏

②单击"活动"按钮，打开系统中应用程序，如图 1-38 所示。程序有 Firefox 浏览器、文件、软件、帮助、终端和显示应用程序。如果单击"显示所有应用程序"，则打开系统中所有的应用程序，如图 1-39 所示。

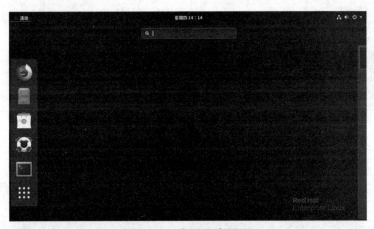

图 1-38　应用程序界面

图 1-39　显示全部应用程序界面

③ 单击 中的任何一个按钮，打开图 1-40 所示的界面，可以进行系统声音调节、IP 地址设置、注销和关机等操作。

④ 快捷键操作。打开应用程序可以使用快捷键方式，首先查看快捷键设置。在桌面上右击，在弹出的快捷菜单中选择"显示设置"命令，打开图 1-41 所示的对话框，选择"设备"中的 Keyboard，找到系统，可以看到"显示全部应用程序"使用的快捷键是【Super+A】（【Super】键就是 Windows 操作系统下的【Win】键），如果想更改快捷键，双击"显示全部应用程序"，

弹出图 1-42 所示的设置快捷键界面，在键盘上按下想设置的键，如设置为按下【F9】键打开"显示全部应用程序"，就在键盘上按【F9】键，如图 1-43 所示，单击"设置"按钮完成更改。回到设备界面，可以看到"显示全部应用程序"的快捷方式已经修改为 F9，如图 1-44 所示，如果想恢复原来的设置，单击最右面的 按钮就可以删除当前设置。

图 1-40　声音、网卡、电源设置界面

图 1-41　设置快捷键界面

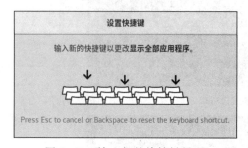

图 1-42　输入新的快捷键界面

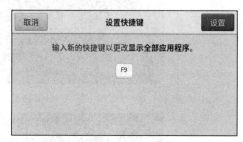

图 1-43　完成快捷键输入界面

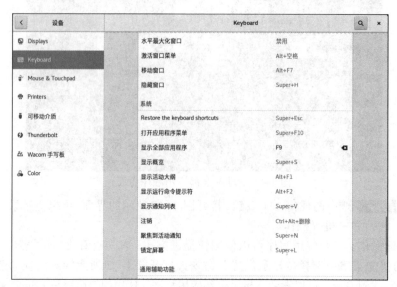

图 1-44　完成快捷键设置界面

（2）命令行界面。

Linux 的传统用户界面是基于文本的命令行界面，即 shell，又称虚拟控制台。

shell 是用户和 Linux 操作系统之间的接口。Linux 中有多种 shell，其中默认使用的是 bash。Linux 系统的 shell 作为操作系统的外壳，为用户提供使用操作系统的接口，它是命令语言、命令解释程序及程序设计语言的统称。shell 是用户和 Linux 内核之间的面向命令行的接口程序，如果把 Linux 内核想象成一个球体的中心，shell 就是围绕内核的外层。当从 shell 或其他程序向 Linux 传递命令时，内核会做出相应的反应。

用户可以通过单击"活动"丨"终端"的方式打开终端，这是 Linux 系统的虚拟控制台，系统将执行一个 shell 程序，如图 1-45 所示。

图 1-45　shell 登录界面

从图 1-45 中可以看到 shell 提示符，对普通用户提示符是"$"，对超级用户，又称根用户（root），提示符是"#"。其中，root 是登录系统的用户名，~ 表示当前登录用户所在的主目录，server 是主机名，可以在网络属性中设置主机名。

用户可以在提示符后面输入任何命令及参数。shell 命令的种类主要包括 Linux 基本命令、内置命令、实用程序、用户程序和 shell 脚本。shell 将执行这些命令。如果一条命令花费了很长的时间来运行，或者在屏幕上产生了大量的输出，可以按【Ctrl+C】组合键在命令正常结束之前终止它的执行。

目前流行的 shell 有 ash、bash、ksh、csh、zsh 等。

2. 命令行界面和图形化界面切换

Linux 是一个真正的多用户操作系统，它可以同时接受多个用户登录。Linux 还允许一个用户进行多次登录，这是因为 Linux 和许多版本的 UNIX 一样，提供了虚拟控制台的访问方式，允许用户在控制台（系统的控制台是与系统直接相连的监视器和键盘）进行多次登录。

虚拟控制台在系统中分别用 tty2 ~ tty6 来表示，通过【Ctrl+Alt+F2】~【Ctrl+Alt+F6】组合键可以切换。按【Ctrl+Alt+F2】组合键则会切换到 X Window 界面。虚拟控制台可使用户同时在多个控制台上工作，真正感受到 Linux 系统多用户的特性。

在安装过程中，如果没有选择工作站或个人桌面安装；或者在启动图形化界面后，也可以按【Ctrl+Alt+F3】~【Ctrl+Alt+F6】组合键，此时就进入虚拟控制台（或称命令行模式、shell 模式）登录模式，按【Ctrl+Alt+F2】组合键还可以回到图形化界面。进入虚拟控制台被引导后，会显示图 1-46 所示界面。

各部分代表的含义如下：

第一行：目前所使用的操作系统发行版本为 Red Hat Enterprise Linux 8.0，别名为 Ootpa。

第二行：内核的版本是 4.18.0-80.el8.x86_64 on an x86_64。

第五行：server 是计算机的名称（可以自己在网络属性中设置），root 就是系统要求登录的账号名称，再输入账号 root 的密码即可登录。

"[root@server ~]#"是系统的提示符，表示 root 账号在使用 server 这台机器；目前所在的目录位于/root 下；#为根用户的提示符，若是以一般用户登录则提示符号为$。提示符后用户可以输入 Linux 指令。

在一个虚拟控制台上，登录系统后也可以再执行 login 指令，换成另一个账号登录（当然也可以用相同的账号）。用户可以在某一虚拟控制台上进行的工作尚未结束时，切换到另一虚拟控制台开始另一项工作。例如，开发软件时，可以在一个控制台上进行编辑，在另一个控制台上进行编译，在第三个控制台上查阅信息。

```
Red Hat Enterprise Linux 8.0 (Ootpa)
Kernel 4.18.0-80.el8.x86_64 on an x86_64

Activate the web console with: systemctl enable --now cockpit.socket

Hint: Num Lock on

server login: root
Password:
Last login: Thu Apr 16 11:33:10 on tty6
[root@server ~]#
```

图 1-46　命令行方式登录后的界面

3. 系统注销

（1）图形化界面的注销。

不论是超级用户，还是普通用户，在图形化界面方式下要退出账号（不关机），均可单击图 1-40 中的"注销"按钮，出现注销对话框后，单击"注销"按钮，如图 1-47 所示；如果想保存桌面的配置以及还在运行的程序，则单击"取消"按钮，就会回到图形化界面。

（2）命令行界面的注销。

若在命令行模式下退出系统时，在文本提示符下，输入相应命令即可。下面以例子说明退出系统的过程：[root@server ~]# *exit*，还有其他退出系统的方法，如#*logout* 或按【Ctrl+D】组合键，但使用#*exit* 命令是比较安全的。

4. 系统关机

（1）图形化界面关机。

因为 Linux 和 Windows 一样，如果不正常关闭，可能导致文件系统破坏而使 Linux 出现问题，所以一定要关闭机器，而且只有系统管理员才有权利关闭机器。

在图形化界面会话中（见图 1-40），单击"关机"按钮，出现关机对话框后，单击"关机"按钮，如图 1-48 所示。

图 1-47　注销界面

图 1-48　关机界面

（2）命令行界面关机。

在虚拟控制台模式下，也可以使用 *shutdown* 命令关闭系统，以确保系统用户都结束工作并保存数据。关闭系统必须以 root 身份登录系统，然后输入以下关机指令，这行指令表示立刻执行关机。

```
[root@server ~]# shutdown -h now
```

shutdown 命令负责在指定的时间结束系统的全部进程，可以安全地关闭或重启 Linux 系统，它在系统关闭之前给系统上的所有登录用户提示一条警告信息。

该命令还允许用户指定一个时间参数，可以是一个精确的时间，也可以是从现在开始的一个时间段。精确时间的格式是 hh:mm，表示小时和分钟；时间段由"+"和分钟数表示。系统执行该命令后，会自动进行数据同步的工作。

该命令的一般格式为：

```
# shutdown [options] when [message]
```

命令 shutdown 的参数说明如表 1-1 所示。

表 1-1　命令 shutdown 的参数说明

参　数		说　明
options	-c	取消一个已经运行的 shutdown
	-r	关机后立即重新启动
	-h	关机后不重新启动
	-k	并不真正关机，而只是发出警告信息给所有用户
	-n	快速关机，不经过 init 程序
	-f	快速关机，重启动时跳过 fsck
when	hh:mm	hh 指小时，mm 为分钟，如 10:45
	+m	m 分钟后执行。Now 等于 +0，也就是立即执行

如果管理员要在 10 点 50 分时关机并重新启动，则执行命令：

```
# shutdown -r 10:50
```

也可以使用 *reboot* 命令或者按【Alt + Ctrl + Delete】组合键重新启动系统。

请扫描二维码观看任务 3 使用 RHEL 8 用户界面。

任务 3
使用 RHEL 8
用户界面

1.4　项　目　总　结

本项目学习了安装操作系统，要求能够掌握 RHEL 8 操作系统的安装，能够进行登录、注销和关机等基本操作，并熟悉 Linux 操作系统的用户界面。

项目 1　安装 Linux 操作系统

1.5 项目实训

1. 实训目的

（1）了解 Linux 操作系统的优点。

（2）掌握 RHEL 8 操作系统的安装。

（3）了解 Linux 的启动过程和两种界面。

2. 实训环境

（1）Windows 计算机。

（2）VMware 虚拟机软件。

3. 实训内容

（1）安装 RHEL 8 操作系统。

① 硬盘分区要求：根分区为 20 GB，/boot 分区为 100 MB，交换分区为 2 GB，/var 分区为 20 GB。

② 网络参数配置要求：IP 地址为 192.168.1.2，网关为 192.168.1.254，DNS 为 219.149.6.99，主机名为 dns.lnjd.com。

③ 安全配置：开启防火墙，只允许 SSH 和 HTTP 服务通过。

④ 创建普通用户 commom，密码设置为 linux8。

（2）分别使用命令行界面和图形化界面登录系统。

（3）进行注销和关机操作。

4. 实训要求

实训分组进行，可以两人一组，小组讨论，决定方案后实施；教师在小组方案确定后给予指导，在学生安装系统出现问题时，引导学生独立解决问题。

5. 实训总结

完成实训报告，总结项目实施中出现的问题。

1.6 项目练习

一、选择题

1. 在 Bash 中，超级用户的提示符是（　　）。

　　A. $ 　　　　　　　　B. # 　　　　　　　　C. @ 　　　　　　　　D. C:\

2. Linux 系统是一个（　　）的操作系统。

　　A. 单用户、单任务 　　　　　　　　B. 单用户、多任务

　　C. 多用户、单任务 　　　　　　　　D. 多用户、多任务

3. Linux 最早是由（　　）开发的。

　　A. Linux Sarwar 　　　　　　　　B. Rechard Petersen

　　C. Rob Pick 　　　　　　　　D. Linus Torvalds

4. 下面关于 shell 的说法，不正确的是（　　）。

　　A. 操作系统的外壳 　　　　　　　　B. 用户与 Linux 内核之间的接口程序

　　C. 一个命令语言解释器 　　　　　　　　D. 一种类似 C++ 的可视化编程语言

5. Linux 操作系统根分区的文件系统类型是（　　　）。

    A．ext4　　　　　　　B．ext3　　　　　　　　C．vfat　　　　　　　　D．xfs

二、填空题

1. Linux 操作系统的文件系统类型主要有_____、_____和_____。

2. Linux 操作系统的发行版本主要有_____、_____、_____和_____。

3. 安装 Linux 操作系统时，主要创建的分区包括_____、_____和_____。

4. Linux 操作系统默认的系统管理员账户是_____。

管理文件系统

文件系统（File System）是磁盘上有特定格式的一片区域，操作系统利用文件系统保存和管理文件。不同的操作系统需要使用不同的文件系统，为了与其他操作系统兼容，操作系统通常都支持很多类型的文件系统。例如，Windows Server 2016 操作系统推荐使用的文件系统是 ReFS，但也兼容 FAT 等其他文件系统。Linux 操作系统使用 ext4/xfs 文件系统。

2.1 项 目 描 述

某公司网络管理员负责为公司管理文件和目录，公司名称为 lnjd，有部门财务部（cw）、人事部（rs）和销售部（xs），目录结构如图 2-1 所示。

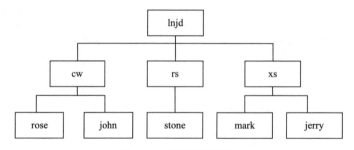

图 2-1 公司目录结构

公司的计算机安装了 Linux 操作系统，管理员要进行目录和文件管理、服务器管理和使用 Vi 编辑器等工作。

2.2 相 关 知 识

2.2.1 文件和目录的概念

文件系统拥有的不同格式称为文件系统类型（File System Types），这些格式决定了信息是如何被存储为文件和目录的。Linux 文件系统遵循 FHS（File Hierarchy System）系统，支持许多流行的文件系统：

（1）ext2：于 1993 年发布，是 GNU/Linux 系统中标准的文件系统，也是 Red Hat Linux 7.2 以前版本的默认文件系统。

（2）ext3：Red Hat Linux 7.2 以后版本所默认的文件系统。

（3）ext4：从 Linux Kernel 2.6.28 版本开始，正式支持新的文件系统 ext4。ext4 在 ext3 的基础上增加了大量功能和特性，并提供更佳的性能和可靠性。

（4）ISO 9660：国际标准组织（ISO）颁布的 9660 标准，规定了在光盘存放文件的方式。

（5）NFS（网络文件系统）：网络上计算机挂载经常采用的系统。

（6）vfat：这是 Microsoft 的 Windows 所采用的文件系统，支持长文件名。

（7）xfs：Linux 操作系统最新的一种文件系统类型。一种高性能的日志文件系统。xfs 特别擅长处理大文件，同时提供平滑的数据传输。

在 Linux 中，所有文件都被保存在目录中，目录中还可以包含目录和文件，可以把文件系统想象成一个倒挂的树状结构，目录看成它的枝干，文件看成叶子。包含其他目录或文件的目录称为"父目录"，被包含的目录称为子目录（subdirectory）。所有文件或目录都连接在根目录（用"/"表示）。从根目录开始可以定位系统内的每一个文件。

2.2.2　Linux 标准文件和目录

Linux 文件系统标准遵循 FHS 标准，可以用文件管理器来查看根目录下面的一级目录，如图 2-2 所示。

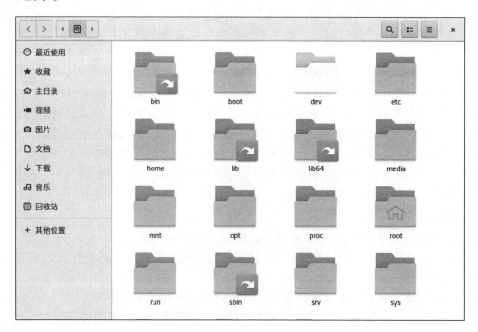

图 2-2　Linux 系统目录

这些目录的主要内容类别是：

（1）/bin 目录：存放可执行的二进制文件，基本 Linux 的命令都存在该目录下。该目录下的命令可以被 root 账户和一般账户使用，主要有 cat、mv、login、ping、date、mkdir、cp、mount 等常用的命令。

（2）/sbin 目录。在/sbin 目录下的命令只有 root 账户才能使用，普通用户只能用来查询。常见的命令包括 fdisk、fsck、ifconfig、init、mkfs、shutdown。

（3）/boot 目录：存放引导 Linux 内核和引导加载程序配置文件（GRUB）。

（4）/dev 目录：存放代表系统设备的特殊文件。

（5）/etc 目录：存放和主机管理、配置相关的文件。

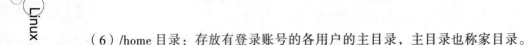

（6）/home 目录：存放有登录账号的各用户的主目录，主目录也称家目录。

（7）/lib 目录：存放执行/bin 及/sbin 目录下可执行文件所需要的函数库。

（8）/mnt 目录：各种设备的文件系统安装点。

（9）/proc 目录：存放当前系统内核与程序运行的信息，和使用 ps 命令看到的内容相同。

（10）/opt 目录：第三方应用程序的安装目录。

（11）/root 目录：管理员账户 root 的主目录。

（12）/tmp 目录：临时文件的存放位置。

（13）/usr 目录：存放 Linux 操作系统中大量的应用程序，该目录的文件可以被所有用户读取。

（14）/media 目录。移动设备默认的挂载点，如光盘插入后自动挂载在此位置上。

2.2.3　进程的概念

Linux 是一个多用户、多任务的操作系统，在同一时间允许有多个用户向操作系统发出各种操作命令。每当运行一个命令时，系统就会同时启动一个进程。进程（processes）是指具有独立功能的程序的一次运行过程，也是系统资源分配和调度的基本单位。

进程由程序产生，是一个运行着的、要占用系统资源的程序。但进程并不等于程序，进程是动态的，而程序是静态的文件，多个进程可以并发调用同一个程序，一个程序可以启动多个进程。当程序被系统调入内存以后，系统会给程序分配一定的资源（如内存、设备等），然后进行一系列的复杂操作，使程序变成进程以供系统调用。为了区分不同的进程，系统给每个进程分配了一个唯一的进程标识符（PID）或进程号。Linux 系统在刚刚启动时，运行于内核方式，此时只有一个初始化进程在运行，该进程首先对系统进行初始化，然后执行初始化程序（即/sbin/init）。初始化进程是系统的第一个进程的子进程。一般情况下，只有子进程结束后，才能继续父进程，若是从后台启动的，则不用等待子进程的结束。

1.　进程状态

为了充分利用系统资源，Linux 系统将进程分为以下几种状态：

（1）运行状态：进程已获得除 CPU 外运行所需的全部资源，一旦系统把 CPU 分配给它之后即可投入运行。

（2）等待状态：又称睡眠状态，进程正在等待某个时间或某个资源。

（3）暂停状态：又称挂起状态，进程需要接受某种特殊处理而暂时停止运行。

（4）休眠状态：进程主动暂时停止运行。

（5）僵死状态：进程的运行已经结束，但它的控制信息仍在系统中。

（6）终止状态：进程已经结束，系统正在回收资源。

2.　进程类型

Linux 系统的进程大体可分为交互进程、批处理进程和守护进程三种。

（1）交互进程：由 shell 通过执行程序所产生的程序，可以工作在前后台。

（2）批处理进程：不需要与终端相关，是一个进程序列。

（3）守护进程：Linux 系统自动启动，工作在后台，用于监视特定服务。

3.　守护进程

Linux 服务器的主要任务就是为本地或远程用户提供各种服务。通常 Linux 系统上提供服务的程序是由运行在后台的守护程序（Daemon）来执行的。一个实际运行中的 Linux 系统一般会有多个这样的程序在运行。这些后台守护进程在系统开机后就运行了，并且在时刻地监听前台客户的服务请求，一旦客户发出了服务请求，守护进程便为它们提供服务。Windows 系统中的守护进程称为"服务"。

按照服务类型，守护进程可以分为如下两类。

（1）系统守护进程：如 dbus、crond、cups、rsyslogd 等。

（2）网络守护进程：如 sshd、httpd、postfix、xinetd 等。

系统初始化进程是一个特殊的守护进程，其 PID 为 1，它是所有其他守护进程的父进程或祖先进程。也就是说，系统上所有的守护进程都是由系统初始化进程进行管理的，如启动、停止等。

在 Linux 的发展历史过程中，使用过三种 Linux 初始化系统。

（1）SysVinit：这种传统的初始化系统最初是为 UNIX SystemV 系统创建的。SysVinit 提供了一种易于理解的基于运行级别的方式来启动和停止服务。RHEL/CentOS5 及之前的版本一直使用 SysVinit。

（2）Upstart：这种初始化系统最初是由 Ubuntu 创建的，随后推广应用于在 Debian、Fedora/RHEL/CentOS 中。Upstart 改进了服务之间依赖关系的处理，可以大大提高系统的启动时间。RHEL/CentOS 6 使用 Upstart。

（3）Systemd：是一种由 freedesktop.org 最初创建的初始化系统。Systemd 是最复杂的初始化系统，同时也提供了更多的灵活性。Systemd 不仅提供了启动和停止服务的功能，而且提供了管理套接字、设备、挂载点、交换区及其他类型的系统管理单元。Systemd 用在最近发布的大多数 Linux 发行版本中。RHEL/CentOS8 使用 Systemd。

2.2.4 Vi 编辑器简介

Vi 是 Linux/UNIX 上最普遍的文本编辑器。Vi 是 Visual Editor 的简称。用户在使用计算机的时候，往往需要编辑器建立自己的文件，包括一般的文本文件、数据文件，以及源程序文件。Vi 是 Linux 的第一个全屏幕交互式编辑工具，在任何一台 Linux 机器上都能使用。Linux 的编辑器有 Ed、Ex、Vi、Vim 和 Emacs。Vi 可以执行输出、删除、查找、替换、块操作等。Vi 不像 Word 那样可以对文字进行字体、段落、格式等编排，它只是一个文本编辑工具。Vim 是 Vi 的增强版，具有代码补全、编译及错误跳转等功能。

1. Vi 的模式

Vi 没有菜单，只有命令，而且命令繁多。Vi 有三种模式，即命令模式（command mode）、插入模式（insert mode）、末行模式（last line mode），三种模式之间可以互相转换。

（1）命令模式。该模式是通过输入命令控制屏幕光标的移动，字符、字或行的删除，移动复制某区段及进入插入或者末行模式。第一次进入 Vi（使用命令 # *vi lnjd.txt*）时就处于该模式下，这时只有按相应的快捷键才能进入插入模式，按【Esc】键又重新进入命令模式，此时可以输入命令。

在命令模式或是插入模式下可以用键盘上的 4 个方向键移动光标。但有些终端不能使用方向键，就必须用命令模式下的移动指令。移动指令使用小写英文字母键 h、j、k、l，分别控制光标左、下、上、右移一格。具体命令模式下的命令如表 2-1 所示。

项目 2 管理文件系统

表 2-1 命令模式下的命令

命 令 分 类	命　令	功 能 说 明
移动命令	Ctrl+B	屏幕往"后"移动一页
	Ctrl+F	屏幕往"前"移动一页
	Ctrl+U	屏幕往"后"移动半页
	Ctrl+D	屏幕往"前"移动半页
	数字 0	移到文章的开头
	$	移动到光标所在行的"行尾"
	w	光标跳到下个字的开头
	b	光标回到上个字的开头
	G	移动到文章的最后。#G 表示移动到#行。例如，1G 表示移动到第一行，20G 表示移动到 20 行
	^	移动到光标所在行的"行首"
	e	光标跳到下个字的字尾
	#l	光标移到该行的第#个位置
删除命令	x:	删除光标所在位置后面一个字符
	#x	1x 表示删除光标后面 1 个字符
	X	每按一次，删除光标前面 1 个字符
	#X	8X 表示删除光标前面 8 个字符
	dd	删除光标所在行
	#dd	从光标所在行开始删除#行
复制命令	yw	复制光标之处到字尾的字符到缓冲区
	#yw	复制#个字
	yy	复制光标所在行到缓冲区
	#yy	6yy 复制从光标所在行及以下数共 6 行
	p	将缓冲区内的字符贴到光标所在处。所在复制命令必须与 p 配合才能完成复制与粘贴
替换命令	r	替换光标所在处的字符
	R	替换光标之处的字符，直到按【Esc】键为止
恢复命令	u	如果误执行一个命令，可以输入 u 命令，回到上一个操作。多次输入 u 命令可以执行多次恢复
插入命令	a	从光标处后面输入文本，取自 append
	A	从行尾输入文本，取自 append
	i	从光标处前面输入文本，取自 insert
	I	从行首第一个非空白之处前输入文本
	o	在光标所在行下面插入一个空行
	O	在光标所在行上面插入一个空行

（2）插入模式。只有在插入模式下，才可以从键盘进行文字输入或修改文字，此时按【Esc】键可回到命令模式，不管用户处于何种模式下，只要连按两次【Esc】键，即可进入命

令模式。

（3）末行模式。此模式可以保存文件或退出 Vi，也可以设置编辑环境，如寻找字符串、列出行号等。在使用末行模式之前，需按【Esc】键，确定已经处于命令模式下后，再按【：】键。末行模式下的命令如表 2-2 所示。

表 2-2　末行模式下的命令

命令分类	命　　令	功　能　说　明
列出行号命令	set nu	在文件中的每一行前面列出行号
跳到文件中的某一行命令	#	#号表示一个数字，在冒号后输入一个数字，再按【Enter】键就会跳到该行，如输入数字 6，再按【Enter】键，就会跳到文章的第 6 行
查找字符命令	/关键字	先按【/】键，再输入想查找的字符，如果第一次找的关键字不是想要的，可以一直按【n】键往后寻找到需要的关键字为止
	?关键字	先按【?】键，再输入想查找的字符，如果第一次找的关键字不是想要的，可以一直按【n】键往前寻找到需要的关键字为止
替换字符命令	n	表示重复前一个查找的动作。例如，正在执行向下查找字符串 web，输入 n 后，会继续向下查找下一个字符串 web
	N	与 n 相反，为反向进行前一个查找动作
	:n1,n2s/word1/word2/g	n1 与 n2 为数字。在第 n1 与 n2 之间寻找 word1 这个字符串，并将该字符串取代为 word2。举例来说，在 100～200 行之间查找 myweb 并取代为 MYWEB 则输入：*100,200s/myweb/MYWEB/g*
	:1,$s/word1/word2/g	从第一行到最后一行寻找 word1 字符串，并将该字符串取代为 word2
	:1,$s/word1/word2/gc	从第一行到最后一行寻找 word1 字符串，并将该字符串取代为 word2，且在取代前显示提示字符给用户确认（confirm）是否需要取代
保存文件命令	w	在冒号输入字母 w 就可以将文件保存起来
离开 Vi 命令	q	按【q】键就是退出，如果无法离开 Vi，可以在 q 后跟一个！强制离开 Vi
	wq	一般建议离开时使用 wq，这样退出时还可以保存文件，再跟！表示强制离开

2. Vi 的进入与退出

（1）进入 Vi。

在虚拟控制台提示符号下，输入 Vi 及文件名称后，就进入 Vi 全屏幕编辑画面，如果是新文件，则打开软件同时生成新文件；否则是编辑已存在的文件。

```
# vi lnjd.txt
```

这时 Vi 处于接收命令行的命令状态，只有切换到插入模式才能够输入文字。初次使用 Vi 的人都会想先用上、下、左、右键移动光标，结果计算机一直鸣叫，所以进入 Vi 后，在命令模式下输入 i，就可以进入插入模式，这时候用户就可以开始输入文字了。

（2）退出 Vi。

在命令模式下，按【：】键进入末行模式，这时可输入与存盘及退出的末行命令。

例如：

```
: w lnjd.txt  (输入文件名 lnjd.txt 并保存)
: wq          (输入 wq，存盘并退出 Vi)
: q!          (输入 q!，不存盘强制退出 Vi)
```

3. Vi 的文本输入

进入文本插入模式后，就可以输入文本。第一次使用 Vi 时，有以下几点需要注意：

（1）用 Vi 打开文件后，是处于命令模式，要切换到插入模式才能输入文字。切换方法：在命令行模式下按【i】键就可以进入插入模式，这时候就可以输入文字了。

（2）编辑好后，需从文本插入模式切换为命令模式才能对文件进行保存。切换方法：按【Esc】键。

（3）保存并退出文件：在命令模式下输入 *:wq* 即可。

2.3 项 目 实 施

2.3.1 文件系统管理

在 Linux 操作系统中，命令有很多，主要包括目录管理类命令、文件操作类命令、压缩类命令、打包类命令、进程管理类命令、安装软件类命令。其中，目录管理类命令主要有 pwd、ls、cd、mkdir 和 rmdir 等，文件操作类命令主要有 touch、cp、mv、rm、grep 和 find 等，压缩类命令主要有 gzip、bzip2 和 zip 等，打包类命令有 tar，安装软件类命令有 rpm、make 等，进程管理类命令有 ps、kill、top 等。

1. 创建目录并查看

（1）打开"活动"｜"终端"窗口，在其中输入命令 *mkdir /lnjd*，在根目录下创建目录 lnjd，结果如图 2-3 所示，使用命令 *ls* 查看到在根目录下有目录 lnjd。

图 2-3 创建目录 lnjd

（2）使用相同的命令建立所有的子目录，并查看结果，如图 2-4 所示。

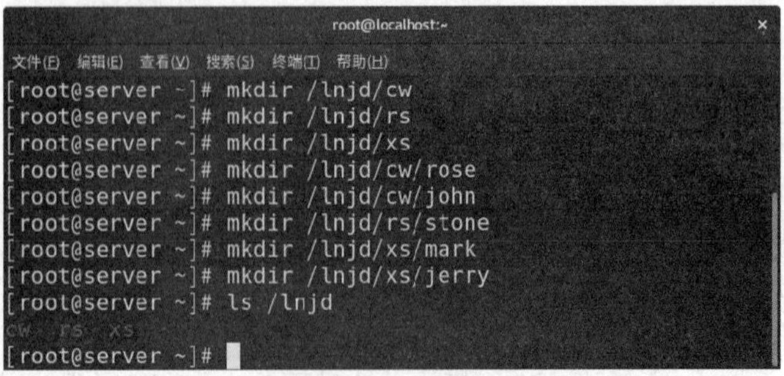

图 2-4 创建所有目录

命令解释——mkdir：

功能：创建一个目录。

命令格式：mkdir [参数] 文件名

常用参数：

-p：在创建目录时，如果父目录不存在，则同时创建该目录及该目录的父目录。

命令解释——ls：

功能：显示指定目录的目录和文件。

命令格式：ls [参数] [目录或文件]

常用参数：

-a：列出当前目录下的所有文件，包括以"."开头的隐含文件。

-l：列出文件的详细信息。

-R：显示指定目录及子目录下的内容。

命令解释——cd：

命令 cd 用来切换不同目录，如进入目录*/lnjd*，执行命令 *cd /lnjd*。在 Linux 操作系统中，"."表示当前目录，查看用户的当前目录的命令是 *pwd*，".."表示当前目录的父目录；"~"表示当前登录用户的主目录，命令 *cd ~* 表示进入当前用户的主目录。

2. 创建文件并查看

（1）在"终端"中输入命令 *touch /lnjd/xs/sales19*，创建一个空白的新文件 sales19，同样，输入命令 *touch /lnjd/xs/sales20*，创建文件 sales20，如图 2-5 所示。

```
                            root@localhost:~                              ×
文件(F) 编辑(E) 查看(V) 搜索(S) 终端(T) 帮助(H)
[root@server ~]# touch /lnjd/xs/sales19
[root@server ~]# touch /lnjd/xs/sales20
[root@server ~]# ls /lnjd/xs
jerry  mark  sales19  sales20
[root@server ~]#
```

图 2-5　创建两个空白文件

命令解释——touch：

功能：创建一个空白的新文件。

命令格式：touch 文件名

文件名是要创建的文件名称。比如，在当前目录下创建一个名位 newfile 的文件，可以输入命令 *touch newfile*，然后输入命令 # *ls -l newfile* 查看是否创建了文件。

（2）使用命令 echo 向文件 sales19 和 sales20 中填写内容，命令是 *echo Total sales in 2019 is 4.56 million yuan. > /lnjd/xs/sales19* 和 *echo Total sales in 2020 is 6.89 million yuan. > /lnjd/xs/sales20*，如图 2-6 所示。

```
                            root@localhost:~                              ×
文件(F) 编辑(E) 查看(V) 搜索(S) 终端(T) 帮助(H)
[root@server ~]# echo Total sales in 2019 is 4.56 million yuan.>/lnjd/xs/sales19
[root@server ~]# echo Total sales in 2020 is 6.89 million yuan.>/lnjd/xs/sales20
[root@server ~]#
```

图 2-6　向空白文件中填写内容

命令解释——echo：

功能：将字符串显示在屏幕上。

命令格式：echo [字符串]

例如，在当前终端屏幕中显示"hello"字符，在执行命令 *echo hello*。

命令解释——">"：

命令">"是输出重定向操作符。输出重定向是将一个命令的输出重新定向到一个文件中，而不是显示在屏幕上。输出重定向的操作符有">"和">>"。操作符">"将命令的执行结果重定向输出到指定的文件中，命令进行输出重定向后执行结果将不显示在屏幕上。如果">"操作符后边指定的文件已经存在，则这个文件将被重写。操作符">>"是追加重定向，将命令执行结果重定向并追加在原文件的末尾，不覆盖原文件内容。

（3）查看文件 sales19 和 sales20 文件内容，使用命令 *more /lnjd/xs/sales19* 和 *more /lnjd/xs/sales20*，如图 2-7 所示。

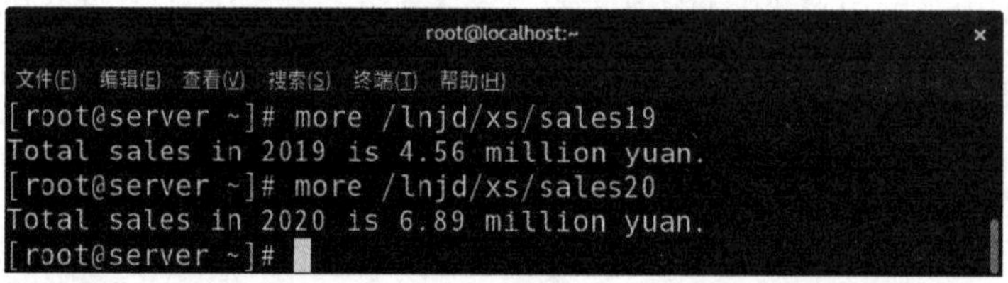

图 2-7　查看文件内容

命令解释——more：

命令 more 的功能是在终端中按屏显示文件内容。为了避免文件内容显示瞬间就消失，可以使用 more 命令让文件显示满一屏时暂停，在按下任何键的时候继续显示下一屏内容。例如，当用 ls 命令查看文件列表时，若文件太多，则可配合 more 命令使用，如 *ls -l | more*，如图 2-8 所示。

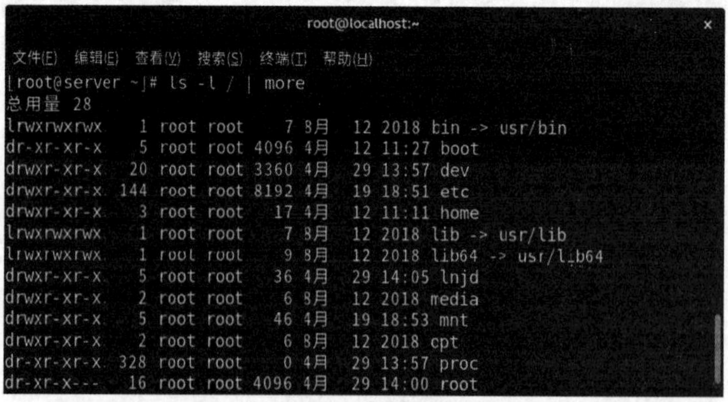

图 2-8　more 命令与 ls 配置使用

命令解释——管道符号"｜"：

管道符号"｜"的作用是将一系列的命令连接起来。第一个命令的输出通过管道传给第二个命令作为输入。

3. 合并文件并查看

合并文件 sales19 和 sales20，使用命令 *cat /lnjd/xs/sales19 /lnjd/xs/sales20 >/lnjd/cw/john/*

sales，如图 2-9 所示，或者使用命令 *more /lnjd/xs/sales19 /lnjd/xs/sales20 > /lnjd/cw/john/sales*。

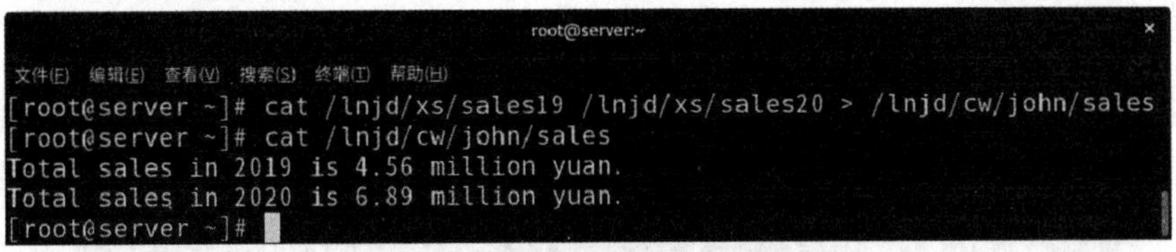

图 2-9　合并文件内容并查看

命令解释——cat：

功能：一般查看小文件，从第 1 行到最后 1 行列出来。

命令格式：`cat 文件名`

常用参数：

−n：显示行号。

−A：显示控制字符，如换行符、制表符等。

例如，显示文件 sales 时同时显示行号命令是 *cat −n /lnjd/cw/john/sales*，如图 2-10 所示。显示控制字符命令是 *cat −A /lnjd/cw/john/sales*，如图 2-11 所示。

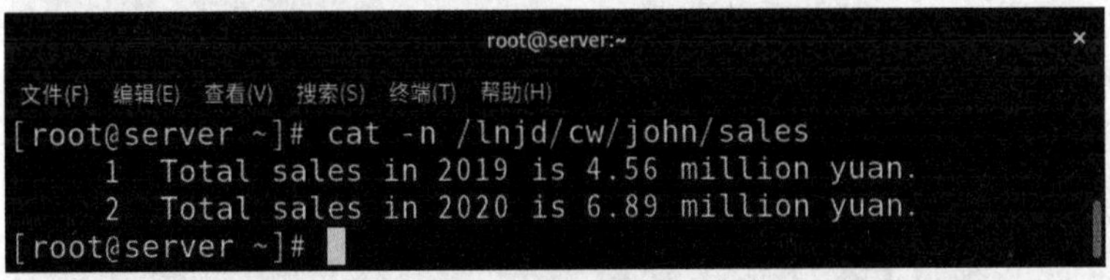

图 2-10　显示文件行号

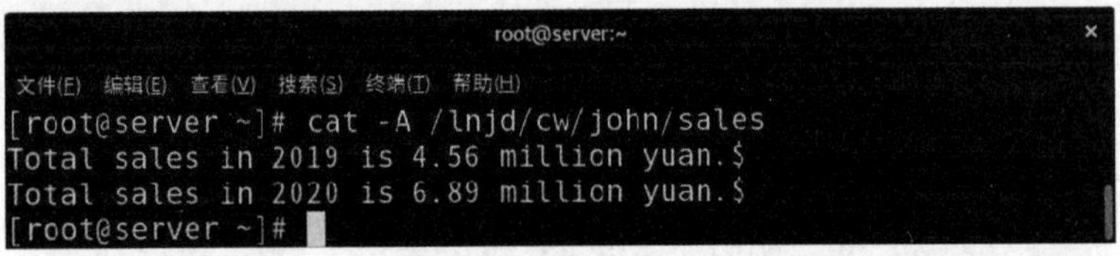

图 2-11　显示控制字符

命令解释——tac：

功能：一般查看小文件，从最后 1 行到第 1 行列出来，倒序显示文件内容。

命令格式：`tac 文件名`

例如，查看文件 sales 命令是 *tac /lnjd/cw/john/sales*，结果如图 2-12 所示，文件中两行内容互换了位置，倒序显示。

图 2-12　倒序显示文件内容

命令解释——less：

功能：同命令 more，一般查看大文件，输入 q 退出查看，可以输入符号/进行搜索，使用上下箭头进行翻页。

命令格式：`less 文件名`

例如，查看文件系统日志文件/var/log/messages，使用命令 *less /var/log/messages* 或 *more /var/log/messages*，如图 2-13 所示。

图 2-13　less 和 more 命令

如果想查找某个关键字，输入符号"/"，然后输入查找的关键字，如 *order*，按【Enter】键后，less 命令会高亮显示找到的内容，按【n】键一次查找下一个，如图 2-14 所示。

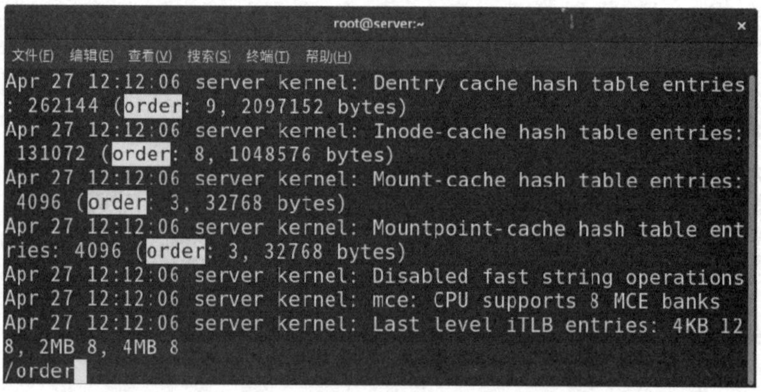

图 2-14　查找字符

命令解释——head：

功能：查看文件前 10 行内容。

命令格式：`head 文件名`

例如，查看文件/etc/passwd，使用命令 *head /etc/passwd*，如图 2-15 所示，显示该文件的前 10 行内容。命令 *head -n 5* 或 *head -5* 表示查看前 5 行，如图 2-16 所示。

图 2-15　head 命令

```
                          root@server:~                          ×
文件(F) 编辑(E) 查看(V) 搜索(S) 终端(T) 帮助(H)
[root@server ~]# head -n 5 /etc/passwd
root:x:0:0:root:/root:/bin/bash
bin:x:1:1:bin:/bin:/sbin/nologin
daemon:x:2:2:daemon:/sbin:/sbin/nologin
adm:x:3:4:adm:/var/adm:/sbin/nologin
lp:x:4:7:lp:/var/spool/lpd:/sbin/nologin
[root@server ~]#
```

图 2-16   head 命令参数 n 使用

命令解释——tail：

功能：查看文件后 10 行内容。

命令格式：tail 文件名

例如，查看文件/etc/passwd，使用命令 *tail /etc/passwd*，如图 2-17 所示，显示该文件的后 10 行内容。命令 *tail –n 2* 或 *tail –2* 表示查看后 2 行，如图 2-18 所示。

```
                          root@server:~                          ×
文件(F) 编辑(E) 查看(V) 搜索(S) 终端(T) 帮助(H)
lp:x:4:7:lp:/var/spool/lpd:/sbin/nologin
[root@server ~]# tail /etc/passwd
postfix:x:89:89::/var/spool/postfix:/sbin/nologin
dovecot:x:97:97:Dovecot IMAP server:/usr/libexec/dovecot:/sbin/nologin
dovenull:x:974:974:Dovecot's unauthorized user:/usr/libexec/dovecot:/s
bin/nologin
tcpdump:x:72:72::/:/sbin/nologin
common:x:1000:1000:common:/home/common:/bin/bash
rose:x:1001:1001:rose:/home/rose:/bin/bash
john:x:1002:1001:john:/home/john:/bin/bash
stone:x:1003:1002:stone:/home/stone:/bin/bash
mark:x:1004:1003:mark:/home/mark:/bin/bash
dhcpd:x:177:177:DHCP server:/:/sbin/nologin
[root@server ~]#
```

图 2-17   tail 命令

```
                          root@server:~                          ×
文件(F) 编辑(E) 查看(V) 搜索(S) 终端(T) 帮助(H)
[root@server ~]# tail -2 /etc/passwd
mark:x:1004:1003:mark:/home/mark:/bin/bash
dhcpd:x:177:177:DHCP server:/:/sbin/nologin
[root@server ~]#
```

图 2-18   tail 命令参数使用

4. 查看文件属性并进行修改

（1）查看 sales 权限，查看 sales 文件的权限使用命令 *ls –l /lnjd/cw/john/sales*，结果如图 2-19 所示。sales 文件的属性如果使用数字表示为 644。

```
                          root@localhost:~                          ×
文件(F) 编辑(E) 查看(V) 搜索(S) 终端(T) 帮助(H)
[root@server ~]# ls -l /lnjd/cw/john/sales
-rw-r--r--. 1 root root 84 4月  29 15:54 /lnjd/cw/john/sales
[root@server ~]#
```

图 2-19   查看文件权限

Linux 作为一个多用户的网络操作系统，通过对文件和目录存取及执行的权限来控制用户对文件的访问。被授予权限的用户可以访问文件，而没有授权的用户则被拒绝。每个文件和目录都被创建它的人所"拥有"。拥有者和根用户享有文件的所有权限，并可以给其他用户授权。

（2）判断文件类型。

第一个字符表示文件形态，即区分文件的类型，常见取值为 d、–、l、b 和 c 等。

字符设备（c）：所有输入/输出的设备，如键盘、鼠标、显示器、打印机等。

块设备（b）：所有存储设备称之为块设备文件，如磁盘、光盘、U 盘、磁带、光驱等。

软链接文件（l）：类似于 Windows 下的快捷方式。

目录文件（d）：相当于 Windows 下的文件夹。

普通文件（f 或–）：类似 Windows 下记事本、Word 等，可以使用相关命令进行编辑、查看文件内容。

管道文件（p）：简单理解为程序或进程之间通信的一种方式。

套接字文件（s）：简单理解为程序或进程之间通信的一种方式。

① 查看文件类型。Linux 操作系统将所有的设备都放在目录/dev 下，使用命令 *ls /dev* 查看，如图 2-20 所示，可以看到很多设备，如硬盘 nvme0n1，虚拟终端 tty 等。使用命令 *file /dev/tty1* 查看 tty1，可以看到这是一个字符设备，如图 2-21 所示。使用命令 *file /dev/nvme0n1* 查看 nvme0n1 可以看到这是一个块设备，如图 2-22 所示。使用命令 *file /root* 查看 root，可以看到这是一个目录，如图 2-23 所示。使用命令 *file anaconda-ks.cfg* 查看 anaconda-ks.cfg，可以看到这是一个文件，如图 2-24 所示。

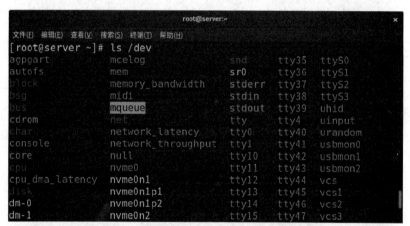

图 2-20　查看设备文件

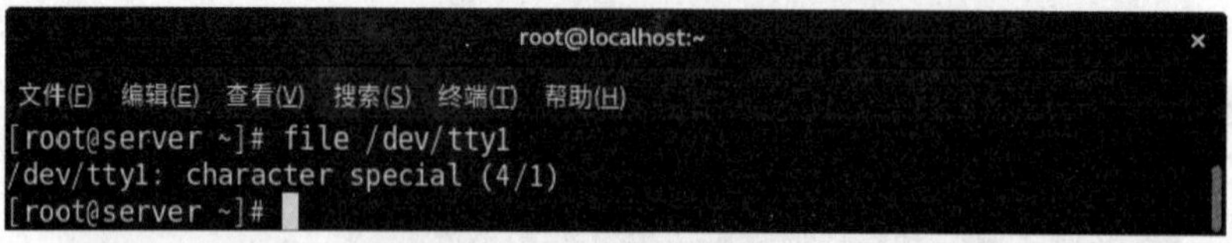

图 2-21　查看字符设备

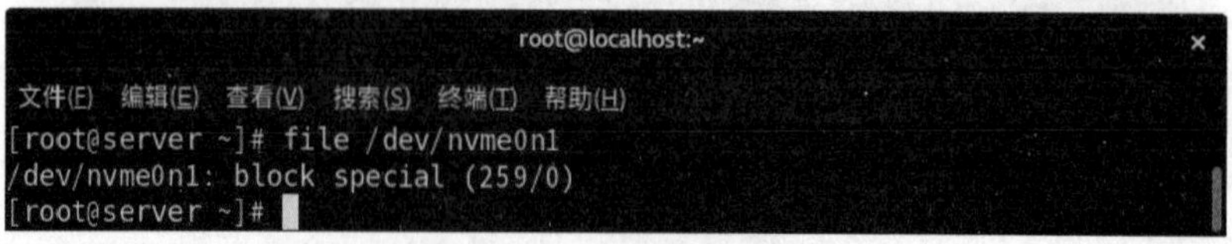

图 2-22　查看块设备

```
                              root@server:~                    ×
文件(F) 编辑(E) 查看(V) 搜索(S) 终端(T) 帮助(H)
[root@server ~]# file /root
/root: directory
[root@server ~]#
```

图 2-23　查看目录

```
                              root@server:~                    ×
文件(F) 编辑(E) 查看(V) 搜索(S) 终端(T) 帮助(H)
[root@server ~]# file anaconda-ks.cfg
anaconda-ks.cfg: ASCII text
[root@server ~]#
```

图 2-24　查看普通文件

② 设置软链接。使用命令 *file /usr/bin/sh* 查看 sh，可以看到这是一个链接文件，如图 2-25 所示。分别使用命令 *ls −l /usr/bin/bash* 和 *ls −l /usr/bin/sh* 查看文件，可以看到命令 sh 链接到了命令 bash，如图 2-26 所示。

```
                              root@server:~                    ×
文件(F) 编辑(E) 查看(V) 搜索(S) 终端(T) 帮助(H)
[root@server ~]# file /usr/bin/sh
/usr/bin/sh: symbolic link to bash
[root@server ~]#
```

图 2-25　查看软链接文件

```
                              root@server:~                    ×
文件(F) 编辑(E) 查看(V) 搜索(S) 终端(T) 帮助(H)
[root@server ~]# ls -l /usr/bin/bash
-rwxr-xr-x. 1 root root 1219272 1月  14 2019 /usr/bin/bash
[root@server ~]# ls -l /usr/bin/sh
lrwxrwxrwx. 1 root root 4 1月  14 2019 /usr/bin/sh -> bash
[root@server ~]#
```

图 2-26　查看软链接源文件

如果需要创建一个软链接文件，使用命令 ln。例如，将复杂的网卡配置文件创建一个软链接，放在 root 的家目录中，方便随时查看，可以使用命令 *ln −s /etc/sysconfig/network-scripts /ifcfg-ens160 network* 进行创建，创建后的文件名是 network，如图 2-27 所示。使用命令 *ls −l* 可以看到 network 是一个软链接文件，并且用箭头标明了它实际的文件位置。使用命令 *cat network* 查看，可以看到它的内容就是文件 ifcfg-ens160 的内容，如图 2-28 所示。

```
                              root@server:~                    ×
文件(F) 编辑(E) 查看(V) 搜索(S) 终端(T) 帮助(H)
[root@server ~]# ln -s /etc/sysconfig/network-scripts/ifcfg-ens160 network
[root@server ~]# ls -l
总用量 8
drwxr-xr-x. 2 root root    6 4月  16 10:39 公共
drwxr-xr-x. 2 root root    6 4月  16 10:39 模板
drwxr-xr-x. 2 root root    6 4月  16 10:39 视频
drwxr-xr-x. 2 root root    6 4月  16 10:39 文档
drwxr-xr-x. 2 root root   27 4月  26 12:27 下载
drwxr-xr-x. 2 root root    6 4月  16 10:39 音乐
drwxr-xr-x. 2 root root    6 4月  16 10:39 桌面
-rw-------. 1 root root 1789 4月  16 10:35 anaconda-ks.cfg
-rw-r--r--. 1 root root 1944 4月  16 10:37 initial-setup-ks.cfg
lrwxrwxrwx. 1 root root   43 4月  29 13:23 network -> /etc/sysconfig/network
-scripts/ifcfg-ens160
drwxr-xr-x. 2 root root    6 4月  18 11:33 tupian
[root@server ~]#
```

图 2-27　创建软链接文件

图 2-28　查看软链接文件内容

（3）文件权限。

剩下的 9 个字符显示文件的访问权限，9 个字符分为三组，每组用三个字符，第一组为所属用户（user）的权限，第二组是所属群（group）组权限，第三组为其他用户（others）的权限。每个字符的含义如下：

r：（read）允许读取。

w：（write）允许写入。

x：（excute）允许执行。

把文件的权限（-、w、x、r）赋予不同数值，比如，x=1、-=0、w=2、r=4，文件的权限就可以使用型如 n1 n2 n3 的这样三个数字来表示。其中，n1 表示所属用户权限，数字大小就是权限的数字和，比如，权限 rwx 合起来就是 1+2+4=7，也就是用数字 7 表示读、写、执行权限，5=1+4，也就是 rx，表示执行和读的权限，依此类推；n2 表示所属群组权限；n3 表示其他用户权限。它们的数字权限定义和用户相同。下面看几个权限的例子：

rwx------：用数字表示为 700。

rwxr--r--：用数字表示为 744。

rw-rw-r-x：用数字表示为 665。

rwx-x-x：用数字表示为 711。

如果使用数字表示权限，把文件 file1 的权限设置为 711（rwx-x-x），就可以使用命令 # chmod 711 file1；将其权限设置为 665（rw-rw-r-x），则可以输入命令 chmod 665 file1。

（4）修改文件 sales 属性为文件属主和组能够进行读、写和执行，其他用户不可读，使用命令 chmod 770 /lnjd/cw/john/sales 将目录的权限修改为 770，保证同组的用户都能读写目录，如图 2-29 所示。

```
root@localhost:~
文件(F) 编辑(E) 查看(V) 搜索(S) 终端(T) 帮助(H)
[root@server ~]# chmod 770 /lnjd/cw/john/sales
[root@server ~]# ls -l /lnjd/cw/john/sales
-rwxrwx---. 1 root root 84 4月  29 15:54 /lnjd/cw/john/sales
[root@server ~]#
```

图 2-29　修改文件权限

命令解释——chmod：

功能：改变文件权限和所有者。

命令格式：chmod [-R] [who] opcode permission file

-R：表示连子目录和文件一并执行。

[who]: u（user）、g（group）、o（other）之一。

opcode: 表示+（增加）、−（删除）、=（分配）之一。

permission: 表示 r（read）、w（write）、x（execute）之一。

file: 文件名。

例如，管理员为文件 file1 的拥有者分配读、写、执行的权限，群组用户分配只读权限，其他用户没有任何权限，可以使用命令#*chmod u=rwx,g=r file1*，如果为群组用户添加执行的权限，为其他用户添加读的权限，可以输入命令#*chmod g+x,o+r   file1* 。删除为其他用户添加的读权限，可以输入命令#*chmod o−r file1*。

5. 移动和复制文件

使用命令 *mv /lnjd/xs/sales19 /lnjd/cw/john/19* 将 xs 中的 sales19 文件移动到目录 cw/john 中，文件改名为 19，并查看结果，如图 2−30 所示。

图 2−30　移动文件

命令解释——mv:

功能：移动或更名现在的文件或目录。

命令格式：mv ［参数］ 源文件或目录 目标文件或目录

主要参数：

−i: 覆盖文件之前会询问用户。

−f: 若目标文件或目录与现有的文件或目录重复，则直接覆盖现有的文件和目录。

命令解释——cp:

功能：复制文件或目录。

命令格式：cp ［参数］ 源文件 目标文件

主要参数：

−i: 覆盖文件之前会询问用户。

−f: 若目标文件或目录与现有的文件或目录重复，则直接覆盖现有的文件和目录。

−r: 将指定目录下的文件与子目录一并处理，即可以复制文件夹。

6. 删除文件和目录

（1）使用命令 *rmdir /lnjd/cw/rose* 删除目录 cw/rose，这是一个空目录，可以直接删除；再使用命令 *rmdir /lnjd/cw/john* 删除目录 cw/john，这是一个非空目录，直接删除没有成功，如图 2−31 所示。

图 2−31　删除目录

命令解释——rmdir:

功能：删除空目录。

命令格式：cp [参数] 目录名

主要参数：

-p：在删除目录时，一并删除父目录，但父目录中必须没有其他目录和文件。

（2）使用命令 *rm /lnjd/xs/sales20* 删除目录 xs 目录下的 sales20 文件，并查看结果，如图 2-32 所示。

```
                                    root@localhost:~                          ×
文件(F) 编辑(E) 查看(V) 搜索(S) 终端(T) 帮助(H)
[root@server ~]# rm /lnjd/xs/sales20
rm: 是否删除普通文件 '/lnjd/xs/sales20'? y
[root@server ~]# ls /lnjd/xs
jerry  mark
[root@server ~]#
```

图 2-32　删除文件

命令解释——rm：

功能：删除文件或目录。

命令格式：rm [参数] 文件名或目录名

主要参数：

-i：删除文件或目录时提示用户。

-f：删除文件或目录时不提示用户。

-r：递归删除目录，即目录下所有的文件和目录。

（3）删除非空目录 cw/john，使用命令 *rm -r /lnjd/cw/john* 按照提示删除成功，并查看结果，如图 2-33 所示。

```
                                    root@localhost:~                          ×
文件(F) 编辑(E) 查看(V) 搜索(S) 终端(T) 帮助(H)
[root@server ~]# rm -r /lnjd/cw/john
rm: 是否进入目录'/lnjd/cw/john'? y
rm: 是否删除普通文件 '/lnjd/cw/john/sales'? y
rm: 是否删除普通文件 '/lnjd/cw/john/19'? y
rm: 是否删除目录 '/lnjd/cw/john'? y
[root@server ~]#
```

图 2-33　删除非空目录

7．打包和解包文件

备份目录/lnjd 到/root 中，生成备份文件 lnjdbf.tar，查看文件大小。使用打包命令 *tar -cvf lnjdbf.tar /lnjd* 备份目录/lnjd 到/root 中，生成备份文件 lnjdbf.tar，使用命令 *ls* 查看文件，如图 2-34 所示。

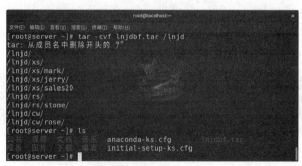

```
                                    root@localhost:~                          ×
文件(F) 编辑(V) 查看(V) 搜索(S) 终端(T) 帮助(H)
[root@server ~]# tar -cvf lnjdbf.tar /lnjd
tar: 从成员名中删除开头的 "/"
/lnjd/
/lnjd/xs/
/lnjd/xs/mark/
/lnjd/xs/jerry/
/lnjd/xs/sales20
/lnjd/rs/
/lnjd/rs/stone/
/lnjd/cw/
/lnjd/cw/rose/
[root@server ~]# ls
公共  视频  文档  音乐     anaconda-ks.cfg        lnjdbf.tar
模板  图片  下载  桌面     initial-setup-ks.cfg
[root@server ~]#
```

图 2-34　打包文件

tar 是用于文件打包的命令行工具。tar 命令可以把一系列文件归档到一个大文件中，也可以把档案文件解开以恢复数据。归档文件没有经过压缩，它所使用的磁盘空间是其中所有文件和目录的总和。总体来说，tar 命令主要用于打包和解包。

tar 经常使用的选项参数有：

–c：创建一个新 tar 文件。

–f：当与 –c 选项一起使用时，创建 tar 文件并使用该选项指定的文件名；与 –x 选项一起使用时，则解除该选项指定的归档。

–t：显示包括在 tar 文件中的文件列表。

–v：显示文件的归档进度。

–x：解压缩 tar 文件。

–z：使用 gzip 来压缩 tar 文件。

–j：使用 bzip2 来压缩 tar 文件。

命令 tar –cvf lnjdbf.tar /lnjd 中，lnjdbf.tar 表示将要创建的归档文件名，/lnjd 表示将要放入归档文件内的文件或目录名。也可以使用 tar 命令同时处理多个文件和目录，方法是把要放入归档的所有文件或目录都在命令中列出，中间用空格间隔，例如：

```
# tar -cvf file.tar /home/ljh/work /home/ljh/school
```

上面的命令把 /home/ljh 目录下的 work 和 school 子目录内的所有文件都放入当前目录中一个名为 file.tar 的新文件里。

查看 tar 包的内容，要列出 tar 文件的内容，可以输入命令 *# tar –tvf   file.tar*；抽取 tar 包文件的内容，可以输入命令 *# tar –xvf   file.tar*。

该命令不删除 tar 文件包，但是会把被解除归档的内容复制到当前的工作目录下，同时保留归档文件所使用的任何目录结构。例如，该 tar 文件包中包含一个名为 pig.txt 的文件，而这个文件包含在 animal/ 目录中，那么，抽取归档文件将会在当前的工作目录中首先创建 animal/ 目录，文件 pig.txt 就包含在该目录中。

8. 压缩文件

使用命令 *gzip lnjdbf.tar* 压缩备份文件 lnjdbf.tar，查看压缩文件大小，如图 2-35 所示。

tar 本身默认并不压缩文件。如果要创建一个使用 tar 和 bzip 来归档压缩的文件，必须使用 –j 选项，比如命令 *# tar –cjvf file.tbz file*。

习惯上用 bzip2 压缩的 tar 文件具有 .tbz 扩展名。以上命令创建了一个归档文件，然后将其压缩为 file.tbz 文件。如果使用 bunzip2 命令为 file.tbz 文件解压，file.tbz 文件会被删除，新的解压缩后的

图 2-35 压缩文件

归档文件 file.tar 被创建。还可以用一个命令来同时扩展并解除归档 bzip tar 文件：*# tar –xjvf file.tbz*。

要创建一个用 tar 和 gzip 归档并压缩的文件，使用带–z 选项的命令，例如：

```
# tar -czvf lnjd1.tar.gz /lnjd
```

或者

```
# tar -czvf lnjd1.tgz /lnjd
```

如图 2-36 和图 2-37 所示。

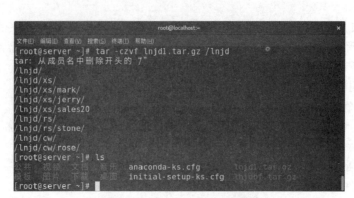

图 2-36　创建 lnjd1.tar.gz 文件

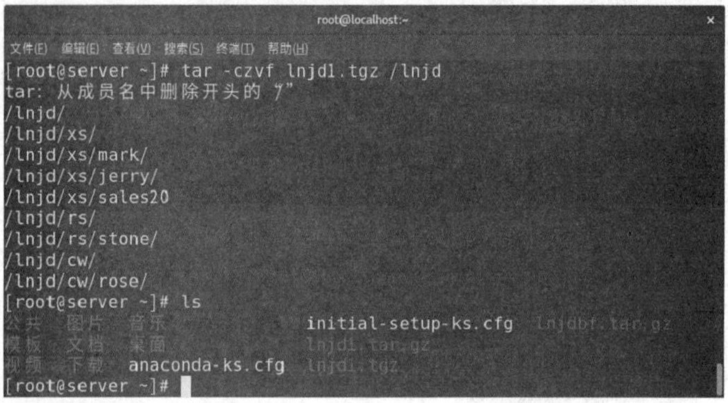

图 2-37　创建 lnjd1.tgz 文件

　　习惯上用 gzip 来压缩的 tar 文件具有.tar.gz 或者.tgz 扩展名，这个命令创建归档文件 lnjd1.tar，然后把它压缩为 lnjd1.tgz 文件（文件 lnjd1.tar 不被保留）。如果使用 gunzip 命令来给 lnjd1.tgz 文件解压，file.tgz 文件会被删除，并被替换为 lnjd1.tar。

　　将压缩打包的文件进行解压解包的命令是 *tar –xzvf lnjd1.tar.gz*，如图 2-38 所示，解压后在当前目录中有一个 lnjd 目录。

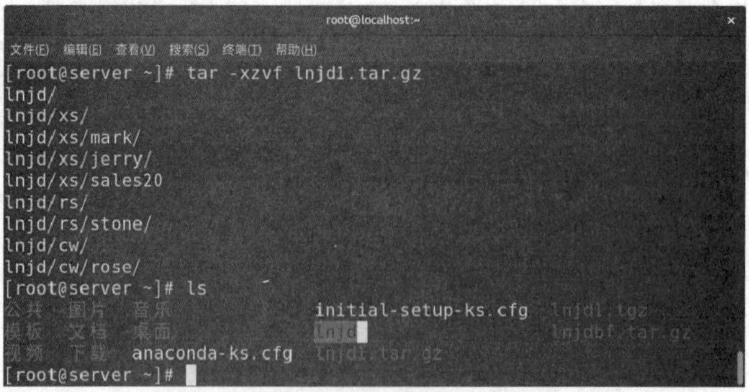

图 2-38　解压解包文件并查看

　　在 Red Hat Linux 中，可以使用的文件压缩工具有 gzip、bzip2 和 zip。bzip2 提供了最大限度的压缩，并且可在多数类似 UNIX 的操作系统上找到。gzip 也可以在类似 UNIX 的操作系统上找到。但如果需要在 Linux 和其他操作系统如 MS Windows 间传输文件，应该使用 zip，因为该命令与 Windows 上的压缩工具最兼容。

习惯上，用 gzip 来压缩的文件的扩展名是.gz；用 bzip2 来压缩的文件的扩展名是.bz2；用 zip 压缩的文件的扩展名是.zip。用 gzip 压缩的文件可以使用 gunzip 来解压；用 bzip2 压缩的文件可以使用 bunzip2 来解压；zip 压缩的文件可以使用 unzip 来解压。

（1）bzip2 和 bunzip2。

要使用 bzip2 来压缩文件，在 shell 提示下输入以下命令：# *bzip2 file*，文件 file 即会被压缩并被保存为 file.bz2 的格式。要扩展压缩的文件，在 shell 下输入命令：#*bunzip2 file.bz2*。

解压缩命令执行完毕后，file.bz2 文件会被删除，同时创建解压缩后的文件 file。也可以使用 bzip2 命令同时处理多个文件和目录，方法是把被压缩的文件写在命令后面，并用空格间隔，例如：# *bzip2 file.bz2 file1 file2 file3 /usr/work/school*。上面的命令把 file1、file2、file3 及/usr/work/school 目录的内容（假设这个目录存在）压缩并保存为文件 file.bz2。

（2）gzip 和 gunzip。

要使用 gzip 来压缩文件，在 shell 提示下输入以下命令：# *gzip file*，文件即会被压缩，并被保存为 filen.gz。要扩展压缩的文件，输入以下命令：# *gunzip file.gz*。

命令执行完后，file.gz 文件被删除，新文件 file 被创建。也可以使用 gzip 命令同时处理多个文件和目录，方法是把被压缩的文件都写在命令后面，并用空格间隔，例如：# *gzip –r file.gz file1 file2 file3 /usr/work/school*。

（3）zip 和 unzip

要使用 zip 来压缩文件，在 shell 提示下输入下面的命令：# *zip –r file.zip file*。其中，file.zip 表示要创建的文件，files 表示被压缩的文件或者目录。–r 选项指定递归地（recursively）包括所有在 file 目录中的文件（如果 file 表示目录）。

要抽取 zip 文件的内容，输入以下命令：# *unzip filename.zip*。

也可以使用 zip 命令同时处理多个文件和目录，方法是将被压缩的文件都添加在 file 后面，并用空格间隔，例如：# *zip –r file.zip file1 file2 file3 /usr/work/school*。上面的命令把 file1、file2、file3 及/usr/work/school 目录的内容（假设这个目录存在）压缩起来，然后放入 file.zip 文件中。

请扫描二维码观看任务 1 管理目录和文件。请扫描二维码观看任务 2 项目实战。

任务 1
管理目录和
文件

任务 2
项目实战

9. 查看用户行为

对于系统管理员来说，做好系统监视和进程管理是一项非常重要的工作。一个良好的系统。不但要求系统安全性高，而且要求稳定性更佳，这样系统用户使用时才会更放心。

在多用户的系统环境中，每个用户都能执行不同的程序，可以查看哪些用户登录系统及这些用户的系统操作。

（1）使用命令 *w* 查看当前用户的系统行为，如图 2-39 所示。

项目
2

管理文件系统

图 2-39　查看当前用户行为

第一行共有 4 个字段，其含义如下：

① 系统当前的时间："13:34:23"表示执行命令 w 的时间。

② 系统启动后经历的时间："4:00"表示该系统已经运行 4 小时。

③ 当前登录系统的用户总数："1 user"表示当前有 1 位用户登录系统。

④ 系统平均负载指示："load average"分别表示系统在过去的 1 分钟、5 分钟和 10 分钟的平均负载程度，其值越小，系统负载越小，系统性能越好。

第二行共有 4 个字段，其含义如下：

① USER：显示登录的用户账户。

② TTY：用户登录的终端号。

③ FROM：显示用户从何处登录。

④ LOGIN：表示用户登录系统的时间。

⑤ IDLE：表示用户闲置的时间。

⑥ JCPU：表示该终端所有相关的进程执行时所消耗的 CPU 时间。

⑦ PCPU：表示 CPU 执行程序消耗的时间。

⑧ WHAT：表示用户正在执行的程序名称。

（2）使用命令 *who* 查看当前有哪些用户登录，如图 2-40 所示。

```
root@server:~
文件(F)  编辑(E)  查看(V)  搜索(S)  终端(T)  帮助(H)
[root@server ~]# who
root     tty2         2020-05-03 09:37 (tty2)
rose     tty3         2020-05-03 13:35
[root@server ~]#
```

图 2-40　查看当前登录系统用户

如果需要了解更详细的信息，则使用命令 *who -u*。

（3）使用命令 *last* 查看曾经登录系统的用户，如图 2-41 所示。

```
root@server:~
文件(F)  编辑(E)  查看(V)  搜索(S)  终端(T)  帮助(H)
[root@server ~]# last
rose     tty3                          Sun May  3 13:35   still logged in
root     tty2         tty2             Sun May  3 09:37   still logged in
reboot   system boot  4.18.0-80.el8.x8 Sun May  3 09:34   still running
root     tty2         tty2             Sat May  2 08:44 - down   (15:15)
reboot   system boot  4.18.0-80.el8.x8 Sat May  2 08:37 - 23:59 (15:22)
root     tty2         tty2             Wed Apr 29 10:30 - crash (2+22:06)
reboot   system boot  4.18.0-80.el8.x8 Wed Apr 29 09:21 - 23:59 (3+14:38)
root     tty2         tty2             Tue Apr 28 21:31 - crash (11:49)
reboot   system boot  4.18.0-80.el8.x8 Tue Apr 28 21:30 - 23:59 (4+02:28)
root     tty2         tty2             Tue Apr 28 12:30 - crash (09:00)
reboot   system boot  4.18.0-80.el8.x8 Tue Apr 28 10:49 - 23:59 (4+13:10)
root     tty2         tty2             Mon Apr 27 13:00 - crash (21:48)
reboot   system boot  4.18.0-80.el8.x8 Mon Apr 27 13:00 - 23:59 (5+10:59)
root     tty2         tty2             Mon Apr 27 12:19 - down   (00:40)
reboot   system boot  4.18.0-80.el8.x8 Mon Apr 27 12:12 - 12:59 (00:47)
root     tty2         tty2             Sun Apr 26 11:59 - crash (1+00:12)
```

图 2-41　查看曾经登录系统用户

10. 监视系统状态

系统中的每位用户都能执行多个程序，每个程序又可能分成多个进程执行，如果某些进程占用大量的服务器系统资源，就会造成服务器负载过重。因此，作为一个优秀的系统管理员，必须了解系统中最消耗 CPU 资源的进程，以维持服务器系统的整体性能，随时监视服务器的状态是管理员的一项重要工作。

使用命令 *top* 显示监控系统的资源，包括内存、交换分区和 CPU 的使用率等，如图 2-42 所示。

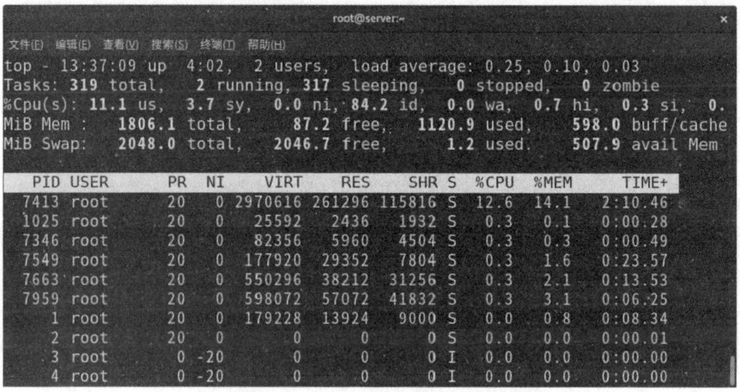

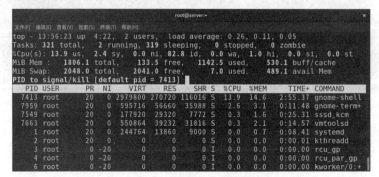

图 2-42　使用 top 命令查看系统资源

top 命令会定期更新显示内容，默认选项是根据 CPU 的负载来进行排序的。在图 2-42 中，第一行各字段的意义与 w 命令相同，第二行表示所有进程的执行情况，第三行表示 CPU 的使用情况，第四行表示内存的使用情况，第五行表示交换分区的使用情况，其他内容表示正在执行的进程列表。

如果希望按照内存使用率来排序，则按【M】键。如果希望按照执行时间来排序，则按【T】键。如果想终止 top 命令，则按【Q】键。

执行 top 命令时，将监视系统用户的全部进程，如果只想监控某位特定的用户，则按【u】键，在 top 信息中出现 "Which User（Blank for All）" 提示语句，输入想监视的用户名即可。

如果发现某个进程占用了太多的系统资源，或是用户超权执行了程序，可从 top 列表中直接将其删除。输入 k，在 top 信息中出现 "PID to kill" 提示语句，输入要删除的 PID（进程标识符），如图 2-43 所示，按【Enter】键就可以删除了。一般来说，输入信号代码的默认值是 15，遇到特殊的进程可输入信号代码 9 将其删除。管理员可以删除任何进程，每个用户仅能删除属于自己的进程，无法删除其他用户的进程。

图 2-43　删除指定进程

11. 管理进程

（1）使用命令 *ps* 查看系统中执行的进程，如图 2-44 所示。

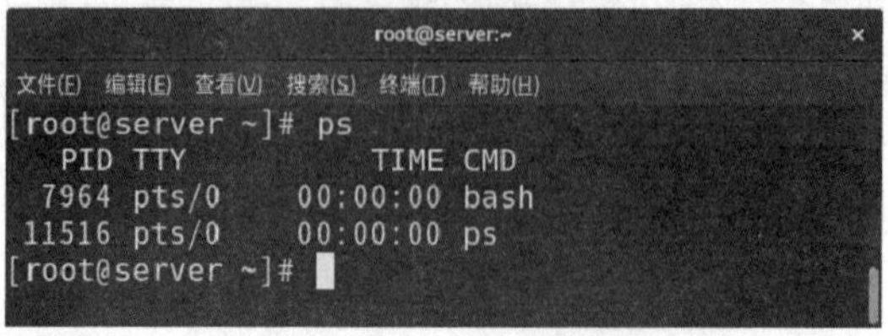

图 2-44　查看进程

在图 2-44 中，PID 表示进程标识符，这是进程的唯一标识；TTY 表示用户使用的终端代号；TIME 表示进程所消耗的 CPU 时间；CMD 表示正在执行的程序或命令。

命令解释——ps：

功能：查看系统的进程。

命令格式：ps［参数］

主要参数：

-a：显示当前控制终端的进程。

-u：显示进程的用户名和启动时间等信息。

-x：显示没有控制终端的进程。

-l：按长格式显示输出。

-e：显示所有的进程。

（2）使用命令 *ps -u* 或者 *ps -l* 查看进程较详细的信息，如图 2-45 所示。

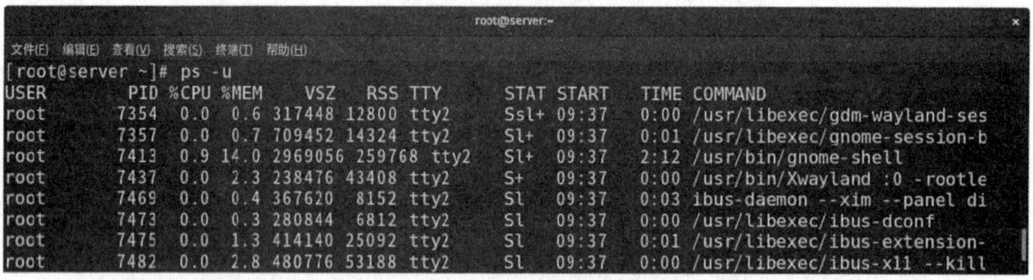

图 2-45　查看进程详细信息

（3）使用命令 *ps -aux* 查看后台正在执行的进程，如图 2-46 所示。

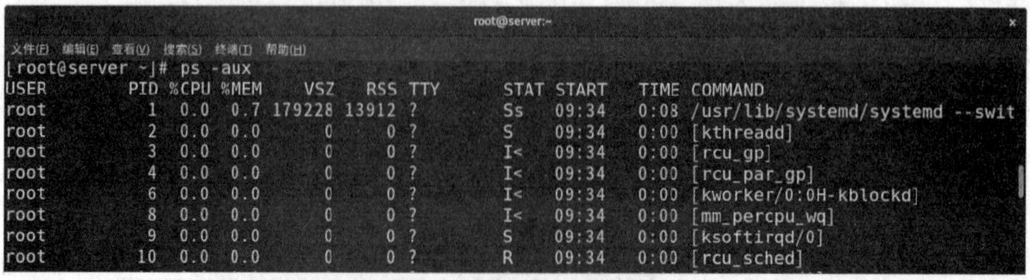

图 2-46　查看后台执行的进程

（4）由于参数-aux 会列出所有的进程，因而不容易找到特定的进程，可以将其和命令 grep 配合使用。例如，显示 smb 进程，使用命令 *ps -aux | grep smb*，执行结果如图 2-47 所示。

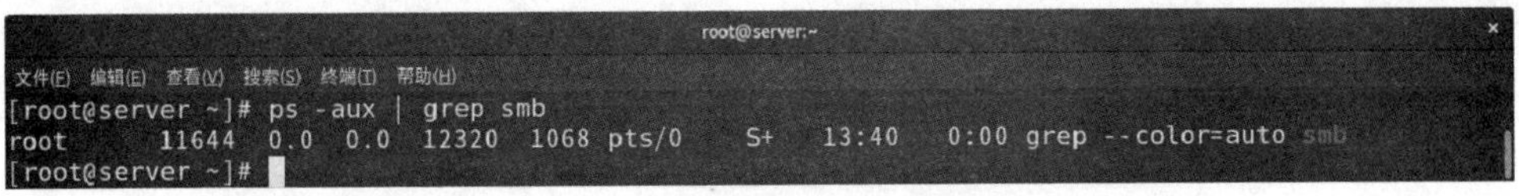

图 2-47　查询 smb 进程

命令解释——grep:

功能: 查找文件中包含有特定字符串的行。

命令格式: grep [参数] 要查找的字符串 文件名

主要参数:

–v: 列出不匹配的行。

–c: 对匹配的行计数。

–l: 只显示包含匹配模式的文件名。

（5）删除某个进程使用命令 kill，首先使用命令 *ps –aux|grep crond* 列出进程 crond，然后找到希望删除进程的 PID 1119，输入命令 *kill 1119*，再使用命令 *ps –aux|grep crond* 查看，PID 是 1119 的进程已经没有了，如图 2–48 所示。

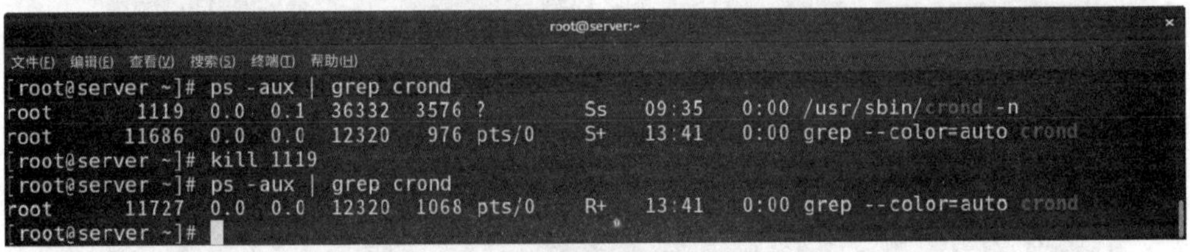

图 2–48　删除进程

12. 管理服务

命令解释——systemctl

功能: 显示、启动、停止和重启指定的服务。

格式与功能: 见表 2–3。

表 2-3　使用 systemctl 命令管理服务

命　　　令	说　　　明
systemctl start　　<ServiceName>[.service]	启动名为 ServiceName 的服务
systemctl stop　　<ServiceName>[.service]	停止名为 ServiceName 的服务
systemctl restart　　<ServiceName>[.service]	重启名为 ServiceName 的服务
systemctl reload　　<ServiceName>[.service]	重新加载名为 ServiceName 服务的配置文件
systemctl status　　<ServiceName>[.service]	查看名为 ServiceName 服务状态信息及日志信息
Systemctl is–active <ServiceName>[.service]	查看名为 ServiceName 服务是否正在运行
systemctl [list–units] ––type service 或 systemctl [list–units] –t service	显示当前已运行的所有服务
systemctl [list–units] ––type service 或 systemctl [list–units] –t service	显示所有服务
systemctl [list–unils] ––type service ––failed 或 systemctl [list–units] –t service –failed	显示已加载的但处于 failed 状态的服务

（1）查看系统中某一个服务的状态，使用命令 *systemctl status* 服务名，如查看 FTP 服务状态，使用命令 *systemctl status vsftpd*，如图 2-49 所示，查看任务计划服务状态，使用命令 *systemctl status crond*，如图 2-50 所示。

```
root@server:~                                                    ×
文件(F) 编辑(E) 查看(V) 搜索(S) 终端(T) 帮助(H)
[root@server ~]# systemctl status vsftpd
● vsftpd.service - Vsftpd ftp daemon
   Loaded: loaded (/usr/lib/systemd/system/vsftpd.service; disabled; vendor pre>
   Active: active (running) since Sat 2020-05-02 08:45:45 CST; 2s ago
  Process: 8374 ExecStart=/usr/sbin/vsftpd /etc/vsftpd/vsftpd.conf (code=exited>
 Main PID: 8376 (vsftpd)
    Tasks: 1 (limit: 11365)
   Memory: 864.0K
   CGroup: /system.slice/vsftpd.service
           └─8376 /usr/sbin/vsftpd /etc/vsftpd/vsftpd.conf

5月 02 08:45:44 server systemd[1]: Starting Vsftpd ftp daemon...
5月 02 08:45:45 server systemd[1]: Started Vsftpd ftp daemon.
lines 1-12/12 (END)
```

图 2-49　查看服务 vsftpd 状态

```
root@server:~                                                    ×
文件(F) 编辑(E) 查看(V) 搜索(S) 终端(T) 帮助(H)
[root@server ~]# systemctl status crond
● crond.service - Command Scheduler
   Loaded: loaded (/usr/lib/systemd/system/crond.service; enabled; vendor prese>
   Active: active (running) since Sat 2020-05-02 08:39:06 CST; 8min ago
 Main PID: 1213 (crond)
    Tasks: 1 (limit: 11365)
   Memory: 1.3M
   CGroup: /system.slice/crond.service
           └─1213 /usr/sbin/crond -n

5月 02 08:39:06 server systemd[1]: Started Command Scheduler.
5月 02 08:39:07 server crond[1213]: (CRON) STARTUP (1.5.2)
5月 02 08:39:07 server crond[1213]: (CRON) INFO (RANDOM DELAY will be scaled wi>
5月 02 08:39:12 server crond[1213]: (CRON) INFO (running with inotify support)
lines 1-13/13 (END)
```

图 2-50　查看服务 crond 状态 1

（2）查看某一个服务状态更简洁的方式是使用命令 *systemctl is-active crond*，如图 2-51 所示，从图中可以看到进程 crond 的状态是 active，是活跃的状态。

```
root@server:~                                                    ×
文件(F) 编辑(E) 查看(V) 搜索(S) 终端(T) 帮助(H)
[root@server ~]# systemctl is-active crond
active
[root@server ~]#
```

图 2-51　查看服务 crond 状态 2

（3）停止 crond 服务，使用命令 *systemctl stop crond*，再使用命令 *systemctl is-active crond*，可以看到服务的状态是不活跃的，如图 2-52 所示。

```
root@server:~                                                    ×
文件(F) 编辑(E) 查看(V) 搜索(S) 终端(T) 帮助(H)
[root@server ~]# systemctl stop crond
[root@server ~]# systemctl is-active crond
inactive
[root@server ~]#
```

图 2-52　停止服务 crond 并查看

（4）启动 crond 服务，使用命令 *systemctl start crond*，再使用命令 *systemctl is-active crond*，可以看到服务的状态是活跃的，如图 2-53 所示。

![图 2-53](terminal screenshot)

图 2-53 启动服务 crond 并查看

（5）查看系统中所有活跃状态的服务，使用命令 *systemctl –t service*，如图 2-54 所示。

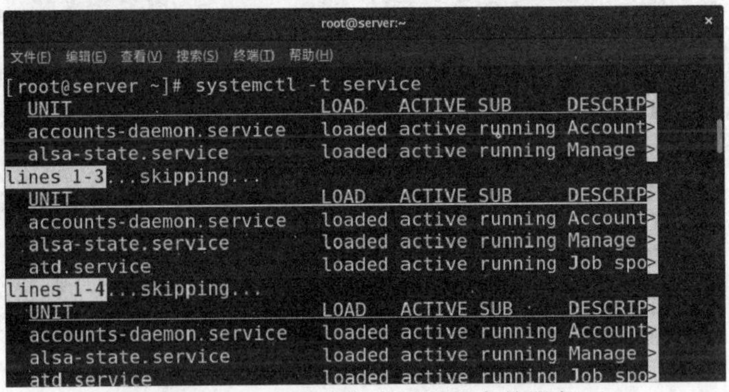

![图 2-54](terminal screenshot)

图 2-54 查看系统中活跃状态的服务

（6）查看系统中所有服务，使用命令 *systemctl –at service*，如图 2-55 所示。

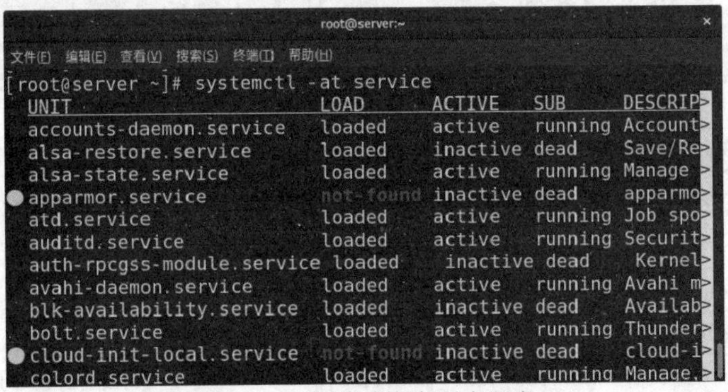

![图 2-55](terminal screenshot)

图 2-55 查看系统中所有服务

（7）查看系统中启动失败的服务，使用命令 *systemctl –t service   --failed*，如图 2-56 所示，其中有一个服务 quataon.service 启动失败。

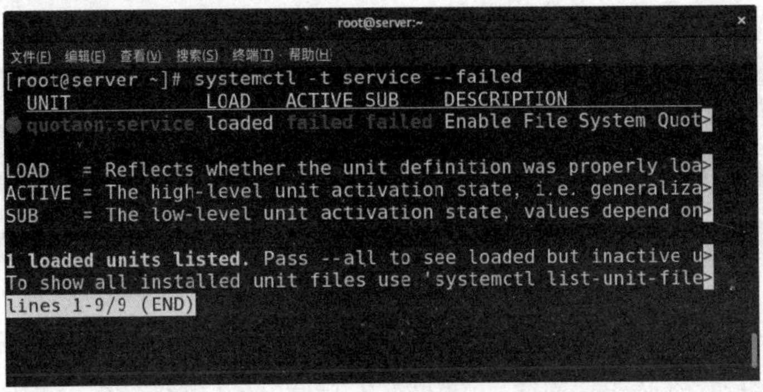

![图 2-56](terminal screenshot)

图 2-56 查看系统中失败状态的服务

项目 2 管理文件系统

（8）查看系统中所有单元，使用命令 *systemctl list-unit-files*，可以看到，以单元模块的方式显示服务，服务的状态有三种：enable、disabled 和 static，如图 2-57 所示。其中服务启动后对应的状态是 enable，服务停止后对应的状态是 disabled，可以使用 systemctl 进行管理；不能对状态是 static 的服务进行管理，这些服务是由系统进程进行管理的。

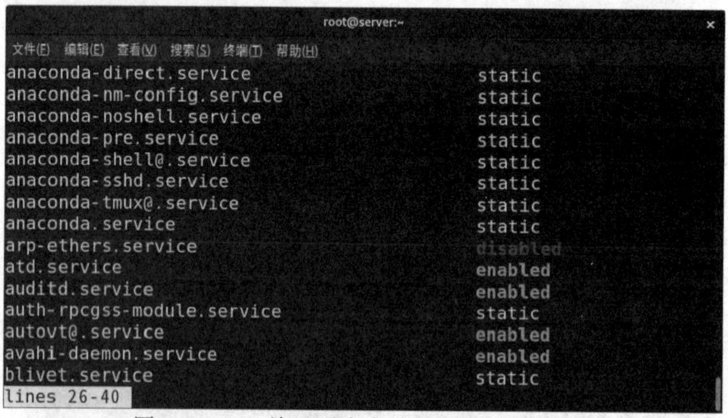

图 2-57 以单元列表方式查看系统中服务

（9）关闭防火墙服务的命令是 *systemctl stop firewalld*，如图 2-58 所示。

图 2-58 关闭防火墙服务

13. 服务的持久化管理

所谓持久化管理，就是管理某项服务是否在每次启动系统过程中启动，可以使用 systemctl 命令实现管理。

① systemctl enable <ServiceName>[.service]，在启动系统时启用名为 ServiceName 的服务。

② systemctl disable <ServiceName>[.service]，在启动系统时停用名为 ServiceName 的服务。

③ systemctl is-enable <ServiceName>[.service]，查看名为 ServiceName 的服务是否在启动系统时启用。

④ systemctl list-unit-files --type service 或 systemctl list-unit-files -t service，查看所有服务是否在启动系统时启用。

（1）将防火墙设置成开机启动使用命令 *systemctl enable firewalld*，如图 2-59 所示。

图 2-59 设置防火墙服务开机自启

（2）将防火墙设置成开机关闭使用命令 *systemctl disable firewalld*，如图 2-60 所示。

（3）查看防火墙设置状态使用命令 *systemctl is-enabled firewalld*，如图 2-61 所示。

```
                                            root@server:~                              ×
文件(F) 编辑(E) 查看(V) 搜索(S) 终端(T) 帮助(H)
[root@server ~]# systemctl disable firewalld
Removed /etc/systemd/system/multi-user.target.wants/firewalld.service.
Removed /etc/systemd/system/dbus-org.fedoraproject.FirewallD1.service.
[root@server ~]#
```

图 2-60　设置防火墙服务开机关闭

```
                                            root@server:~                              ×
文件(F) 编辑(E) 查看(V) 搜索(S) 终端(T) 帮助(H)
[root@server ~]# systemctl is-enabled firewalld
disabled
[root@server ~]#
```

图 2-61　查看防火墙服务状态

14. 任务调度

　　Linux 允许用户根据需要在指定的时间自动运行指定的进程，也允许用户将非常消耗资源和时间的进程，如数据备份、扫描病毒等操作，安排到系统比较空闲的时间由系统自动执行。这种让系统在特定的时间执行指定任务的方法，称为任务调度。有两种方法可以实现任务调度：第一种方法是采用 at 命令，这种方法只能运行一次进程；第二种方法是采用 cron 命令，这种方法可以实现在特定时间重复运行进程。

　　（1）at 调度

　　命令解释——at

　　功能：用来在个特定时间运行一个命令或脚本，这个命令或脚本只运行一次。

　　命令格式：at [选项] [时间]

　　主要参数：

　　-f 文件名：从指定文件获取将要执行的命令序列。

　　-1：显示等待执行的调度作业。

　　-d：删除指定的调度作业。

　　时间参数用于指定任务执行的时间，可包含日期信息，其表达方式有绝对时间表达法和相对时间表达法。

　　① 绝对时间表达法。绝对时间表达分为 "hh:mm" 和 "hh:mm 日期" 两种形式。其中时间一般采用 24 小时制，也可采用 12 小时制，然后再加上 am（上午）或 pm（下午）来说明是上午还是下午；日期的格式可表达为 "month day" "mmddyy" "mm/dd/yy" "dd.mm.yy" 等几种形式，但应注意日期必须放在时间之后。另外，还可用 today 代表今天的日期，用 tomorrow 代表明天的日期等。

　　例如，若表达 2020 年 5 月 1 日下午 6:00 的时间，可以采用如下表达形式：

```
6:00 pm 5/1/20
18:00 1.5.20
18:00 05012020
```

　　② 相对时间表达法。相对时间表达法以某一具体时间（当前时间用 now 表示）为基准，然后递增若干时间单位，其时间单位可以是 minutes（分钟）、hours（小时）、days（天）、weeks（星期），表达格式为 "指定时间+时间间隔"。

　　例如：

```
now+2  hour       //表示从现在起 2 小时后
6:30pm+2 days     //表示 2 天后的 6:30pm
```

项目 2

管理文件系统

设置 at 调度,要求在 2020 年 12 月 31 日 23 时 59 分向登录在系统上的所有用户发送 Happy New Year!。

使用 Vi 编辑器创建一个批处理文件 welcome,输入内容 "/bin/echo Happy New Year!",使用命令 *cat welcome* 查看该文件内容,然后再使用命令 *ll welcome* 查看文件的权限是 644,没有执行权限,使用命令 *chmod 705 welcome*,增加执行权限,再使用命令 *ll welcome* 查看权限修改正确,使用命令./ *welcome* 先执行一下,可以看到批处理文件执行正确,如图 2-62 所示。

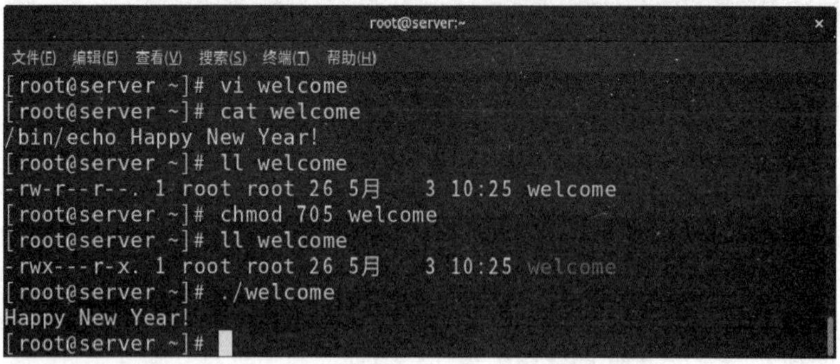

图 2-62 创建一个批处理文件

使用命令 *at -f ~/welcome 23:59 12/31/2020*,创建 at 调度程序,使用命令 *at -l* 查看到该程序已经创建完成,如图 2-63 所示。

图 2-63 创建 at 调度程序

（2）cron 调度。

at 调度中指定的命令只能执行一次,但在实际的系统管理中有些命令需要在指定的日期和时间重复执行,即具有周期性执行的特点,例如每天例行的数据备份工作。cron 调度可以满足这种需要。

① crond 守护进程。crond 守护进程每隔 1 分钟就检测一次所有注册用户的 crontab 配置文件,并按照其设置内容,定期重复执行指定的 cron 调度工作。在 RHEL 系统中,crond 守护进程由 crond 服务管理,因此,该守护进程可以用 systemctl 命令启动、停止或查看。默认情况下 crond 服务在系统启动时自动启动,并始终运行于后台。

② crontab 配置文件。crontab 配置文件用于存放任务调度的时间和要启动的进程等信息。crond 进程维护着一个缓冲池（spool）目录来保持 crontab 文件。通常这个目录是/var/spool/cron,每个有调度工作的用户在该目录中都有一个与用户同名的 crontab 文件。另外,在/etc 目录下有一个全局的/etc/crontab 配置文件。

使用命令 *cat /etc/crontab* 打开配置文件,内容如图 2-64 所示。

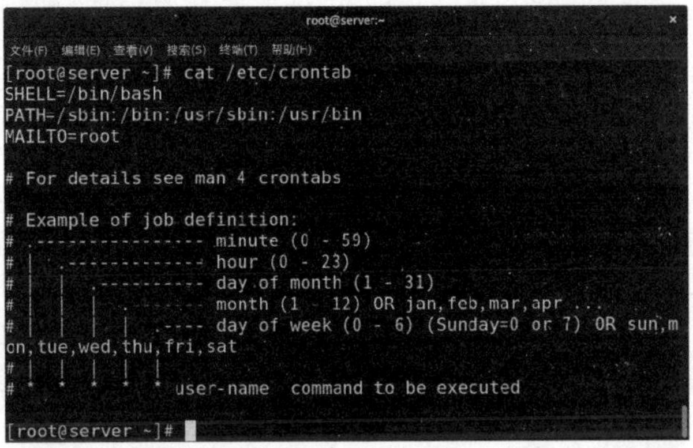

图 2-64　查看 crontab 文件内容

crontab 文件包含 6 个字段，分别为分钟、小时、日期、月份、星期和命令名称，具体说明如表 2-4 所示。

表 2-4　crontab 文件中字段的说明

字 段 名 称	提 供 信 息	取 值 范 围
分钟	每小时第几分钟执行	0~59
小时	每天第几小时执行	0~23
日期	每月第几天执行	0~31
月份	每年第几月执行	0~12
星期	每周星期几执行	0~6，0 代表星期天
命令名称	执行的 shell 命令	可以执行的 shell 命令

在配置 erontab 文件时有以下几点需要说明：

a. 所有字段不能为空，字段之间用空格分开。

b. 如果不指定字段内容，需要输入 "*" 通配符，它表示 "全部"。例如，在 "分钟" 字段中输入 "*" 符号，则表示在每分钟都执行进程或者命令。

c. 可以使用 "–" 符号表示一段时间。例如，在 "月份" 字段中输入 "3–12"，则表示在每年的 3~12 月都要执行指定的进程或者命令。

d. 可以使用 "," 符号来表示特定的一些时间。例如，在 "日期" 字段中输入 "3.5,10"，则表示每个月的 3、5、10 日执行指定的进程或者命令。

e. 可以使用 "*/" 后跟一个数字表示增量，当实际的数值是该数字的倍数时就表示匹配。

f. 对于一个被启动的进程，每一个时间字段都必须与当前时间相匹配，但日期和星期例外，这两个字段只要有一个匹配就可以了。

g. 如果执行的命令没有使用输出重定向，系统会把执行的结果以电子邮件的方式发送给执行进程或命令的用户。

表 2-5 所示为一个 crontab 文件的时间字段例子。

表 2-5　crontab 文件的时间字段例子

命　　令					说　　明
*	*	*	*	*	每分钟
*/5	*	*	*	*	每隔 5 分钟
30	0	*	*	*	每天凌晨 0:30
0	4,8~18,22	*	*	*	每天 4:00、22:00 及 8~18 时的每个整点
10	*/6	*	*	*	每天从 0 点开始每隔 6 小时 10 分（0:10,6:10,12:10,18:10）
2	0~23/2	*	*	*	每天逢偶数小时的 23 分（0:23,2:23,4:23,…,22:23）
30	1	1,15	*	*	每月 1 日和 15 日凌晨 1:30
5	1	*	*	1	每周 1 凌晨 1:05
0	22	*	*	1~5	每周一至周五晚 10 点
30	4	1,15	*	*	每月 1 日和 15 日早 4:30

③ crontab 命令。

命令解释——crond

功能：管理用户的 crontab 配置文件。

格式：crontab [选项]

常用选项：

-e 创建、编辑配置文件。

-l 显示配置文件的内容。

-r 删除配置文件。

④ 创建一个 cron 调度。

mark 用户设置 cron 调度，要求每周的星期二、星期四、星期六早上 5 点将/home/rose 目录中的所有文件归档并压缩为/backup 目录中的 rose.tar.gz.文件。

输入 *crontab -e -u rose* 命令后，系统自动启动 Vi 编辑器，用户输入以下配置内容后，存盘退出，如图 2-65 所示。

```
0  5  *  *  2,4,6  tar -czf /backup/rose.tar.gz  /home/rose
```

图 2-65　为用户 rose 创建调度

使用命令 *crontab -l -u rose*，查看调度内容，如图 2-66 所示。

图 2-66　查看调度内容

使用命令 *ls /var/spool/cron* 查看目录，该目录下会出现一个名为 rose 的文件，如图 2-67

所示，使用命令 *cat /var/spool/cron/rose* 查看文件内容，如图 2-68 所示，与创建时输入的命令一致。

图 2-67　查看调度文件

图 2-68　查看调度内容

请扫描二维码观看任务 3 管理进程。

任务 3
管理进程

2.3.2　Vi 编辑器

系统管理员的重要工作之一是修改与设定服务器的配置文件，因此必须熟悉至少一种文本编辑器。所有的 Linux 发行版本都内置有 Vi 文本编辑器。Vi 编辑器不像 Word 或 WPS 那样可以对字体、格式、段落等进行编排，它只是一个文本编辑程序，没有菜单，只有命令。下面通过对文件 man_db.conf 进行操作，来熟悉掌握 Vi 编辑器的使用。

（1）创建文件目录/Vitest，进入该目录当中。

执行命令 *mkdir /Vitest*，然后执行命令 *cd /Vitest*，如图 2-69 所示。

图 2-69　创建目录/Vitest

（2）将/etc/man_db.conf 复制到本目录下面，使用 Vi 编辑器打开本目录下的 man_db.conf 文件。

执行命令 *cp /etc/man_db.conf .*，然后执行 *vi man_db.conf*，如图 2-70 所示。

（3）在 Vi 中设定行号，移动到 45 行。

输入命令 *set nu*，在文本编辑器中左侧出现表示行号的数字，如图 2-71 所示，然后执行命令 *45G*，即可移动到 45 行。

（4）移动到第 1 行，并且向下查找 modify 这个字符串，请问它在第几行？

首先执行 *1G*，移动到第 1 行，然后执行*/modify*，查找到含有 modify 字符的行，在 76 行，如图 2-72 所示。

图 2-70　复制文件 man_db.conf

图 2-71　设置行号并移动到 45 行　　　　　图 2-72　向下查找 modify 字符串

（5）将 50～80 行之间的 man 字符串修改为 MAN 字符串，并且一个一个挑选是否需要修改，如何下达命令。如果在挑选过程中一直按【y】键，结果会在最后一行出现改变了几个 man 呢？

执行 *50,80s/man/MAN/gc* 命令，如图 2-73 所示，即将 50～80 行的 man 用 MAN 代替，每次替换都会询问是否替换，输入 "y" 表示替换，如图 2-74 所示，最后出现 "24 次替换，共 13 行" 表示在 13 行中共替换了 24 个，如图 2-75 所示。

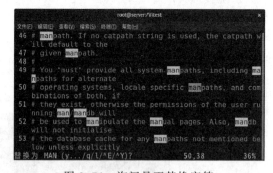

图 2-73　使用 MAN 替换 man 字符串　　　　　图 2-74　询问是否替换字符

（6）修改之后突然反悔了，要全部恢复，有哪些办法？

简单的恢复操作可以一直按【u】键，即可撤销操作，也可以执行命令 *q!*，不保存文件。

（7）要复制 35～44 行这 10 行的内容，并且粘贴到最后一行之后。

先执行命令 *35G*，然后执行命令 *10yy*，最后一行出现 "10 lines yanked"，即复制 10 行，如图 2-76 所示，接着按【G】键到最后一行，再按【p】键，则粘贴了 10 行。

（8）删除 21～40 行。

先执行命令 *21G*，然后执行命令 *20dd*，则删除 20 行。

图 2-75　替换完成　　　　　　　　　　　图 2-76　复制 10 行内容并粘贴

（9）将这个文件另存成一个文件 man.config.bak。

执行命令 *w man.config.bak*，则文件被另存为 man.config.bak，在文件结尾出现 man.config.bak 提示，如图 2-77 所示，表示创建了一个新文件 man.config.bak。

（10）回到第 29 行，并且删除 15 个字符。

执行命令 *29G*，然后执行命令 *15x*，删除了 15 个字符。

（11）在第一行新增一行，该行内容输入"I like vim"，存盘离开。

执行命令 *1G*，按大写的【O】键，即在第一行新增一行，使用【Ctrl+空格】组合键切换输入法为智能拼音，输入内容"I like vim"，如图 2-78 所示，然后按【Esc】键，转换为命令模式，在执行命令 *wq* 存盘离开。

图 2-77　另存文件 man.config.bak　　　　　图 2-78　输入内容并保存

请扫描二维码观看任务 4 使用 Vi 编辑器。

任务 4
使用 Vi 编辑器

2.4　项　目　总　结

本项目学习了文件系统，要求了解文件系统类型，能够熟练使用 Linux 操作系统常用命令，能够管理进程，能够使用 Vi 编辑器，掌握 Vi 编辑器各种模式及每种模式下的命令使用，能够安装不同格式的软件包。

项目
②

管理文件系统

2.5　项目实训

1．实训目的

（1）掌握 Linux 操作系统常用命令。

（2）使用 Vi 编辑器。

（3）掌握服务管理命令。

2．实训环境

（1）Linux 服务器。

（2）Windows 客户机。

3．实训内容

（1）在/home 子目录下建立图 2-79 所示的目录结构。

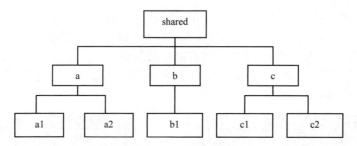

图 2-79　建立目录结构

（2）清屏。

（3）在 b 目录下建立两个文件 test1 和 test2，文件内容自己确定。

（4）将 test1 和 test2 合并成 test3，并查看合并后文件的内容。

（5）查看文件 test2 的权限，并将 test2 的权限修改为 755，并查看结果。

（6）将 test3 复制到 a1 子目录中，并查看操作结果。

（7）将 b 目录中的文件 test1 移动到目录 c1 中，文件改名为 test，并查看操作结果。

（8）删除空目录 a2，删除非空目录 c1，并查看操作结果。

（9）删除 b 目录中的 test3 文件，并查看操作结果。

（10）备份目录/root 到/home 下，生成备份文件 beifen.tar，查看文件大小。

（11）压缩备份文件 beifen.tar，查看压缩后文件的大小。

（12）切换到 home 目录下，新建一个文件 myfile.txt，使用命令查看新文件的权限。

（13）使用 chmod 命令将新文件 myfile.txt 的权限修改为 rw-rw-r--，用绝对权限表达法（数值）来设置。

（14）使用 chmod 命令修改 myfile.txt 权限为 rw-r-----，使用字符表达的相对修改法来设置。

（15）使用 chmod 命令为 myfile.txt 文件的其他用户增加读的权限，使用字符表达的相对修改法来设置。

（16）使用 chmod 命令为 myfile.txt 文件的同用户组的用户增加写和执行的权限，使用字符表达的相对修改法来设置。

（17）使用 chmod 命令同时去掉同用户组的用户和其他用户对 myfile.txt 文件的读权限，

使用字符表达的相对修改法来设置。

（18）使用 chmod 命令将文件 myfile.txt 的拥有者、同用户组的用户和其他用户都只赋予读的权限，使用字符表达的相对修改法来设置。

4. 实训要求

实训分组进行，可以两人一组，小组讨论，确定方案后进行讲解；教师给予指导，全体学生参与评价。

5. 实训总结

完成实训报告，总结项目实施中出现的问题。

2.6 项 目 练 习

一、选择题

1. cd /etc 命令的含义是（　　　）。

    A. 改变文件属性

    B. 改变当前目录为/etc，即进入到/etc 目录

    C. 压缩文件

    D. 建立用户

2. 超级用户 root 当前所在目录为/usr/local，输入 cd ~命令后，用户当前所在目录为（　　　）。

    A. /home   B. /root   C. /home/root   D. /usr/local

3. 已知某用户 stud1，其用户目录为/home/stud1。如果当前目录为/home，进入目录/home/stud1/test 的命令是（　　　）。

    A. cd test   B. cd /stud1/test   C. cd stud1/test   D. cd home

4. 要删除目录/home/user1/subdir 连同其下级目录和文件，不需要依次确认，正确命令是（　　　）。

    A. rpm −P /home/user1/subdir   B. mkdir −p −f　/home/user1/subdir

    C. ls −d −f　/home/user1/subdir   D. rm −r −f　/home/user1/subdir

5. 使用 PS 获取当前运行进程的信息时，输出内容 PID 的含义为（　　　）。

    A. 进程的用户名   B. 进程调度的级别

    C. 进程的 ID 号   D. 子进程的功能号

6. 查看系统中所有的进程的命令是（　　　）。

    A. ps all   B. ps −aix   C. ps −auf   D. ps −aux

7. RHEL 8.x 操作系统的默认文件系统是（　　　）。

    A. ext3   B. ext4   C. xfs   D. NTFS

8. 执行命令 chmod o+rw file 后，file 文件的权限变化为（　　　）。

    A. 同组用户可读写 file 文件   B. 所有用户都可读写 file 文件

    C. 其他用户可读写 file 文件   D. 文件所有者可读写 file 文件

9. 若要改变一个文件的拥有者，可以通过命令（　　　）来实现。

    A. chmod   B. chown   C. usermod   D. rm

10. 光盘所使用的文件系统类型为（　　　）。

A. ext3　　　　　B. ext4　　　　　C. ISO 9660　　　　D. swap

11. 使用（　　）命令把两个文件合并成一个文件。

A. cat　　　　　B. grep　　　　　C. cp　　　　　D. mv

二、填空题

1. Vi 编辑器的三种模式是_____、_____和_____。

2. 查看文件 file 的内容的命令是_____。

3. 将文件 1.txt 复制为文件 2.txt 的命令是_____。

4. 将 mn.txt 文件更名为 mm.txt 的命令是_____。

5. 查看当前系统登录的用户的命令是_____。

6. 查看当前用户所在目录的命令是_____。

项目 ③

→ 管理组群和用户

当今社会，随着无纸化办公的普及，企业的信息资料存储在企业的计算机中，为了保证信息的安全性，管理员必须对企业的用户和组群进行管理，针对不同的用户身份赋予不同的访问权限，以保证信息资源的安全。

3.1　项 目 描 述

某公司网络管理员负责为公司管理组群和用户，公司名称为 lnjd，有部门财务部、人事部和销售部，建立组群 cw、rs 和 xs，部门结构如图 3-1 所示。

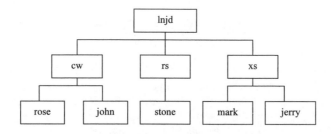

图 3-1　公司目录结构

公司的计算机安装了 Linux 操作系统。Linux 账号管理对系统管理员来说是一项非常重要的工作。通过对用户、组群的账号管理，可以为它们分配不同的资源使用权限，以确保用户对系统资源的安全使用。

3.2　相 关 知 识

3.2.1　组群概述

Linux 作为一个多用户的操作系统，首先系统要标识所有登录计算机的用户的身份（用户指登录系统并使用系统资源的每个人），其次要控制每个用户对不同资源的访问权限。为了简化系统管理的难度，Linux 采用了组群（group）的策略，组群是具有相同性质用户的一个集合。其工作过程是首先为组群分配不同的资源访问权限，然后把用户加入这些组群中，最终实现用户对资源的各种不同访问权限。一个用户可以分属于多个不同组群。

3.2.2　账号概述

在安装 Linux 系统时，至少需要创建两个账号：一个为根（root）用户；另一个为普通用户。用户名可以用任何合法 Linux 名称，其他的管理用户账号（如 mail、bin 等）被自动设置。

对于每一个使用 Linux 系统的用户，必须拥有一个独一无二的账号。账号为每一个用户提供安全保存文件的地址和使用界面的方法（GUI、路径、环境变量等）。一个用户一般只有一个账号，在不同的工作环境下，也可以使用不同的账号登录系统。此时系统把不同账号认为不同用户。

Linux 用户可以分成三组，分别是超级用户、系统用户和普通用户，所有用户和密码都通过/etc/passwd 配置。

（1）超级用户，又称根用户（root），对 Linux 系统具有完全的控制权限，可以打开所有文件或运行任何程序，也能安装应用程序和管理其他用户的账号。对系统进行管理以及相应的设置必须使用根用户。根用户登录时一定要小心，错误的操作可能对系统造成不可修复的损害。

（2）系统用户，又称虚拟用户。与真实用户不同，这类用户是系统用来执行特定任务的，不具有登录系统的能力，如用户 ftp、mail、nobody、bin 和 adm 等。这类用户都是系统自身拥有的，一般不需要改变其默认设置。

（3）普通用户。系统安装后由超级用户创建，能登录系统。这类用户权限有限，只能操作其拥有权限的文件和目录，通常是自己的 home 目录中的文件，只能管理自己启动的进程。

3.3　项　目　实　施

3.3.1　管理组群

1.　建立组群

使用命令 *groupadd* 建立组群 cw、rs 和 xs，如图 3-2 所示。

图 3-2　添加组群

命令解释——groupadd：

功能：向系统添加组群。

格式：groupadd [参数] group-name

参数选项：

-g gid：组群的 GID，它必须是独特的，且大于 999。

-r：创建小于 1000 的系统组群。

-f：若组群已存在，退出并显示错误（组群不会被改变）。

group-name 是唯一必须的参数，表示添加的组群的名称，其他项是可选的。当组群名称被添加时，组群的 GID 号（默认大于 999）被创建。

2.　查看组群配置文件

使用命令 *cat /etc/group* 查看建立组群结果，如图 3-3 所示。

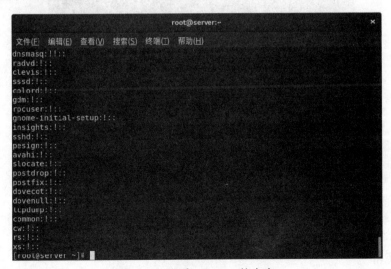

图 3-3　查看 group 内容

group 文件记录的是每一个组群的资料。每个组群包括 4 栏,中间用“:”分开,格式如下:

（1）组群名称:如 root、cw、rs 和 xs 等。

（2）组群密码:设置加入组群的密码。一般情况下不使用。

（3）GID:组群号码:每个组群拥有的一个唯一的身份标识。组的 GID 必须是独特的,且大于 999。从图 3-3 中可以看到,cw 组群的 GID 是 1001,第一个普通账户 common 的 GID 是 1000,这个账号是管理员在安装系统时创建的普通账户。

（4）组群成员:记录了该组群的成员,可以按要求把用户加入相对的组群。

用户可以属于 Vi 编辑器直接编辑配置文件/etc/group,添加组群用户。

3. 查看组群加密配置文件

使用命令 *cat /etc/gshadow* 查看组群加密配置文件,如图 3-4 所示,指定相应组群的加密密码和特定组群的管理员权限。

图 3-4　查看 gshadow 的内容

内容由 ":"分为 4 栏,每一栏含义如下:

(1)Group name:组群的名称。

(2)Password:加密密码,可以使用 gpasswd 命令增加。

(3)Group administrator:组群管理员,可以管理组群中用户。

(4)Group members:包括同一组群中其他成员的用户名。

4. 修改组群属性

修改用户组群的属性使用命令 groupmod,可以对组群的名称和 GID 进行修改。

命令解释——groupmod:

功能:修改组群属性。

格式:groupmod [参数] group-name

参数选项:

-g gid:组群的 GID,它必须是独特的,且大于 999。

-n:组群名。

使用命令 *groupadd teacher* 创建一个组 teacher,使用命令 *tail /etc/group* 查看该组的 gid 是 1004,如图 3-5 所示。然后使用命令 *groupmod –n mathteacher –g 520 teacher*,将组名修改为 mathteacher,gip 修改为 520,再使用命令 *tail /etc/group* 查看,已经修改成功,如图 3-6 所示。

图 3-5　创建组 teacher 并查看

图 3-6　修改组属性

5. 删除组群

删除组群使用 groupdel 命令,如删除组群 mathteacher,可使用命令 *groupdel mathteacher*,如图 3-7 所示。

图 3-7　删除组并查看

命令解释——groupdel：

功能：删除组群。

格式：`groupmod   group-name`

请扫描二维码观看任务 1 管理组群。

任务 1
管理组群

3.3.2　管理用户

1. 建立用户

在组群 cw 中建立用户 rose 和 john，在组群 rs 中建立用户 stone，在组群 xs 中建立用户 mark 和 jerry。

要求：

（1）用户 rose 的注释信息为"kuaiji"。

（2）用户 john 的主目录设置为/cw/john。

（3）用户 stone 的注释信息为"renshichu"。

（4）用户 mark 的 UID 设置为 1100。

（5）用户 jerry 不能登录 bash。

（6）所有用户都不建立私有组群。

使用命令 *useradd* 或 *adduser* 在组群 cw 中建立用户 rose 和 john，在组群 rs 中建立用户 stone，在组群 xs 中建立用户 mark 和 jerry，如图 3-8 所示。

命令解释——useradd：

功能：创建一个锁定的用户账号，设置密码后被激活。

格式：`useradd   [option]   name`

常用的 option 选项：

-c comment：用户信息的注释。

-d home-dir：设置用户主目录，默认为 /home/username。

-e date：被停用账号的日期，格式为 YYYY-MM-DD。

-f days：密码过期后，账号禁用前的天数（0 表示账号在密码过期后立刻禁用，-1 表示密码过期后账号将不会被禁用）。

-g group-name：设置用户起始组群（该组群在指定前必须存在）。

-G group-list：用户所属的组群，用逗号分隔（组群在指定前必须存在）。

-m：若主目录不存在则创建它。

-n：不要为用户创建用户私人组群。

-r：创建一个 UID 小于 201 的不带主目录的系统账号。

-p password：使用 crypt 加密的密码。

-s：用户的登录 shell，默认为 /bin/bash。

-u uid：用户的 UID，它必须是独特的，且大于 999。

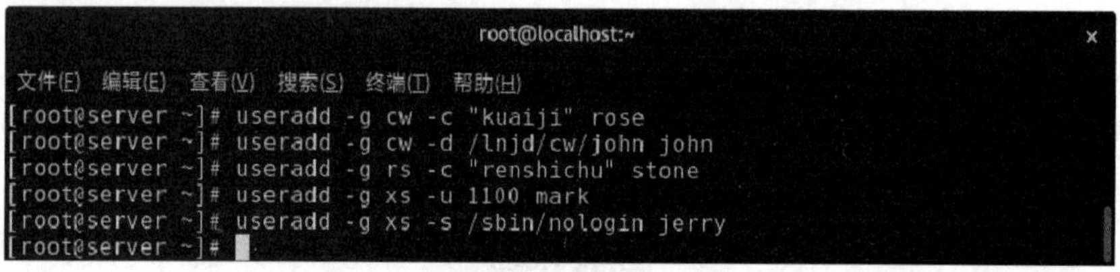

图 3-8　添加用户

2. 设置密码

Linux 的账户必须设置密码后，才能登录系统。使用命令 *passwd 用户名* 为所有用户设置密码，如图 3-9 所示。

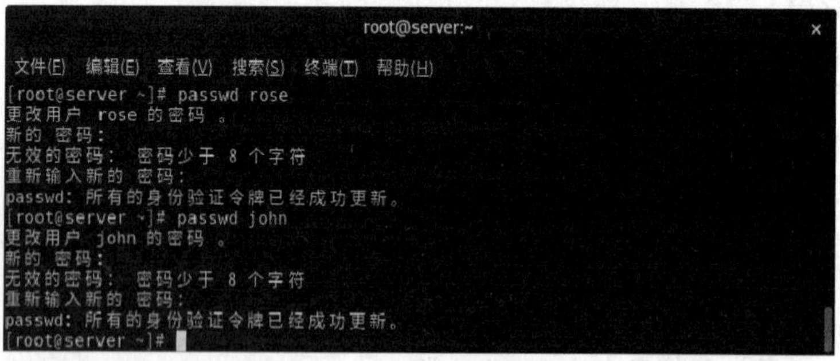

图 3-9　为用户设置密码

设置账户登录密码，使用 passwd 命令。

命令解释——passwd：

功能：设置账户密码。

格式：passwd [name]

若指定了账户名称，则设置指定账户的查录密码，原密码自动被覆盖。只有 root 用户才有权限设置指定账户的密码，一般用户只能设置或修改自己账户的密码，使用不带账户名的 passwd 命令来实现设置当前用户的密码。

密码长度的设置在配置文件/etc/login.defs 文件中进行设置，使用命令 *cat /etc/login.defs* 查看文件的内容，如图 3-10 所示。

```
MAIL_DIR /var/spool/mail
PASS_MAX_DAYS  99999
PASS_MIN_DAYS  0
PASS_MIN_LEN   5
PASS_WARN_AGE  7
UID_MIN         1000
UID_MAX         60000
SYS_UID_MIN     201
SYS_UID_MAX     999
GID_MIN         1000
GID_MAX         60000
SYS_GID_MIN     201
SYS_GID_MAX     999
CREATE_HOME yes
```

图 3-10　配置文件 login.defs 内容

（1）MAIL_DIR /var/spool/mai

创建用户时，要在目录/var/spool/mail 中创建一个用户 mail 文件。

（2）PASS_MAX_DAYS 99999

用户的密码不过期的最长时间是 99999 天。

（3）PASS_MIN_DAYS 0

密码修改之间的最少天数是 0 天，即表示可以随时修改密码。

（4）PASS_MIN_LEN 5

用户的密码最短的长度是 5 个字符。

（5）PASS_WARN_AGE 7

提前 7 天警告用户密码将过期。

（6）UID_MIN 1000

最小的用户标识符（UID）是 1000，也就是添加用户时，UID 从 1000 开始。

（7）UID_MAX 60000

最大的 UID 是 60000。

（8）SYS_UID_MIN 201

新建系统用户 UID 最小值。

（9）SYS_UID_MAX 999

新建系统用户 UID 最大值。

（10）GID_MIN 1000

GID 从 1000 开始。

（11）GID_MAX 60000

最大的 GID 是 60000。

（12）SYS_GID_MIN 201

新建系统用户组 GID 最小值。

（13）SYS_GID_MAX 999

新建系统用户组 GID 最大值。

（14）CREATE_HOME yes

在创建用户时，给用户创建用户主目录。

项目 3

管理组群和用户

3. 查看用户配置文件

使用命令 *cat /etc/passwd* 查看建立用户结果，如图 3-11 所示。

图 3-11　查看 passwd 内容

passwd 文件每行表示一个账号资料，可以看到文件中有 root 以及新增的 rose、john 等账号，还有系统自动建立的标准用户 bin、daemon、mail 等。每一个账号都有 7 栏，栏之间用 ":" 分隔，格式为：

账号名称：密码：UID：GID：个人资料：主目录：默认 shell

（1）账号名称：登录系统时使用的名称。

（2）密码：登录密码。该栏如果是一串乱码，表示密码已经加密；如果是 X，表示密码经过 shadow passwords 保护，所有密码都保存在/etc/shadow 文件内。

（3）UID：（user id）用户身份号码：用来标识用户的账号，每个用户有自己唯一的 UID。root 的 UID 为 0，1~100 被系统的标准用户使用，新加的用户 UID 默认从 1000 开始。

（4）GID：（group id）组群号码，每个用户账号都会属于至少一个组群。同一组群的用户，其组群号相同。

（5）个人资料：有关个人的一些信息，如电话、姓名等。

（6）主目录：用户的主目录。通常是/home/username。系统创建用户时，会在/home 目录下创建与用户同名的家目录，如创建 rose 用户，自动在/home 目录中创建目录 rose，作为 rose 用户的家目录，使用命令 ls /home 查看，如图 3-1 所示。

（7）默认 shell：用户登录后使用的 shell，预设为 bash。

（8）可以使用命令 id 查看账号信息，输入命令 *id 用户名*，将显示指定用户的 UID、GID 和用户所属组群的信息。省略用户名时显示当前用户的相关信息。

显示用户 rose 和 root 的账号信息，如图 3-12 所示。

图 3-12　查看用户信息

4. 查看用户密码文件

用户配置有关的另一个文件是/etc/shadow，它主要是为了增加密码的安全性。默认情况下这个文件只有根用户可以读取，可以用 root 登录，然后用 *cat /etc/shadow* 命令显示文件内容，如图 3-13 所示。

图 3-13　查看 shadow 文件的内容

每个用户目录有 8 列，每列的含义如下：

（1）username：用户登录名称。

（2）password：用 MD5 加密后的密码。

（3）numbers of days：上次密码的更改时间，从 1970 年 1 月 1 日起。

（4）minimum password life：不更改密码的最短时间，即密码必须在所给时间过去后才能更改。

（5）maximum password life：不更改密码的最长时间，即密码必须在所给时间过去后更改。

（6）warning period：在密码到期前多少天，系统提出警告。

（7）disable account：密码到期后多少天，不能登录系统。

（8）account expiration：到该日期之前必须使用账号，否则不能登录。

当为系统添加新用户时，新生成的用户的基本参数在没有指定情况下，从/etc/login.Defs 文件中读取，包括 E-mail 目录、密码寿命、用户 ID 和组群 ID，以及生成主目录的设置等。

5. 修改用户属性

对于已经创建好的账户，可使用 usermod 命令来修改和设置账户的各项属性，包括登录名、主目录、用户组、登录 shell 等。

命令解释——usermod：

功能：修改用户属性。

格式：usermod [option] name

命令参数选项 option 大部分与添加用户时所使用的参数相同，参数的功能也一样，下面按用途介绍该命令新增的几个参数。

（1）改变用户账户名。

若要改变用户名，可使用-1 参数来实现。如果公司员工 rose 离职，需要把原来的账号给新来的员工 tom，可以使用命令 usermod 进行改名，命令是 *usermod –l tom rose*，修改后使用命令 *tail –5 /etc/passwd* 查看修改结果，可以看到用户名已经修改为 tom，如图 3-14 所示。

图 3-14　修改账号名

（2）修改用户主目录。

从图 3-14 中可以看到，账户名称虽然修改了，但是用户主目录并没有进行修改，还是原来的/home/rose，使用命令 *usermod –d /home/tom tom* 将用户 tom 的主目录修改好，再次使用命令 *tail –5 /etc/passwd* 查看修改结果，可以看到主目录已经修改好，如图 3-15 所示。最后使用命令 *ll /home* 命令可以看到用户的家目录也已经由 rose 修改为 tom，如图 3-16 所示。

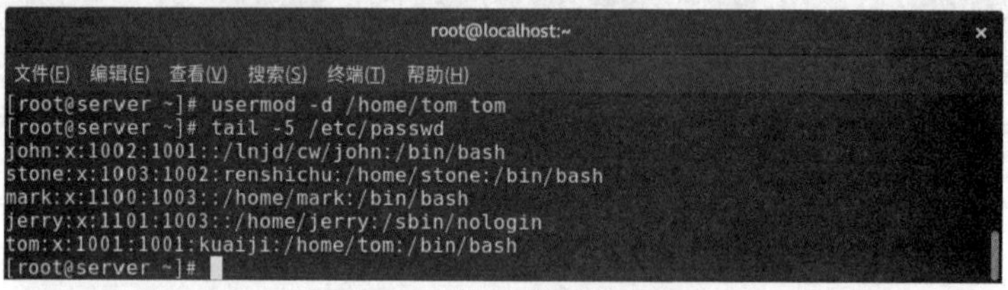

```
root@localhost:~
文件(F)  编辑(E)  查看(V)  搜索(S)  终端(T)  帮助(H)
[root@server ~]# usermod -d /home/tom tom
[root@server ~]# tail -5 /etc/passwd
john:x:1002:1001::/lnjd/cw/john:/bin/bash
stone:x:1003:1002:renshichu:/home/stone:/bin/bash
mark:x:1100:1003::/home/mark:/bin/bash
jerry:x:1101:1003::/home/jerry:/sbin/nologin
tom:x:1001:1001:kuaiji:/home/tom:/bin/bash
[root@server ~]#
```

图 3-15　修改账号主目录

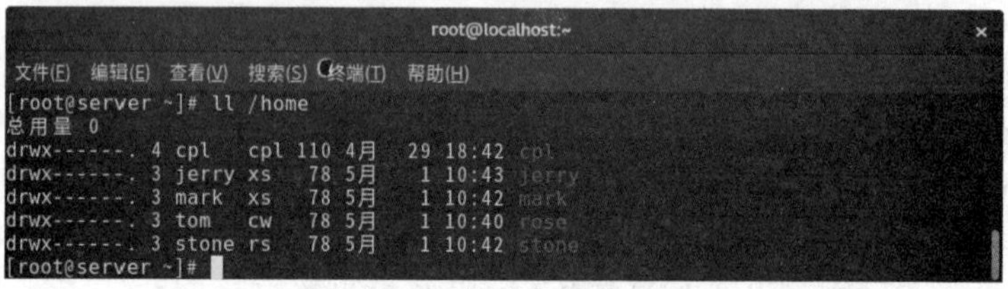

```
root@localhost:~
文件(F)  编辑(E)  查看(V)  搜索(S)  终端(T)  帮助(H)
[root@server ~]# ll /home
总用量 0
drwx------. 4 cpl   cpl 110 4月  29 18:42 cpl
drwx------. 3 jerry xs   78 5月   1 10:43 jerry
drwx------. 3 mark  xs   78 5月   1 10:42 mark
drwx------. 3 tom   cw   78 5月   1 10:40 rose
drwx------. 3 stone rs   78 5月   1 10:42 stone
[root@server ~]#
```

图 3-16　查看账号主目录

（3）锁定账户。

若要临时禁止用户登录，可将该用户账户锁定。锁定账户可利用–L 参数来实现，其命令用法为：usermod –L 要锁定的账户。例如，若要锁定 tom 账户，则操作命令为 *usermod -L tom*，Linux 锁定账户，是通过在密码文件 shadow 的密码字段前加“!”来标识该用户被锁定，使用命令 *tail –5 /etc/shadow* 查看密码文件，可以看到在密码前有一个 “!”，如图 3-17 所示。

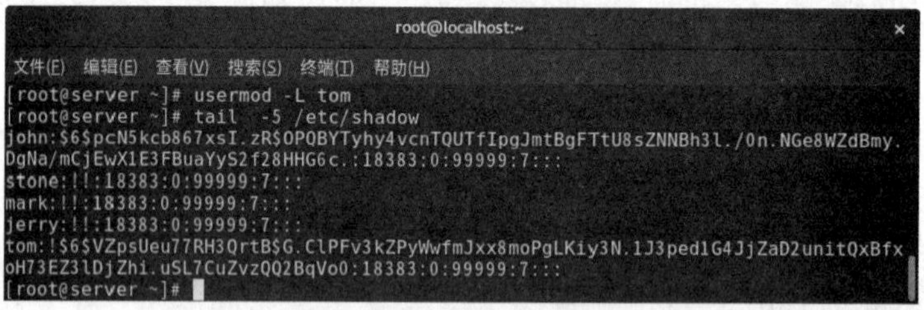

```
root@localhost:~
文件(F)  编辑(E)  查看(V)  搜索(S)  终端(T)  帮助(H)
[root@server ~]# usermod -L tom
[root@server ~]# tail  -5 /etc/shadow
john:$6$pcN5kcb867xsI.zR$OPQBYTyhy4vcnTQUTfIpgJmtBgFTtU8sZNNBh3l./0n.NGe8WZdBmy.
DgNa/mCjEwX1E3FBuaYyS2f28HHG6c.:18383:0:99999:7:::
stone:!!:18383:0:99999:7:::
mark:!!:18383:0:99999:7:::
jerry:!!:18383:0:99999:7:::
tom:!$6$VZpsUeu77RH3QrtB$G.ClPFv3kZPyWwfmJxx8moPgLKiy3N.1J3ped1G4JjZaD2unitQxBfx
oH73EZ3lDjZhi.uSL7CuZvzQQ2BqVo0:18383:0:99999:7:::
[root@server ~]#
```

图 3-17　锁定账号并查看

（4）解锁账户。

将账户 tom 解锁使用的命令是 *usermod –U tom*，使用命令 *tail –5 /etc/shadow* 查看密码文件，可以看到“!”消失，说明账户已经解锁，如图 3-18 所示。

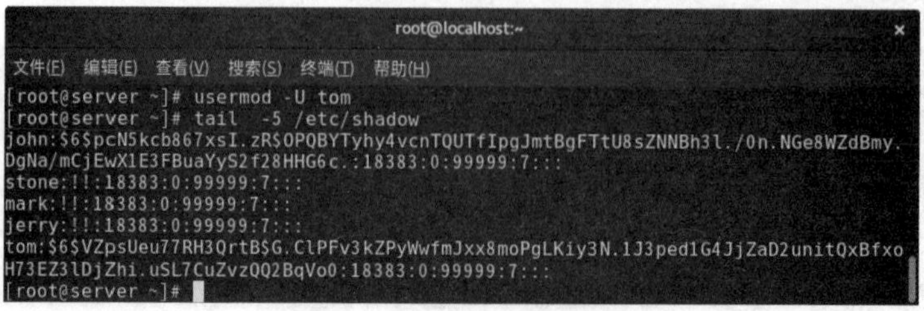

```
root@localhost:~
文件(F)  编辑(E)  查看(V)  搜索(S)  终端(T)  帮助(H)
[root@server ~]# usermod -U tom
[root@server ~]# tail  -5 /etc/shadow
john:$6$pcN5kcb867xsI.zR$OPQBYTyhy4vcnTQUTfIpgJmtBgFTtU8sZNNBh3l./0n.NGe8WZdBmy.
DgNa/mCjEwX1E3FBuaYyS2f28HHG6c.:18383:0:99999:7:::
stone:!!:18383:0:99999:7:::
mark:!!:18383:0:99999:7:::
jerry:!!:18383:0:99999:7:::
tom:$6$VZpsUeu77RH3QrtB$G.ClPFv3kZPyWwfmJxx8moPgLKiy3N.1J3ped1G4JjZaD2unitQxBfxo
H73EZ3lDjZhi.uSL7CuZvzQQ2BqVo0:18383:0:99999:7:::
[root@server ~]#
```

图 3-18　解锁账号并查看

6. 注销用户

注销当前用户，使用用户 mark 登录，登录成功后再切换到 root 用户。

（1）使用用户 mark 登录后使用命令 *whoami* 查看当前登录用户是 mark，如图 3-19 所示。

图 3-19　查看当前登录用户

（2）使用命令 *pwd* 查看当前工作目录是/home/mark，如图 3-20 所示。

图 3-20　查看当前工作目录

（3）使用命令 *ls -ld /home/mark* 查看该工作目录的权限是 700，即文件所有者具有全部权限，同组群的用户和其他用户是不能访问的，如图 3-21 所示。每个用户登录时默认都是进入自己的 home 目录，也要养成将用户个人的文件存放于用户的 home 目录中的习惯，不要任意存放，以方便管理。

图 3-21　查看/home/mark 目录权限

（4）使用用户账户 mark 登录成功后使用命令 *su -*，输入 root 用户的密码后即可切换到 root 用户，如图 3-22 所示。

图 3-22　切换用户

命令解释——su：

为了保证系统安全，Linux 系统管理员通常以普通用户身份登录系统，当要执行必须有 root 用户权限的操作时，再切换到 root 用户。要进行用户切换，可以使用命令 su 实现。

命令格式：su [-] 用户名

如果省略用户名，则切换到 root 用户，否则切换到指定用户，该用户必须是系统中已存在的用户。root 用户切换为普通用户时不需要密码，普通用户切换到其他用户时需要输入被转换用户的密码，切换之后就拥有该用户的权限。使用 exit 命令可返回原来的用户身份。

如果使用"-"选项，则用户切换为新用户的同时使用新用户的环境变量，一个主要的变化在于命令提示符中当前工作目录被切换为新用户的主目录，这是由新用户的环境文件决定的。

7. 停用用户账号

使用 Vi 编辑器，打开配置文件/etc/passwd，将用户 john 配置行前加上"#"注释起来，该账号就停用了。

也可以使用命令 *passwd –l tom* 锁定用户 tom，如图 3-23 所示，锁定后用命令 *tail –5 /etc/shadow*，可以看到密码前有两个"!"，说明账户已经锁定，如图 3-24 所示。用命令 *passwd –u tom* 解锁用户，如图 3-25 所示。再使用命令 *tail –5 /etc/shadow*，可以看到没有了"!"，说明账户已经解锁，如图 3-26 所示。

图 3-23　锁定用户

图 3-24　查看锁定账号

图 3-25　解锁用户

图 3-26　查看解锁账号

如果需要查询 tom 密码状态，使用命令 *passwd –S tom*，如图 3-27 所示，提示 tom 密码已设置，使用 SHA512 算法。

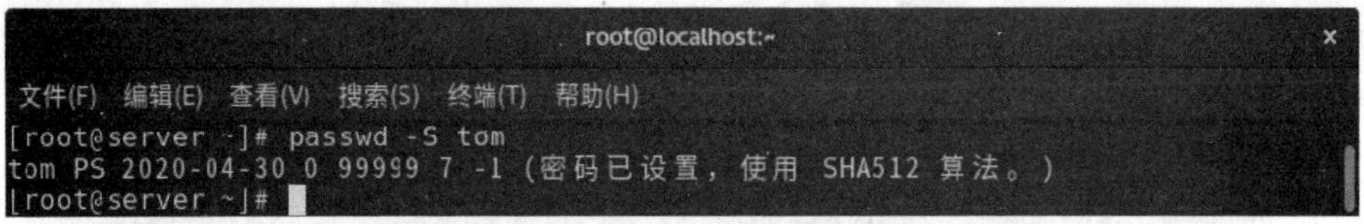

图 3-27　查看账号密码状态

如果需要删除 tom 的密码，可使用命令 *passwd –d tom*，如图 3-28 所示，提示清除用户的密码。

图 3-28　删除账号密码

8. 删除用户

使用命令 *userdel jerry* 删除用户 jerry，并且使用命令 *cat /etc/passwd* 查看结果，发现用户 jerry 已经不存在了，如图 3-29 所示。

图 3-29　删除用户 jerry

9. 删除用户的主目录

用户 jerry 删除后，该用户的主目录没有被删除，使用命令 *ls /home* 看到目录 jerry 仍然存在，使用命令 *rm –r /home/jerry* 删除目录及目录下所有文件，如图 3-30 所示。

图 3-30　删除 jerry 目录

也可以在删除用户时使用参数 r，就可以删除用户主目录及主目录下所有的文件，执行命令是 *userdel –r jerry*。

10. 设置用户属性

将项目 2 中创建的文件/lnjd/cw/sales19 的属组设置为 cw，属主设置为用户 john。

使用命令 *chown john.cw /lnjd/xs/sales19* 将文件 sales19 的权限赋值给 cw 组群和 john 用户，

如图 3-31 所示。文件 sales19 原来的属主和属组是 root，修改后属主是 john，属组是 cw。

图 3-31　修改文件所属用户和组群

命令解释——chown、chgrp：

chown 命令的功能：改变文件属主和属组。

格式：chown <指定的属主>.<指定的属组> <文件名>

chgrp 命令的功能：改变文件属组。

格式：chgrp <指定的属组> <文件名>

请扫描二维码观看任务 2 管理用户。请扫描二维码观看任务 3 项目实战。

任务 2
管理用户

任务 3
项目实战

3.4　项目总结

本项目学习了用户和组群管理，要求掌握命令方式和图形化方式建立组群、添加组群成员、建立用户、添加到组群、删除组群、删除用户、锁定用户、修改所属的用户和组群等操作。

3.5　项目实训

1. 实训目的

（1）理解用户和组群的关系。

（2）掌握增加、删除用户和管理用户的方法。

（3）掌握增加、删除组群和管理组群的方法。

2. 实训环境

已经安装好 Linux 操作系统的计算机。

3. 实训内容

（1）为 YangGuo 在系统创建一个名为 YangG 的账号名，同时将其加入 student 组群，启始 Shell 为 tcShell。

（2）添加一个组群 student。

（3）XiaoLongNv 准备接手 YangGuo 的工作，把 YangG 账号转给 XiaoLongNv，新的账号名为 XiaoLN。

（4）删除 YangG 账号以及删除主目录下文件。

（5）把已经存在的账号 GuoJ 添加到 teacher 组群中。

（6）更改 YangG 账号密码。

（7）禁用 YangG 账号。

4. 实训要求

实训分组进行，可以两人一组，小组讨论，决定方案后实施；教师在小组方案确定后给予指导，最后评价成绩时可以临时增加一些问题，考查学生应变能力。

5. 实训总结

完成实训报告，总结项目实施中出现的问题。

3.6 项 目 练 习

一、选择题

1. （　　）目录用于存放用户信息。

    A. /etc/passwd   B. /etc/group

    C. /etc/samba   D. /var/passwd

2. 用户登录系统后，首先进入下列（　　）目录。

    A. /home   B. /root

    C. /usr   D. 用户自己的主目录

3. 修改文件的属主使用的命令是（　　）。

    A. chmod   B. chgrp   C. chown   D. touch

4. 删除用户的命令是（　　）。

    A. useradd   B. groupadd   C. userdel   D. groupdel

5. 锁定某个用户的命令是（　　）。

    A. passwd   B. passwd –l   C. passwd –u   D. useradd

6. 当用 root 用户登录后，（　　）命令可以改变用户 user1 的密码。

    A. su user1   B. passwd user1

    C. password user1   D. changeu passwd user1

7. 如果在系统中创建了一个用户 user2，则在默认情况下，user2 所属的用户组群是（　　）。

    A. user2   B. root   C. group   D. user

8. 为了保证系统的安全，现有的 Linux 系统一般将/etc/passwd 密码文件加密后，保存为（　　）文件。

    A. /etc/group   B. /etc/shadow   C. /etc/user   D. /etc/gshadow

9. 新建用户使用 useradd 命令时，如果要指定用户的主目录，需要使用（　　）选项。

    A. –g   B. –u   C. –d   D. –c

10. useradd 命令的–g 选项通常提供（　　）信息。

    A. 用户全名   B. 用户的起始组群

C. 用户的个人备注信息   D. 登录的 shell 类型

二、填空题

1. root 用户的 UID 是_____，普通用户的 UID 可以由管理员在创建时指定，如果没有指定，用户 UID 默认是_____。

2. 在 Linux 操作系统中，所创建的用户账户及其相关信息（密码除外），均放在_____配置文件中。

3. 组群账户的信息存放在_____配置文件中，而关于组群管理的信息，如组群密码、组群管理员等，存放在_____配置文件中。

4. 创建用户的命令是_____，创建组群的命令是_____。

5. 如果要锁定用户 user3，应使用命令_____；解锁用户 user3，应使用命令_____。

→ 管 理 磁 盘

在计算机领域中，广义上说硬盘、光盘、U 盘等用来保存数据信息的存储介质都可以称为磁盘，而其中的硬盘更是计算机主机的关键组件。无论是在 Windows 系统还是 Linux、UNIX 操作系统中，分区和文件系统都是需要建立在磁盘设备中的。

在 Linux 操作系统中，如何高效地对磁盘空间进行使用和管理是一项非常重要的技术，其中包括对文件系统的挂载及磁盘空间使用情况的查看等。Linux 的文件系统不同于 Windows 系统，硬件系统都使用相应的设备文件进行表示，硬盘和分区也是如此。所有的分区都是挂载在根目录"/"之下的。当使用移动存储设备时，需要将该设备挂载在某一个目录之下才能进行正常访问。

4.1 项 目 描 述

某公司网络管理员，根据存储数据要求，为 Linux 服务器新安装了两块硬盘，分别是 nvme0n2 和 nvme0n3，要求对这两块新添加硬盘进行管理。对硬盘 nvme0n2 进行基本磁盘管理，实现磁盘配额；对硬盘 nvme0n3 实现 LVM 动态磁盘管理。

4.2 相 关 知 识

4.2.1 磁盘管理的概念

基本磁盘中可包含主磁盘分区、扩展磁盘分区和逻辑磁盘。

1. 主磁盘分区

可以使用主磁盘分区来启动计算机，开机时，系统会找到标识为 Active 的主磁盘分区来启动操作系统。因此，同一个磁盘上虽可规划多个主磁盘分区，但只有一个主磁盘分区能标识为 Active。在一个系统中最多可以创建 4 个主磁盘分区或 3 个主磁盘分区与一个扩展磁盘分区。

2. 扩展磁盘分区

扩展磁盘分区由磁盘中可用的磁盘空间所创建。一个硬盘只能含有一个扩展磁盘分区，所以通常把所有剩余的硬盘空间包含在扩展磁盘分区中。

3. 逻辑磁盘

主磁盘分区与扩展磁盘分区的不同之处在于扩展磁盘分区不必进行格式化与指定磁盘代码，因为还可以将扩展磁盘分区再分割成数个区段，再分割出来的每一个区段就是一个逻辑磁盘。可以指定每个逻辑磁盘的磁盘代码，也可以将各逻辑磁盘格式化成可使用的文件系统。

4.2.2　Linux 操作系统的磁盘分区

在 Linux 中，每一个硬件设备都映射成一个系统文件，对于硬盘、光驱等 IDE 或 SCSI 设备也不例外。Linux 把各种 IDE 设备分配了一个由 hd 前缀组成的文件；对于各种 SATA 和 SCSI 设备，分配了一个由 sd 前缀组成的文件；对于最新的固态磁盘设备，分配了 nvme 前缀组成的文件。

对于 IDE 硬盘，驱动器标识符为"hdxy"；其中"hd"表明分区所在设备的类型，这里是指 IDE 接口类型硬盘；"x"为盘号，即代表分区所在磁盘是当前接口的第几个设备，以"a""b""c"等字母标识；"y"代表分区，前 4 个分区用数字 1~4 表示，它们是主分区或扩展分区从 5 开始就是逻辑分区。例如，hda3 表示为第一个 IDE 硬盘上的第三个主分区或扩展分区，hdb2 表示为第二个 IDE 硬盘上的第二个主分区或扩展分区。对于 SCSI 硬盘则标识为"sdxy"，SCSI 硬盘是用"sd"来表示分区所在设备的类型的，其余则和 IDE 硬盘的表示方法一样。对于固态硬盘，驱动器标识符为"nvme0nxpy"；其中 nx 为盘号，即代表分区所在磁盘是当前接口的第几个设备，以"n1""n2""n3"等字母标识；"py"代表分区，前 4 个分区用 p1、p2、p3 和 p4 表示，它们是主分区或扩展分区，从 5 开始就是逻辑分区。

4.2.3　磁盘配额概述

试想：如果任何人都可以随意占用 Linux 服务器的硬盘空间，服务器硬盘还能支撑多久？所以，限制和管理用户使用的硬盘空间是非常重要的，无论是文件服务、FTP 服务还是 E-mail 服务，都要求对用户使用的磁盘容量进行有效的控制，以避免对资源的滥用。Linux 的硬盘配额（Disk Quotas）能够简单高效地实现这个功能。

Linux 系统中，由于是多用户、多任务的环境，所以会有多人共同使用一个硬盘空间的情况发生，如果其中有少数用户使用大量的硬盘空间，那么其他用户必将受到影响。因此，管理员应该适当开放硬盘的权限给使用者，以便妥善分配系统资源。

Linux 系统的磁盘配额功能用于限制用户所使用的磁盘空间，并且在用户使用了过多的磁盘空间或分区的空闲过少时，系统管理员会接到警告。磁盘配额可以针对单独用户进行配置，也可以针对用户组进行配置。配置的策略比较灵活，既可以限制占用磁盘空间，也可以限制文件的数量。配额必须由 root 用户或者有 root 权限的用户启用和管理。

实现磁盘配额的条件有：

（1）确保内核支持（当前市面上所有常见 Linux 系统都支持）。

（2）确保做配额的分区格式是 ext2/ext3/ext4/xfs 格式。

只有采用 Linux 的 ext2/ext3/ext4/xfs 文件系统的磁盘分区才能进行磁盘配额。一台文件服务器经常会建立单独的分区来存储用户数据，比如建立一个独立的分区，格式化成 ext2/ext3/ext4/xfs 文件系统，然后挂载到主系统的目录上进行管理。

4.2.4　LVM 概述

每个 Linux 使用者在安装 Linux 时都会遇到这样的问题：在为系统分区时，如何精确评估和分配各个硬盘分区的容量？如果估计不准确，当遇到某个分区不够用时管理员可能要备份整个系统，清除硬盘，重新对硬盘分区，然后恢复数据到新分区，所以系统管理员不但要考虑当前某个分区需要的容量，还要预见该分区以后可能需要的容量最大值。虽然现在有很多动态调整磁盘的工具可以使用，如 Partition Magic 等，但是并不能完全解决问题，因为某个分区可能会再次被耗尽；另外，这需要重新引导系统才能实现，对于很多关键的服务器，停机是不可接受的，而且对于添加新硬盘，希望一个能跨越多个硬件驱动器的文件系统时，分区调整程序就不能解决问题。Linux LVM 管理可以解决上述问题。

LVM（Logical Volume Manager，逻辑盘卷管理）是 Linux 环境下对磁盘分区进行管理的一种机制。LVM 是建立在硬盘和分区之上的一个逻辑层，用来提高磁盘分区管理的灵活性。通过 LVM 系统管理员可以轻松管理磁盘分区，如将若干磁盘分区链接为一个整体的卷组（Volume Group），形成一个存储池。管理员可以在卷组上随意创建逻辑卷组（Logical Volumes），并进一步在逻辑卷组上创建文件系统。管理员通过 LVM 可以方便地调整存储卷组的大小，并且可以对磁盘存储按照组的方式进行命名、管理和分配，而且当系统添加了新的磁盘时，利用 LVM 管理员就不必通过将磁盘的文件移动到新的磁盘上来充分利用新的存储空间，而是直接扩展文件系统跨越磁盘即可。

（1）PV（物理卷）：指硬盘分区或从逻辑上与磁盘分区具有同样功能的设备（如 RAID）。

（2）VG（卷组）：由一个或多个物理卷组成，类似于逻辑硬盘。

（3）LV（逻辑卷）：即逻辑上的分区。

（4）PE（物理范围）：物理块，划分物理卷的数据块。

（5）LE（逻辑范围）：逻辑块，划分逻辑卷的数据块。

LVM 结构如图 4-1 所示。

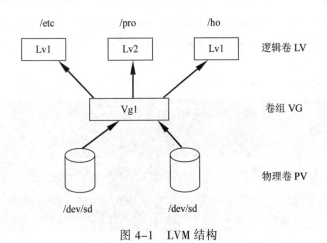

图 4-1 LVM 结构

4.3 项 目 实 施

4.3.1 基本磁盘管理

对新增加的硬盘/dev/nvme0n2 进行管理，首先进行分区操作，然后对新建的分区创建文件系统，接着检查创建的文件系统，最后进行挂载操作，提供给用户使用。

1. 创建分区

（1）使用命令 *fdisk –l* 查看当前系统中现有的磁盘和磁盘的分区情况，如图 4-2 所示。

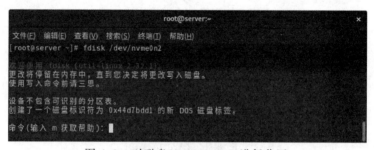

图 4-2　查看磁盘分区情况

从图 4-2 中可以看出，系统中现有三个磁盘，分别是/dev/nvme0n1、/dev/nvme0n2 和 /dev/nvme0n3。其中，/dev/nvme0n1 是正在运行的 Linux 操作系统所在的磁盘，已经有三个分区，分别是/dev/nvme0n1p1、/dev/nvme0n1p2 和 swap，这是在安装操作系统时进行的分区；而 /dev/nvme0n2 和/dev/nvme0n3 两个磁盘显示没有任何合法的分区表，这是后来添加的两个磁盘。

（2）使用命令 *fdisk /dev/nvme0n2* 对磁盘进行分区操作，如图 4-3 所示。

图 4-3　对磁盘/dev/nvme0n2 进行分区

在 Command 后面可以输入一些交互方式的参数，最常用的是下面几个参数：

m：显示帮助。

p：打印当前磁盘分区表。

n：建立一个新的分区。

l：显示已知分区类型。

t：改变分区类型 id。

d：删除分区。

w：保存操作。

q：退出。

（3）输入命令 *m* 显示帮助信息，如图 4-4 所示。

图 4-4　查看命令帮助

（4）输入命令 *n* 创建一个新分区，如图 4-5 所示。

图 4-5　创建一个新分区

在图 4-5 中选择分区类型，如果要创建主分区，输入命令 *p*；如果创建扩展分区，输入命令 *e*，管理员要先创建主分区，输入命令 *p*。

（5）要求输入分区编号，可以输入 1~4，管理员使用编号 1，所以输入数字 *1*；接着要求输入第一个起始柱面，如果不输入，直接按【Enter】键，默认使用第一个柱面；然后要求输入最后一个柱面，可以直接输入柱面数，也可以输入一个尺寸。管理员创建了一个 500 MB 的分区，输入*+500M*，如图 4-6 所示。

图 4-6　输入分区编号

（6）输入 *p* 查看建立的分区，如图 4-7 所示。可以看到磁盘/dev/nvme0n2 的大小是 20 GB，共 41 943 040 个扇区，每个扇区的大小是 512 字节。最后一行是刚才所创建的分区，分区名称是/dev/nvme0n2p1，起始柱面是 2 048，结束柱面是 1 026 047，分区大小是 500 MB，分区 ID 是 83，文件系统类型是 Linux。

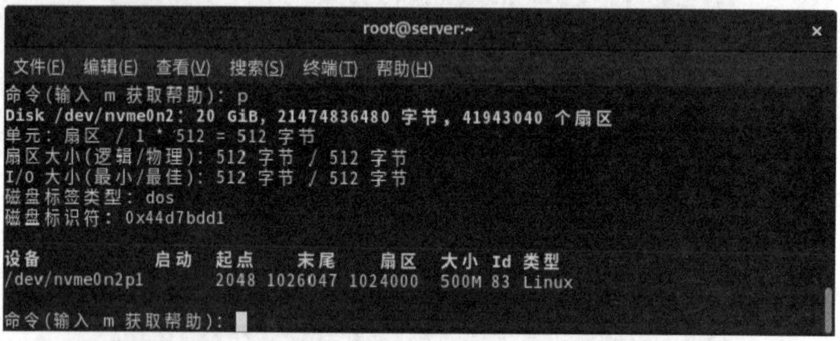

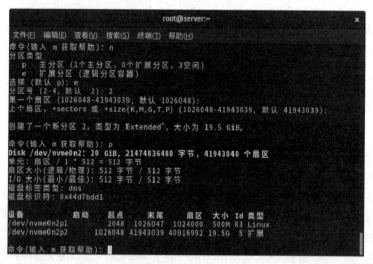

图 4-7　查看创建的分区

（7）使用同样的方法创建扩展分区，在 Command 提示符后输入命令符 *n*，然后在分区类型提示中输入 *e*，即表示创建一个扩展分区，分区编号选择数字 *2*，在起始柱面和结束柱面选择时都默认，即表示从 1026048 柱面到剩下的所有空间都创建为扩展分区，分区创建完成后使用字符 *p* 查看，如图 4-8 所示。

图 4-8　创建扩展分区

（8）扩展分区创建后不能使用，还需要进行创建逻辑分区，继续在 Command 后输入字符 *n*，在分区类型选择中，默认添加逻辑分区 5，即创建一个逻辑分区 5，然后设置分区大小是 500 MB 的分区，并输入命令 *p* 进行查看，可以看到共有三个分区，分别是/dev/nvme0n2p1、/dev/nvme0n2p2 和/dev/nvme0n2p5，其中/dev/nvme0n2p5 是创建在扩展分区/dev/nvme0n2p2 上的逻辑分区，如图 4-9 所示。

（9）输入命令 *w* 进行保存，如图 4-10 所示。如果不想保存，直接退出，可以输入命令 *q*。

```
                              root@localhost:~                                    ×
文件(F)  编辑(E)  查看(V)  搜索(S)  终端(T)  帮助(H)
命令(输入 m 获取帮助): n
所有主分区的空间都在使用中。
添加逻辑分区 5
第一个扇区 (1028096-41943039, 默认 1028096):
上个扇区, +sectors 或 +size{K,M,G,T,P} (1028096-41943039, 默认 41943039): +500M

创建了一个新分区 5，类型为 Linux"，大小为 500 MiB。

命令(输入 m 获取帮助): p
Disk /dev/nvme0n2: 20 GiB, 21474836480 字节, 41943040 个扇区
单元: 扇区 / 1 * 512 = 512 字节
扇区大小(逻辑/物理): 512 字节 / 512 字节
I/O 大小(最小/最佳): 512 字节 / 512 字节
磁盘标签类型: dos
磁盘标识符: 0x906245c1

设备           启动      起点       末尾      扇区      大小  Id 类型
/dev/nvme0n2p1           2048    1026047  1024000    500M 83 Linux
/dev/nvme0n2p2        1026048   41943039 40916992   19.5G  5 扩展
/dev/nvme0n2p5        1028096    2052095  1024000    500M 83 Linux

命令(输入 m 获取帮助):
```

图 4-9　创建逻辑分区

```
                                root@server:~                                     ×
文件(F)  编辑(E)  查看(V)  搜索(S)  终端(T)  帮助(H)
命令(输入 m 获取帮助): w
分区表已调整。
将调用 ioctl() 采重新读分区表。
正在同步磁盘。

[root@server ~]#
```

图 4-10　保存创建的磁盘分区

2. 创建文件系统

分区创建完成后，要进行格式化，即创建文件系统。

（1）执行命令 *mkfs -t xfs /dev/nvme0n2p1*，将分区/dev/nvme0n2p1 的文件系统创建为 xfs，如图 4-11 所示。

```
                                root@server:~                                     ×
文件(F)  编辑(E)  查看(V)  搜索(S)  终端(T)  帮助(H)
[root@server ~]# mkfs -t xfs /dev/nvme0n2p1
meta-data=/dev/nvme0n2p1            isize=512    agcount=4, agsize=32000 blks
         =                         sectsz=512   attr=2, projid32bit=1
         =                         crc=1        finobt=1, sparse=1, rmapbt=0
         =                         reflink=1
data     =                         bsize=4096   blocks=128000, imaxpct=25
         =                         sunit=0      swidth=0 blks
naming   =version 2                bsize=4096   ascii-ci=0, ftype=1
log      =internal log             bsize=4096   blocks=1368, version=2
         =                         sectsz=512   sunit=0 blks, lazy-count=1
realtime =none                     extsz=4096   blocks=0, rtextents=0
[root@server ~]#
```

图 4-11　创建文件系统为 ext3

（2）执行命令 *mkfs -t vfat /dev/nvme0n2p5*，将分区/dev/nvme0n2p5 的文件系统创建为 vfat，如图 4-12 所示。

```
                                root@server:~                                     ×
文件(F)  编辑(E)  查看(V)  搜索(S)  终端(T)  帮助(H)
[root@server ~]# mkfs -t vfat /dev/nvme0n2p5
mkfs.fat 4.1 (2017-01-24)
[root@server ~]#
```

图 4-12　创建文件系统为 vfat

3. 检查文件系统

文件系统创建完成后，使用命令 *fsck /dev/nvme0n2p1* 和 *fsck /dev/nvme0n2p5* 分别对两个文件系统进行检查，如图 4-13 所示。

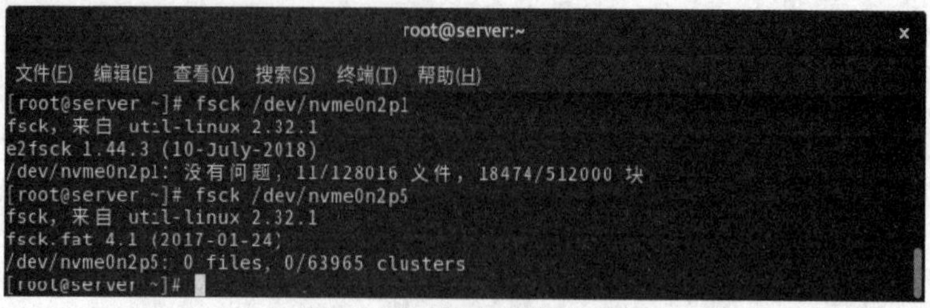

图 4-13 检查磁盘分区

4. 挂载分区

将创建的文件系统挂载在系统中，才可以使用。

（1）使用命令 *mkdir /mnt/mount1* 和 *mkdir /mnt/mount2* 创建挂载点文件，并使用命令 *ls /mnt* 查看，如图 4-14 所示。

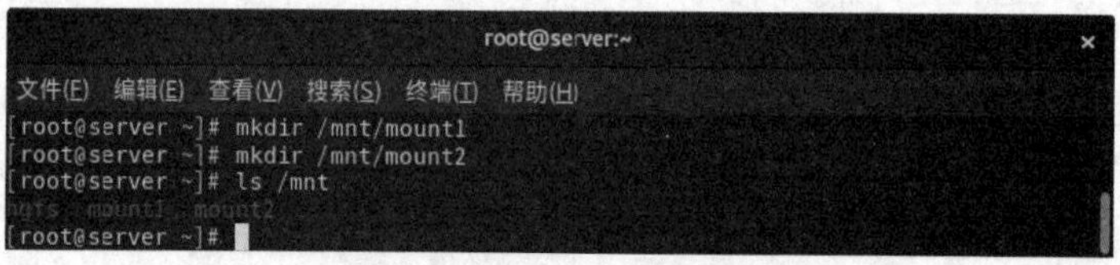

图 4-14 创建挂载点

（2）使用命令 *mount –t ext4 /dev/nvme0n2p1 /mnt/mount1* 和 *mount –t vfat /dev/nvme0n2p5 /mnt/mount2* 挂载文件系统，并使用命令 *mount* 进行查看，如图 4-15 所示，查看结果如图 4-16 所示。

图 4-15 挂载文件系统

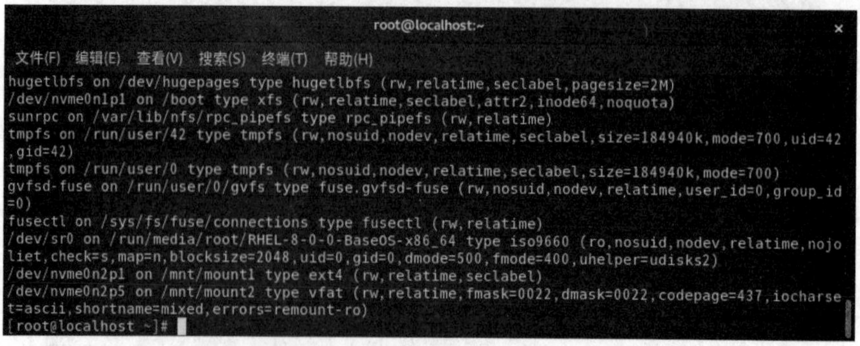

图 4-16 查看挂载的文件系统

其中最后两行就是新挂载的系统，默认的权限是读写（rw）。其中，/dev/nvme0n2p1 的文件系统类型是 ext4，/dev/nvme0n2p5 的文件系统类型是 vfat。

（3）如果系统不再使用，可以使用命令 *umount /mnt/mount1* 和 *umount /mnt/mount2* 进行卸载，再使用命令 *mount* 查看，发现/dev/nvme0n2p1 和/dev/nvme0n2p5 文件系统已经不存在了，如图 4-17 所示。

图 4-17　卸载文件系统并查看

5. 实现文件系统自动挂载

文件系统如果每次使用都需要运行挂载命令，比较麻烦，可以修改配置文件/etc/fstab 让系统启动时自动挂载设备。

（1）使用 Vi 编辑器打开配置文件/etc/fstab，如图 4-18 所示。

图 4-18　fstab 文件内容

第 1 栏为设备文件，如光盘：/dev/cdrom。

第 2 栏为设备挂载点，该目录一般在/mnt 下，名字可自己确定，主要考虑有利于识别和记忆，如光盘常记为 cdrom，Windows 目录为 win 等。

第 3 栏为文件系统的类型，Linux 不能识别的 Windows 的 NTFS 格式文件，FAT32 的文件格式为 vfat，光盘为 ISO9660，Linux 文件系统为 ext3、ext4。

第 4 栏为挂载类型，默认为 defaults，可以用命令 *mount -a* 挂载，一般用户无权挂载。选项 noauto，表示使用时必须用命令 *mount* 挂载。选项 user 表示允许用户 user 挂载。

第 5 栏 dump，一般情况下为 0 或空白，表示不需要备份。

最后一栏为检查序号，挂载"/"的系统为 1，其他为 2，0 或空白表示不需要检查。

（2）在文件/etc/fstab 末尾添加以下两行内容，可以在启动时自动加载/dev/nvme0n2p1 分区和/dev/nvme0n2p5 分区，如图 4-19 所示。

```
/dev/nvme0n2p1  /mnt/mount1  ext4  defaults  0  0
/dev/nvme0n2p5  /mnt/mount2  vfat  defaults  0  0
```

（3）重启系统时，就可以自动挂载文件系统，也可以运行命令 *mount -a*，这样就重新读取文件 fstab 内容，加载文件系统，再使用命令 *mount* 查看，可以看到文件系统/dev/nvme0n2p1

和/dev/nvme0n2p5 又重新挂载在系统中，如图 4-20 所示。

图 4-19　修改后 fstab 文件内容

图 4-20　实现自动挂载

请扫描二维码观看任务 1 基本磁盘管理。

任务 1
基本磁盘管理

4.3.2　磁盘配额

在项目 3 中，已经为公司的每个员工建立账户，并且不同部门的员工属于不同的组群，此任务要根据用户的工作性质，在服务器上进行磁盘空间限制。对销售部的用户 rose 进行磁盘配额限制，将对磁盘/dev/nvme0n2p1 的 blocks 中的 soft 设置为 8000，hard 设置为 15000，inodes 中的 soft 设置为 8000，hard 设置为 15000，实现磁盘配额。按照以下步骤进行：修改配置文件/etc/fstab，对所选文件系统激活配额选项；重新挂载文件系统，使更改生效；扫描文件系统，用命令 *quotacheck* 生成基本配额文件；用命令 *edquota* 对用户 rose 更改磁盘配额；用命令 quotaon 启用磁盘配额；对磁盘配额进行验证。

1. 修改配置文件/etc/fstab

使用 Vi 编辑器打开配置文件 vi /etc/fstab，如图 4-18 所示，将/dev/nvme0n2p1 行的参数

由原来的 /dev/nvme0n2p1   /mnt/mount1   ext4   defaults   0   0 修改为 /dev/nvme0n2p1
/mnt/mount1   ext4   defaults,usrquota,grpquota   0 0，即在第 4 列加入 usrquota 和 grpquota，
表示启用用户磁盘配额限制和组磁盘配额限制，如图 4-21 所示。

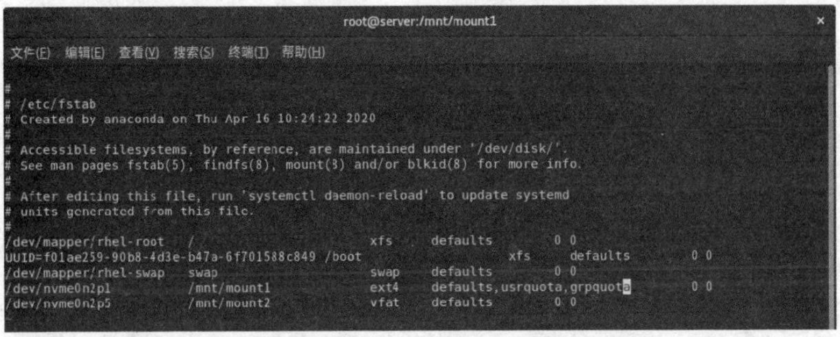

图 4-21   在 fstab 文件中加入磁盘配额

2. 重新挂载文件系统，使更改生效

（1）使用 *mount* 命令查看当前系统中文件系统的挂载情况，如图 4-22 所示，说明
/etc/nvme0n2p1 和/etc/nvme0n2p5 已经挂载。

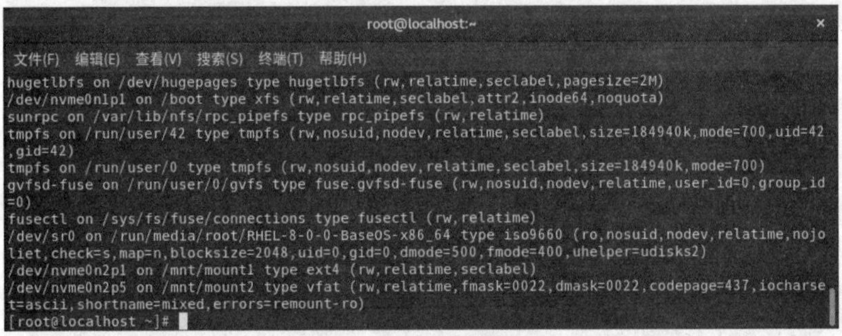

图 4-22   查看挂载情况

（2）为了使磁盘配额生效，需要先卸载文件系统/etc/nvme0n2p1，使用命令 *umount*
/etc/nvme0n2p1，再使用命令 *mount* 查看，文件系统/etc/nvme0n2p1 已经卸载了，如图 4-23 所示。

管理磁盘

图 4-23   卸载磁盘分区

（3）使用命令 *mount –a* 重新挂载文件系统，再使用命令 *mount* 查看，如图 4-24 所示。文件系统/etc/nvme0n2p1 已经重新挂载，并且增加了磁盘配额的选项 usrquota 和 grpquota。

图 4-24　重新挂载文件系统

3. 配置磁盘配额

（1）扫描文件系统，用命令 quotacheck 生成基本配额文件。使用命令 *quotacheck –cugv /dev/nvme0n2p1* 配置磁盘配额，如图 4-25 所示。在扫描文件系统中，首先要找到旧的磁盘配额文件，因为没有配置过磁盘配额，所以提示没有找到文件。

图 4-25　执行 quotacheck 命令

命令解释——quotacheck：

功能：扫描支持磁盘配额的分区，并创建磁盘配额文件。

命令格式：quotacheck　[参数]　挂载点

常用参数：

–c：创建一个新的磁盘配额文件。

–u：创建针对用户的磁盘配额文件 aquota.user。

–g：创建针对组的磁盘配额文件 aquota.group。

–v：显示扫描过程的信息。

（2）该命令在/mnt下创建了两个文件 aquota.user 和 aquota.group，使用命令 *ls /mnt/mount1* 查看，如图 4-26 所示。

图 4-26　查看生成的磁盘配额文件

4.　用命令对用户更改磁盘配额

（1）使用命令 *edquota –u rose* 对用户 rose 进行磁盘配额限制。其中，包含块设置和索引结点设置（文件数量限制），块设置和索引结点设置都包含软限制和硬限制，根据要求，将软限制设置为 800 MB，硬限制设置为 15 000 MB，如图 4-27 所示。如果系统中没有 rose 用户，请使用 useradd 命令创建，并设置密码。

图 4-27　设置磁盘配额大小

（2）编辑完成后，使用命令 *wq* 保存退出。主要就为用户 rose 设置了磁盘配额。

5.　用命令启用磁盘配额

使用命令 *quotaon /dev/nvme0n2p1* 启用磁盘配额功能，如图 4-28 所示。

图 4-28　启动磁盘配额功能

6.　对磁盘配额进行验证

（1）使用命令 *su – rose* 切换到用户 rose 中，使用命令 *cd /mnt/mount1* 进入挂载点，使用命令 *ls* 查看该文件目录下有三个文件，再使用命令 *quota* 查看磁盘配额情况，发现没有磁盘配额，因为用户还没有在该文件目录中创建任何文件，如图 4-29 所示。

图 4-29　验证没有磁盘配额

（2）使用命令 *touch file1* 创建文件，出现图 4-30 所示的错误提示，表示没有权限进行操作。这是因为一个新的文件系统并没有为属组和其他用户赋予写入权限。

图 4-30　创建文件失败

（3）使用命令 *su* –切回到 root 环境，使用命令 *cd /mnt* 进入/mnt 目录，使用命令 *ls –l /mnt* 查看 mount1 的权限是 drwxr-xr-x，再使用命令 *chmod 777 /mnt/mount1*，修改 mount1 的权限是所有用户都有读取、写入和执行权限，如图 4-31 所示。

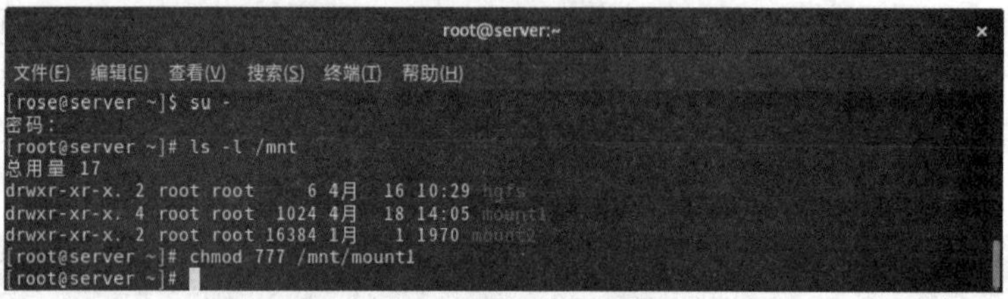

图 4-31　修改文件权限

（4）再切回 rose 登录环境，进入 mount1 目录，再次使用命令 *touch file1* 创建文件，并且使用命令 *echo cipanpeieyanzheng > file1* 向文件 file1 中写入内容，如图 4-32 所示。

图 4-32　创建文件

（5）使用命令 *ls –l* 查看文件 file1 的大小是 18 字节，如图 4-33 所示。

图 4-33　查看文件大小

（6）再使用命令 *quota* 查看磁盘配额情况，如图 4-34 所示。可以看到 rose 用户占用了 3 个块，2 个索引结点。

图 4-34　验证磁盘配额生效

（7）切回 root 用户，使用命令 *repquota* 进行磁盘配额查看，如图 4-35 所示。第二列现在显示的是"--"，如果超过磁盘配额限制，就变成"++"提示。

图 4-35　查看磁盘配额

请扫描二维码观看任务 2 磁盘配额。

任务 2
磁盘配额

4.3.3　管理 LVM 逻辑卷

对新增加的硬盘/dev/nvme0n3 进行管理，要求 Linux 系统的分区能自动调整磁盘容量。使用 LVM 逻辑卷管理硬盘，实现自动调整磁盘容量的功能。为了实现 LVM 逻辑卷管理，按照以下步骤实现：创建 4 个分区/dev/nvme0n3p1、/dev/nvme0n3p2、/dev/nvme0n3p3 和 /dev/nvme0n3p4，并且转换文件系统类型为 LVM；使用命令 pvcreate 创建物理卷；使用命令 vgcreate 创建卷组；使用命令 lvcreate 创建逻辑卷；使用命令 vgextend 扩展卷组；使用命令 lvextend 扩展逻辑卷；使用命令 lvreduce 缩减逻辑；检查物理卷、卷组和逻辑卷；挂载逻辑卷。

1. 创建 LVM 文件系统

（1）使用 4.4.1 节中创建硬盘分区的方法，使用命令 *fdisk /dev/nvme0n3* 创建 4 个磁盘分区大小为 1 000 MB 的磁盘分区/dev/nvme0n3p1、/dev/nvme0n3p2、/dev/nvme0n3p3 和 /dev/nvme0n3p4，如图 4-36 所示。

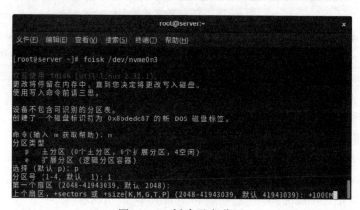

图 4-36　创建磁盘分区

使用命令 *p* 查看文件系统类型的 ID 为 83，表示是 Linux 分区，如图 4-37 所示。

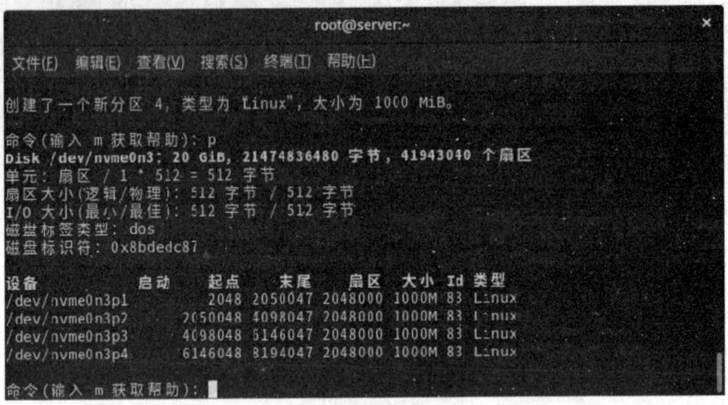

图 4-37 查看磁盘分区

（2）在 Command 后输入命令 *t*，然后输入分区编号 *1*，再输入 *L* 查看所有分区的 ID，如图 4-38 所示。

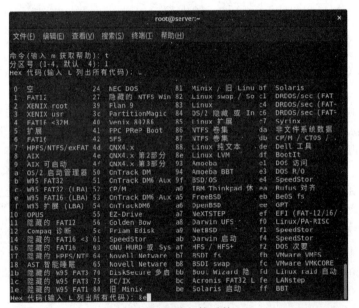

图 4-38 查看文件系统 ID

（3）从图中可以看到 LVM 的文件系统类型 ID 是 8e，依次输入分区号 2～4，再输入 LVM 的文件系统类型的 ID *8e*，输入命令 *p* 查看修改的结果，如图 4-39 所示。从图中可以看出，文件系统/dev/nvme0n3p1、/dev/nvme0n3p2、/dev/nvme0n3p3 和/dev/nvme0n3p4 的类型已经转变为 LVM 类型。

（4）使用命令 *w* 保存磁盘分区，退出 fdisk 命令。

2. 创建物理卷

（1）使用命令 *pvcreat /dev/nvme0n3p1* 为分区/dev/nvme0n3p1 创建物理卷，物理卷必须是在 LVM 文件系统类型的分区上进行创建，再使用同样的方法为分区/dev/nvme0n3p2、/dev/nvme0n3p3 和/dev/nvme0n3p4 创建物理卷，如图 4-40 所示。

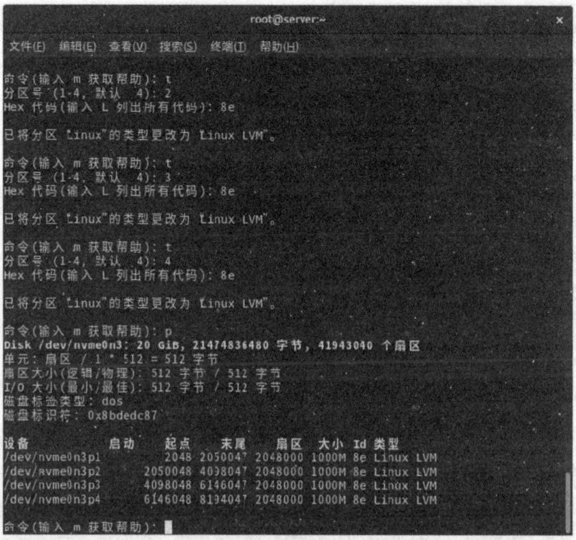

图 4-39　转换并查看文件系统类型

图 4-40　创建物理卷

（2）创建完成后，使用命令 *pvdisplay /dev/nvme0n3p1* 查看物理卷的基本情况，如物理卷大小、名称等，如图 4-41 所示。

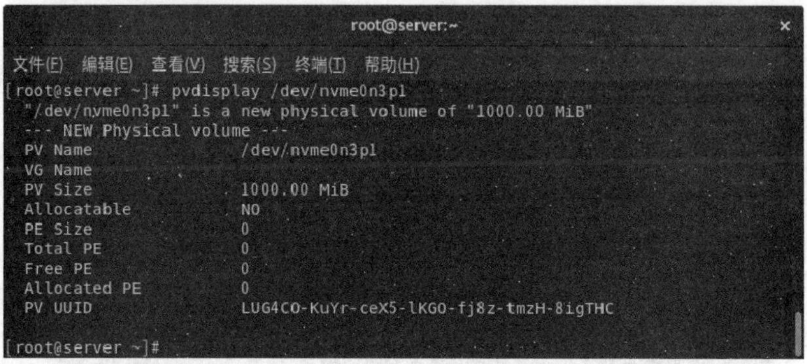

图 4-41　查看物理卷

3. 创建卷组

（1）使用命令 *vgcreate vg1　/dev/nvme0n3p1* 创建卷组，如图 4-42 所示。其中，vg1 是新创建的卷组的名称，将物理卷/dev/nvme0n3p1 添加到了卷组 vg1 中。

（2）创建完成后，使用命令 *vgdisplay vg1* 查看卷组的基本情况，如卷组名称、包含的成员、卷组大小等，如图 4-43 所示。

图 4-42　创建卷组

```
[root@server ~]# vgdisplay vg1
  --- Volume group ---
  VG Name                vg1
  System ID
  Format                 lvm2
  Metadata Areas         1
  Metadata Sequence No   1
  VG Access              read/write
  VG Status              resizable
  MAX LV                 0
  Cur LV                 0
  Open LV                0
  Max PV                 0
  Cur PV                 1
  Act PV                 1
  VG Size                996.00 MiB
  PE Size                4.00 MiB
  Total PE               249
  Alloc PE / Size        0 / 0
  Free  PE / Size        249 / 996.00 MiB
  VG UUID                vllwqe-vtXW-vXxX-KZb6-iueR-kkbd-wWe7Lz

[root@server ~]#
```

图 4-43　查看卷组

4．创建逻辑卷

（1）在卷组上创建逻辑卷使用命令 *lvcreate –L 500M –n lv1 vg1*，如图 4-44 所示。其中，参数 L 表示创建的逻辑卷的大小，这里，管理员创建了一个大小是 500 MB 的逻辑卷；参数 n 表示逻辑卷的名称，为 lv1，在卷组 vg1 上进行创建。

```
[root@server ~]# lvcreate -L 500M -n lv1 vg1
  Logical volume "lv1" created.
[root@server ~]#
```

图 4-44　创建逻辑卷

（2）创建完成后，使用命令 *lvdisplay /dev/vg1/lv1* 查看逻辑卷的基本情况，如逻辑卷名称、逻辑卷大小等，如图 4-45 所示。

```
[root@server ~]# lvdisplay /dev/vg1/lv1
  --- Logical volume ---
  LV Path                /dev/vg1/lv1
  LV Name                lv1
  VG Name                vg1
  LV UUID                EYSo3n-NywH-2XS5-14Q1-JoLM-X95v-meJpAG
  LV Write Access        read/write
  LV Creation host, time server, 2020-04-18 15:01:40 +0800
  LV Status              available
  # open                 0
  LV Size                500.00 MiB
  Current LE             125
  Segments               1
  Allocation             inherit
  Read ahead sectors     auto
  - currently set to     8192
  Block device           253:2

[root@server ~]#
```

图 4-45　查看逻辑卷

5. 扩展卷组

如果在服务器使用过程中，出现了磁盘空间不够的情况，可以对卷组进行扩展。

（1）使用命令 *vgextend vg1 /dev/nvme0n3p2* 对卷组 vg1 进行扩展，如图 4-46 所示，其中 /dev/nvme0n3p2 是要添加到卷组 vg1 中的物理卷，并且已经创建文件系统类型为 LVM。

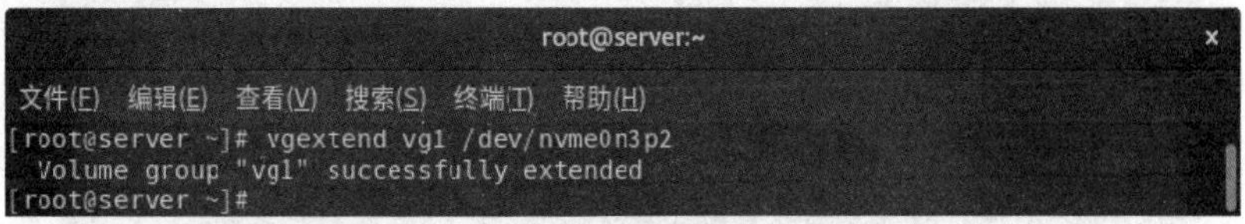

图 4-46　扩展卷组

（2）使用命令 *vgdisplay* 进行查看，可以发现卷组的成员已经变成两个，卷组大小也变为 2 000 MB，如图 4-47 所示。

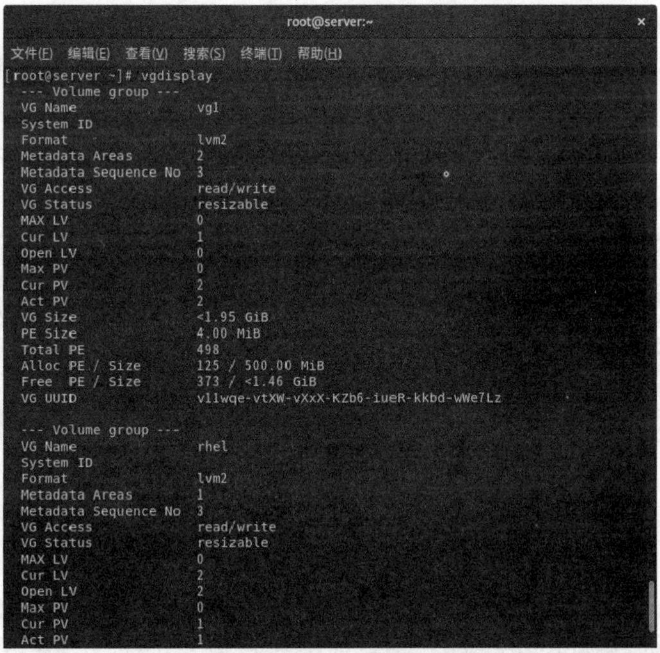

图 4-47　查看卷组

6. 扩展逻辑卷

（1）使用命令 *lvextend –L +1000M /dev/vg1/lv1* 扩展逻辑卷 lv1，原来逻辑卷的大小是 500 MB，扩展了 1 000 MB，如图 4-48 所示。

图 4-48　扩展逻辑卷

（2）使用命令 *lvdisplay /dev/vg1/lv1* 查看，如图 4-49 所示，发现逻辑卷 lv1 的大小已经变为 1 500 MB。

图 4-49　查看逻辑卷

7. 缩减逻辑卷

如果文件系统中删除了大量的文件，原来的逻辑卷空间已经过大，可以使用命令进行缩减。

（1）使用命令 *lvreduce –L –500M /dev/vg1/lv1* 缩减逻辑卷 lv1，原来逻辑卷的大小是 1 500 MB，缩减了 500 MB，如图 4-50 所示。缩减逻辑卷大小时，会警告是否要缩减，因为如果缩减的空间存有文件，缩减大小会造成文件损坏，如果确定没有问题，就输入 *y*。

图 4-50　缩减逻辑卷

（2）使用命令 *lvdisplay /dev/vg1/lv1* 查看，如图 4-51 所示，发现逻辑卷 lv1 的大小已经变为 1 000 MB。

图 4-51　查看逻辑卷

8. 检查物理卷、卷组和逻辑卷

（1）使用命令 *pvscan* 检查物理卷，如图 4-52 所示，从图中可以看出系统共创建了 4 个物理卷，其中/dev/nvme0n3p1 和/dev/nvme0n3p2 已经加入卷组 vg1 中，也显示了每个物理卷的大小。

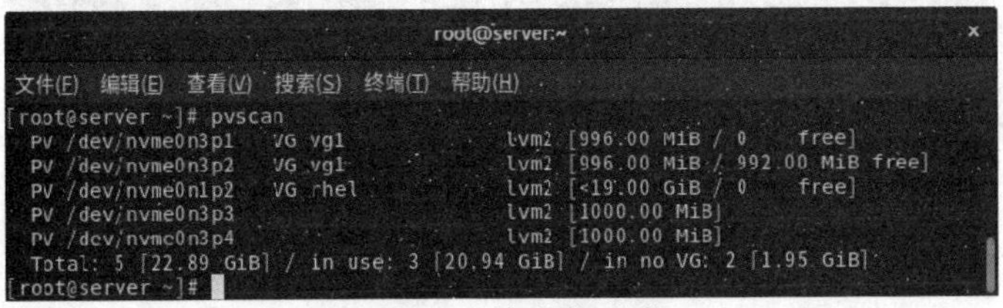

图 4-52　检查物理卷

（2）使用命令 *vgscan* 检查卷组，如图 4-53 所示。

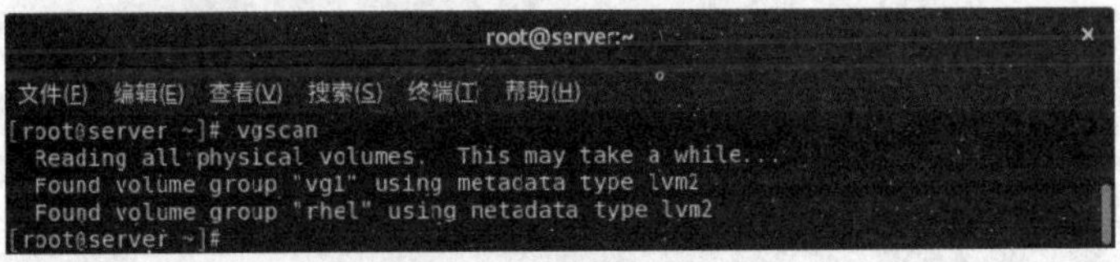

图 4-53　检查卷组

（3）使用命令 *lvscan* 检查逻辑卷，如图 4-54 所示。

图 4-54　检查逻辑卷

（4）在创建 LVM 逻辑卷时，是按照建立物理卷、卷组和逻辑卷的顺序，如果要删除，需要按照相反的顺序进行，即按照删除逻辑卷、卷组和物理卷的顺序。删除逻辑卷的命令是 *lvremove 逻辑卷名称*，删除卷组的命令是 *vgremove 卷组名称*，删除物理卷的命令是 *pvremove 物理卷名称*。

9. 挂载逻辑卷

逻辑卷必须格式化后，即创建文件系统，挂载到系统中，才可以使用。

（1）使用命令 *mkfs –t ext4 /dev/vg1/lv1* 格式化逻辑卷/dev/vg1/lv1，创建文件系统类型为 ext4，如图 4-55 所示。

图 4-55　为逻辑卷创建文件系统

（2）使用命令 *mount /dev/vg1/lv1 /media* 将逻辑卷挂载到系统/media 中，如图 4-56 所示。通过使用命令 *ls /media* 可以看出，这是一个新的文件系统的格式，还没有存放文件。

图 4-56 查看挂载后的逻辑卷

（3）使用命令 *mount* 查看挂载情况，如图 4-57 所示，可以看到逻辑卷 lv1 被挂载到目录 /media 中。

```
/dev/mapper/rhel-root on / type xfs (rw,relatime,seclabel,attr2,inode64,noquota)
selinuxfs on /sys/fs/selinux type selinuxfs (rw,relatime)
systemd-1 on /proc/sys/fs/binfmt_misc type autofs (rw,relatime,fd=31,pgrp=1,time
out=0,minproto=5,maxproto=5,direct,pipe_ino=24538)
debugfs on /sys/kernel/debug type debugfs (rw,relatime,seclabel)
mqueue on /dev/mqueue type mqueue (rw,relatime,seclabel)
hugetlbfs on /dev/hugepages type hugetlbfs (rw,relatime,seclabel,pagesize=2M)
/dev/nvme0n1p1 on /boot type xfs (rw,relatime,seclabel,attr2,inode64,noquota)
sunrpc on /var/lib/nfs/rpc_pipefs type rpc_pipefs (rw,relatime)
tmpfs on /run/user/42 type tmpfs (rw,nosuid,nodev,relatime,seclabel,size=184940k
,mode=700,uid=42,gid=42)
tmpfs on /run/user/0 type tmpfs (rw,nosuid,nodev,relatime,seclabel,size=184940k,
mode=700)
gvfsd-fuse on /run/user/0/gvfs type fuse.gvfsd-fuse (rw,nosuid,nodev,relatime,us
er_id=0,group_id=0)
fusectl on /sys/fs/fuse/connections type fusectl (rw,relatime)
/dev/sr0 on /run/media/root/RHEL-8-0-0-BaseOS-x86_64 type iso9660 (ro,nosuid,nod
ev,relatime,nojoliet,check=s,map=n,blocksize=2048,uid=0,gid=0,dmode=500,fmode=40
0,uhelper=udisks2)
/dev/nvme0n2p5 on /mnt/mount2 type vfat (rw,relatime,fmask=0022,dmask=0022,codep
age=437,iocharset=ascii,shortname=mixed,errors=remount-ro)
/dev/nvme0n2p1 on /mnt/mount1 type ext4 (rw,relatime,seclabel,block_validity,del
alloc,barrier,user_xattr,acl,quota,usrquota,grpquota)
/dev/mapper/vg1-lv1 on /media type ext4 (rw,relatime,seclabel)
[root@server ~]#
```

图 4-57 查看逻辑卷挂载情况

（4）使用命令 *df-h* 查看分区情况，如图 4-58 所示，可以看到逻辑卷 lv1 的大小是 1 000 MB 左右，已经使用 1%，存放的是一些系统文件。

```
[root@server ~]# df -h
文件系统              容量    已用    可用   已用%  挂载点
devtmpfs             888M      0    888M    0%  /dev
tmpfs                904M      0    904M    0%  /dev/shm
tmpfs                904M    9.7M   894M    2%  /run
tmpfs                904M      0    904M    0%  /sys/fs/cgroup
/dev/mapper/rhel-root 17G    4.5G    13G   27%  /
/dev/nvme0n1p1      1014M    170M   845M   17%  /boot
tmpfs                181M    28K    181M    1%  /run/user/42
tmpfs                181M    3.5M   178M    2%  /run/user/0
/dev/sr0             6.7G    6.7G      0  100%  /run/media/root/RHEL-8-0-0-BaseOS-
x86_64
/dev/nvme0n2p5       500M      0    500M    0%  /mnt/mount2
/dev/nvme0n2p1       485M    2.3M   457M    1%  /mnt/mount1
/dev/mapper/vg1-lv1  969M    2.5M   900M    1%  /media
[root@server ~]#
```

图 4-58 查看分区情况

请扫描二维码观看任务 3 管理 LVM 逻辑卷。

任务 3
管理 LVM
逻辑卷

4.4　项目总结

本项目学习了磁盘管理，包括基本磁盘管理、磁盘配额和 LVM 动态磁盘管理，要求掌握 fdisk 命令创建磁盘分区、为磁盘分区创建文件系统、自动挂载文件系统、为不同的用户设置不同的磁盘配额、实现 LVM 动态磁盘管理。

4.5　项目实训

1. 实训目的

（1）掌握基本磁盘管理。

（2）实现磁盘配额。

（3）实现 LVM 动态磁盘管理。

2. 实训环境

已经安装好 Linux 操作系统的计算机。

3. 实训内容

在 VMware 中添加一块虚拟硬盘，执行以下操作：

（1）使用 fdisk 命令进行磁盘分区，然后使用 fdisk-1 命令查看分区情况。

（2）使用 mkfs 命令创建文件系统。

（3）使用 mount 和 umount 命令实施挂载和卸载文件系统的操作。

（4）修改配置文件/etc/fstab，在系统启动时自动挂载文件系统。

（5）启动 vim 来编辑/etc/fstab 文件。

（6）把/etc/fstab 文件中的 home 分区添加用户和组的磁盘配额。

（7）用 quotacheck 命令创建 aquota.user 和 aquota.group 文件。

（8）给用户 user01 设置磁盘限额功能。

（9）将其 blocks 的 soft 设置为 102400、hard 设置为 409600，inodes 设置为 12800、hard 设置为 51200，编辑完成后保存并退出。

（10）重新启动系统。

（11）用 quotaon 命令启用 quota 功能。

（12）切换到用户 user1，查看自己的磁盘限额及使用情况。

（13）尝试复制大小分别超过磁盘限额软限制和硬限制的文件到用户的主目录上，检验磁盘限额功能是否起作用。

4. 实训要求

实训分组进行，可以两人一组，小组讨论，确定方案后进行讲解；教师给予指导，全体学生参与评价。

5. 实训总结

完成实训报告，总结项目实施中出现的问题。

项目
4

管理磁盘

4.6 项目练习

一、选择题

1. 在一个新分区上建立文件系统使用的命令是（　　　）。

    A. fdisk　　　　　　　B. makefs　　　　　　　C. mkfs　　　　　　　D. format

2. 以下（　　　）操作是将/dev/nvme0n3p1（一个 Windows 分区）挂载到/mnt/win 目录中。

    A. mount　–t　windows　/mnt/win　/dev/nvme0n3p1

    B. mount　–t　windows　/dev/nvme0n3p1　/mnt/win

    C. mount　–t　vfat　/mn1t/win　/dev/nvme0n3p1

    D. mount　–t　vfat　/dev1/nvme0n3p1　/mnt/win

3. Linux 的系统管理员使用命令 mkfs –t ext4 /dev/nvme0n1p1 格式化一个硬盘分区，其中/devnvme0n1p1 代表该计算机上的（　　　）。

    A. 第二块 SCSI 硬盘的第一个主分区　　　　B. 第一块 SCSI 硬盘的第一个主分区

    C. 第一块固态硬盘的第一个主分区　　　　D. 第二块 IDE 硬盘的第一个主分区

4. 要创建物理卷，正确命令是（　　　）

    A. fdisk　　　　　　　B. pvcreate　　　　　　C. vgcreate　　　　　　D. lvcreate

5. 要创建逻辑卷，正确命令是（　　　）。

    A. fdisk　　　　　　　B. pvcreate　　　　　　C. vgcreate　　　　　　D. lvcreate

6. 当一个目录作为一个挂载点被使用后，该目录上的原文件（　　　）。

    A. 被永久删除　　　　　　　　　　　　B. 被隐藏，待挂载设备卸载后恢复

    C. 被放入回收站　　　　　　　　　　　D. 被隐藏，待计算机重启后恢复

7. 在以下设备文件中，代表第二个 IDE 硬盘的第一个逻辑分区的设备文件是（　　　）。

    A. /etc/hdb1　　　　　　　　　　　　B. /dev/hdb1

    C. /etc/hdb5　　　　　　　　　　　　D. /dev/hdb5

8. 对于 Linux 文件系统的自动挂载，其配置工作是在（　　　）文件中完成的。

    A. /etc/inittab　　　B. /etc/fstab　　　C. /usr/fstab　　　D. /dev/ inittab

二、填空题

1. 删除逻辑卷、卷组和物理卷的命令是_____、_____和_____。

2. LVM 是_____的简称，它是 Linux 环境下对磁盘分区进行管理的一种机制。

3. 开启磁盘配额功能的命令是_____。

4. 要将逻辑卷/dev/vg2/lv2 挂载到系统/mnt 目录下，使用的命令是_____。

5. 执行 quotacheck 命令，生成的文件是_____和_____。

项目⑤

➡ 软 件 安 装

操作系统安装完成后，需要在操作系统中安装系统软件和应用软件，这样才能正常完成工作任务。系统软件主要包括硬件驱动程序和数据库等，应用软件包括办公自动化软件、各种服务器软件，如邮件服务器软件、DHCP 服务器软件、DNS 服务器软件、Apache 服务器软件以及视频处理软件等。

5.1 项 目 描 述

某公司网络管理员要以 Linux 网络操作系统为平台，建设 DHCP 服务器。为了完成这个项目，首先需要安装 DHCP 服务器软件，管理员使用三种方法进行软件安装，分别是 RPM 软件包安装，tar 包安装和 yum 安装。

5.2 相 关 知 识

在 Windows 中，软件的安装与卸载可以使用系统自带的安装卸载程序或者控制面板中的"添加 / 删除程序"来实现。Linux 虽然也有"添加 / 删除应用程序"菜单，但功能有限。一般情况下，Linux 安装软件主要通过以下两种形式：第一种安装文件名形如 xxx.tar.gz，这种软件多以源代码形式发行；另一种安装文件名形如 xxx.el8.x86_64.rpm，软件包以二进制形式发布，也就是 RPM 包的安装形式。

1. RPM 软件包管理

（1）RPM 简介。RPM（Red Hat Package Manager）是最早由 Red Hat 公司使用的一个功能强大的软件安装卸载工具，同时也是对各种应用程序进行组织和管理的一种标准化方式。可以实现软件的建立、安装、查询、更新、验证、卸载等功能。由于功能十分强大，RPM 已成为当前 Linux 各发行版本中应用最广泛的软件包格式之一。

RPM 软件包的名称具有特定的格式，其格式为：

软件名称 版本号（包括主版本和次版本号） 软件运行的硬件平台 .rpm

比如，DHCP 服务器程序的软件包名称为 dhcp-server-4.3.6-30.el8.x86_64.rpm，其中 dhcp-server 为软件的名称，4.3.6-30.el8 为软件的版本号，x86_64 是软件运行的硬件平台，最后的.rpm 是文件的扩展名，代表文件是 rpm 类型的软件包。

RPM 软件包中的文件以压缩格式存储，并拥有一个定制的二进制头文件，其中包含有关于本软件包和内容的相关信息，便于对软件包信息进行查询。

（2）RPM 功能。RPM 可提供以下的功能：

① 安装、卸载：可以安装或卸载相关软件包。

② 升级：可对单个软件包进行升级，而保留用户原来的配置。

③ 查询：可以针对整个软件包的数据或是某个特定的文件进行查询，也可以方便的查出某个文件属于哪个软件包。

④ 校验：若删除了某个重要文件，而又不知道该文件属于哪个软件包，需要此文件时，可使用 RPM 查询已经安装的软件包中少了哪些文件，是否需要重新安装，并且可以检验出安装的软件包是否已被其他人修改过。

⑤ 检查依赖关系：检查软件包是否存在依赖关系，避免由于不兼容而被系统拒绝安装。

（3）RPM 的使用权限。RPM 软件的安装、卸载、升级等相关操作只有 root 用户才有权限进行，对于查询功能任何用户都可以操作；如果普通用户拥有安装目录的权限，也可以进行安装。

2. tar 包管理

同 RPM 相比，使用源代码进行软件安装稍微复杂一些，但是用源代码安装软件是 Linux 下进行软件安装的重要手段，也是运行 Linux 最主要的优势之一。使用源代码安装软件，可以按照用户的需要，选择定制的安装方式进行安装，而不是仅仅依靠那些在安装包中的预配置参数选择安装。此外，有一些软件程序只提供源代码安装方式。无论哪种形式的软件包，都可以在互联网上进行下载。

3. yum 管理

（1）yum 概述。yum（Yellow dog Updater, Modified）是一个基于 RPM 包的软件包管理器，能够从指定的服务器上自动下载 RPM 包并且安装，可以自动处理软件包的依赖性关系，并且一次安装所有依赖的软件包，无须烦琐地一次次下载、安装。yum 是一个在 Fedora、RedHat 及 CentOS 中的 shell 前端软件包管理器。

在使用 RPM 安装软件时，经常会出现依赖性关系的提示，比如说要想安装软件包 A，必须要先安装软件包 B，否则，软件包 A 将无法被安装。这是由于 RPM 软件包一般都是将软件先编译并打包，通过打包的 RPM 包中默认有一个数据库记录，记录这个软件要安装时必须要依赖的其他软件。当安装某软件时，RPM 会先根据软件里记录的数据查询 Linux 系统中依赖的其他软件是否已安装，如果已安装则继续安装该软件，未安装则无法安装该软件，这种情况是用户所不愿面对的。而 yum 恰恰可以检查软件包的依赖性并自动为用户解决，大大方便了 RPM 软件包的安装，使用户能够感受到便捷的操作。

（2）yum 的优点。使用 yum 的优点包括：

① 自动解决包的依赖性问题，并能够添加/删除/更新 rpm 包。

② 便于管理大量系统的更新问题。

③ 可以同时配置多个资源库。

④ 简洁的配置多个资源库（Repository）。

⑤ 保持与 rpm 的数据一致。

⑥ 有一个比较详细的 log，可以查看何时升级安装了什么软件。

5.3 项 目 实 施

公司的计算机安装了 Linux 操作系统，为了架设 DHCP 服务器并提供服务功能，首先要进行 DHCP 服务器软件安装。在本任务中，将采取三种不同的方式进行安装，即以二进制形式发布的 RPM 软件包的安装、以源代码形式发行的软件包的安装和使用 yum 源安装。

5.3.1 RPM 安装软件

本任务安装软件包 dhcp-server-4.3.6-30.el8.x86_64.rpm。

1. 挂载光驱，准备软件包

在 Linux 操作系统中，每个外围设备都对应一个设备文件名，需要挂载后才能使用。每个设备都与目录关联，只要不访问目录，设备就不会被访问，以提高系统运行速度。用户一般习惯将光盘挂载在目录/media 中。

（1）dhcp 软件存放在 Linux 操作系统安装光盘中，将光盘放入光驱后，在"终端"中输入命令 *mount /dev/cdrom /media* 进行挂载，如图 5-1 所示。

```
root@localhost:~                                              ×
文件(E) 编辑(E) 查看(V) 搜索(S) 终端(T) 帮助(H)
[root@server ~]# mount /dev/cdrom /media
mount: /media: WARNING: device write-protected, mounted read-only.
[root@server ~]#
```

图 5-1　挂载光盘

使用命令 *ls /media* 查看光盘内容，如图 5-2 所示。

```
root@localhost:~                                              ×
文件(F) 编辑(E) 查看(V) 搜索(S) 终端(T) 帮助(H)
[root@server ~]# ls /media
AppStream    EULA             images      RPM-GPG-KEY-redhat-beta
BaseOS       extra_files.json isolinux    RPM-GPG-KEY-redhat-release
EFI          GPL              media.repo  TRANS.TBL
[root@server ~]#
```

图 5-2　使用 ls 查看光盘内容

命令解释——mount：

格式：`mount  -t <文件系统类型>  -o <选项>设备名　挂载点`

运行该命令要注意以下几个方面：

① 文件系统类型。在挂载设备时，文件系统一般都能自动识别，所以 t 参数可以省略，只有文件系统不能被自动识别时，才使用这个参数。文件系统挂载 Windows FAT32 的介质，文件系统类型是 vfat，如将 Windows 分区 hda2 挂载到目录/mnt/c 的命令是：

```
mount -t vfat /dev/hda2 /mnt/c
```

Windows 操作系统中的 NTFS 文件系统在 Linux 中不能自动识别，需要重新编译内核。光盘的数据格式是 iso9660 和 udf，大部分光盘格式是 iso9660，只有可擦写光盘的格式是 udf。挂载光盘时指定格式的命令是：

```
mount -t iso9660 /dev/cdrom /mnt/cdrom
```

参数 t 可以省略。

② 选项。不同的文件系统具有不同的选项，Windows 文件系统常用的挂载选项是 iocharset=<charset>，这个选项的作用是设置文件系统的字符编码为中文，即 gb2312 和 utf8。

如果挂载的设备有中文，使用命令：

```
mount -t vfat -o iocharset=gb2312 /dev/cdrom /mnt/cdrom
```

或者：

```
mount -t vfat -o utf8 /dev/cdrom /mnt/cdrom
```

项目 5

软件安装

101

常用移动介质挂载选项：

rw/ro：读写/只读模式，适用于所有类型。

uid=<user name/uid>,gid=<group name/gid>：为挂载点目录指定属主和组身份，命令 *mount /dev/sdb2 /b –o uid=rose,gid=rose* 的作用是将分区 sdb2 挂载到目录 b 上，并且指定属主和组是 rose，这个目录默认是属于运行这个命令的用户和组，如果是 root 用户运行该命令，就属于 root 用户和 root 组。

③ 设备。Linux 中常用的外围设备名有：

光驱（IDE）	/dev/cdrom。
光驱（SCSI）	/dev/scdN（N = 0，1…）。
硬盘（IDE）	/dev/hdX（X = a，b…）。
硬盘（SCSI）	/dev/sdX（X = a，b…）。
U 盘	/dev/sdX（X = a，b…）。
固态硬盘	/dev/nvme0nX（X = 1，2…）。

例如，挂载 U 盘的命令可以使用命令 mount /dev/sda1 /mnt/usb。

④ 挂载点。设备的挂载位置称为挂载点，挂载点的目录必须存在，如果不存在，需使用命令 *mkdir* 进行创建。

（2）使用命令 *df* 或 *du* 查看分区挂载情况，如图 5-3 所示，/dev/sr0 一行就是光驱的挂载情况。

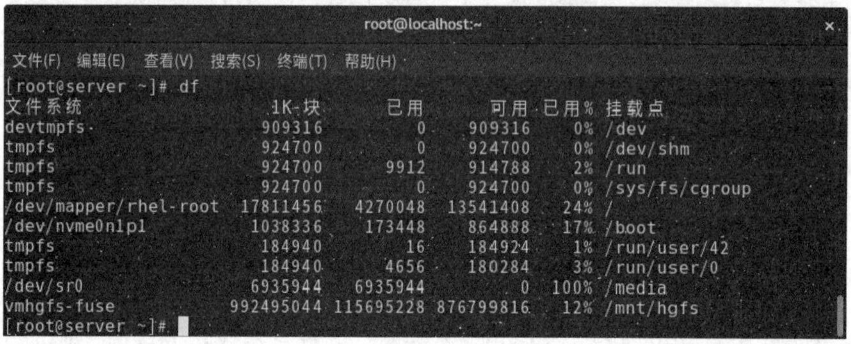

图 5-3　查看分区挂载情况

命令解释——df，du：

命令 df 的功能：检查文件系统的磁盘空间占用情况，可以利用该命令来获取硬盘被占用了多少空间，当前还剩下多少空间等信息。

du 命令逐级进入指定目录的每一个子目录，并显示该目录占用文件系统数据块（1024 B）的情况。若没有给出目录名，则对当前目录进行统计。

两个命令中的常用选项含义如下：

–b：以字节为单位列出磁盘空间使用情况（系统默认以 KB 为单位）。

–k：以 1024 B 为单位列出磁盘空间使用情况。

–m：以 1 MB 为单位列出磁盘空间使用情况。

（3）Linux 操作系统的安装包位于光盘的 Packages 目录下，挂载光驱后使用命令 *cd /media/BaseOS/Packages/* 进入 dhcp 软件所在目录，使用命令 *ls | grep dhcp* 找到 dhcp–server–4.3.6–30.el8.x86_64.rpm 安装包，如图 5-4 所示。

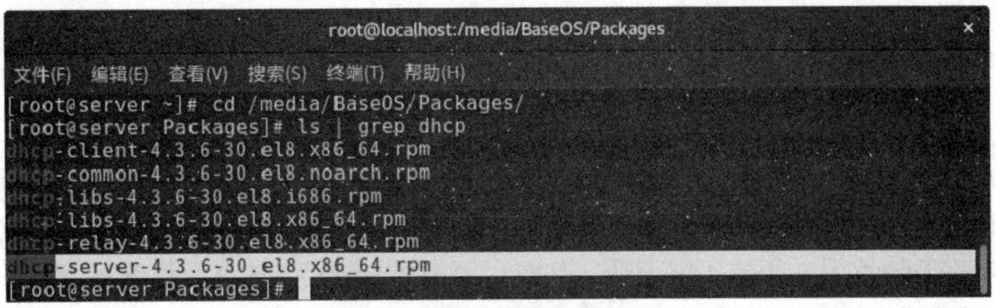

图 5-4　准备 dhcp 软件包

（4）如果需要更换一张光盘，或者不再使用光盘，使用命令 *umount /dev/cdrom* 卸载光驱，成功后再查看目录/media，没有光盘内容，说明卸载成功了。此处暂不能卸载光驱，因为 dhcp 程序还没有安装。

也可以使用命令 *umount /media* 卸载光驱，如图 5-5 所示。如果没有卸载，则光盘不允许取出。

图 5-5　卸载光驱

2. 安装软件包

选择"活动""终端"，使用命令 *rpm –ivh dhcp–server–4.3.6–30.el8.x86_64.rpm* 进行安装，如图 5-6 所示。

图 5-6　安装 dhcp 软件包

命令解释——rpm：

命令格式：rpm　[options]　file1.rpm file2.rpm…

常用的参数选项：

–i：安装软件。

–v：表示安装过程中将显示较详细的信息。

–h：显示安装进度。

–U：升级安装。

–e：删除软件包。

–replacepkgs：强制安装软件，替换软件包。假设系统中的软件包已经破坏了，其中一个或多个文件丢失或损毁，如果用户想修复这个软件包，则可以使用该参数进行安装软件。

–replacefiles：强迫安装软件。如果在安装一个新的软件包时，RPM 发现其中某个文件和已安装的某个软件包中的文件名字相同但内容不同，那么 RPM 就会认为这是一个文件冲突，会报错退出。如果用户想忽略这个错误，可使用 replacefiles 选项，指示 RPM 发现文件冲突时，直接替换掉原文件即可。注意：除非用户对所冲突的文件有很深的了解，不要轻易替换文件，以免破坏已安装软件包的完整性，确保其能正常运行。

file1.rpm file2.rpm…是将要安装的 RPM 包的名称，可以一次安装多个文件。

dhcp-server-4.3.6-30.el8.x86_64.rpm 是软件包名称，大多数 Linux 应用软件包的命名有一定的规律，它遵循：名称–版本–修正版–类型。该软件的软件名称是 dhcp-server，版本号为 4.3.6，修正版本是 30，可用平台是 x86_64，类型是 rpm，说明是一个 rpm 软件包。

在安装 dhcp-server-4.3.6-30.el8.x86_64.rpm 软件包时，可能会出现如下几种情况：

① 软件包已经安装。如果要安装的文件已经安装，在安装时会出现图 5-7 所示提示。

图 5-7　已经安装了 dhcp 软件包

如果用户想安装 RPM 中的最初配置文件，可以使用命令–rpm –ivh --replacepkgs dhcp-server-4.3.6-30.el8.x86_64.rpm 使软件再一次被安装，如图 5-8 所示。

图 5-8　再次安装 dhcpd 软件包

② 软件冲突。如果试图安装的软件包中包含已被另一个软件包或同一软件包的早期版本安装的文件，则会发生文件冲突，要使 RPM 忽略这个错误，可使用 --replacefiles 选项，命令是 rpm–ivh–replacefile dhcp-server-4.3.6-30.el8.x86_64.rpm。

③ 删除软件包。删除软件包最简单的命令是带有-e 参数的 rpm 命令。比如，想把刚才安装的 dhcp 软件删除，在"终端"中输入命令 rpm–e dhcp。

④ 升级。升级软件包最简单的命令是带有-U 参数的 rpm 命令，如果需要升级刚才安装的 dhcp 软件包，在"终端"中输入命令 rpm–Uvh dhcp-server-4.3.6-30.el8.x86_64.rpm。RPM 自动删除 dhcp 软件包的任何老版本后，执行新安装。

⑤ 查询。

使用命令 rpm –q 可以查询已安装软件包的信息。

命令解释——rpm -q：

命令格式：rpm -q [参数]

常用的选项：

-a：查询所有已安装的软件包。

-f <file>：会查询拥有 <file> 的软件包。当指定文件时，必须指定文件的完整路径。

-R <packagefile>：列出 <packagefile>所依赖的文件。

–I：显示软件包信息，包括名称、描述、发行版本、大小、制造日期、生产商等。

–l：显示和软件包相关的文件列表。

3. 查看软件包是否安装

软件包安装后，在"终端"中输入命令 *rpm –qa| grep dhcp*，显示已经安装的软件名称是 dhcp–server–4.3.6–30.el8.x86_64，如图 5-9 所示。

图 5-9　查看安装的 dhcp 软件包

请扫描二维码观看任务 1 RPM 安装软件。

任务 1
RPM 安装
软件

5.3.2　源代码安装软件

本任务要安装软件包 dhcp–4.4.2.tar.gz。

1. 下载软件包

在 5.3.1 节中，使用的 RPM 软件包是从安装光盘中获取的，这个软件包不是最新版本的软件包，为了获取最新的软件包，要从互联网上下载以源代码形式发布的软件包，手工进行编译。

管理员从互联网上下载了最新的软件包 dhcp–4.4.2.tar.gz。

2. 解压数据包

使用命令将软件包 dhcp–4.4.2.tar.gz 复制到主目录/root 中，然后使用命令 *ls* 进行查看，如图 5-10 所示。

图 5-10　在主目录中查看安装软件包

源代码软件以.tar.gz 作为扩展名（或 tar.Z、tar、bz2.tgz）。不同扩展名表示压缩方法不同，使用命令 tar 为文件解压，命令格式为 *tar –xvzf dhcp–4.4.2.tar.gz*，如图 5-11 所示。

图 5-11　解压软件包

3. 查看解压的数据包

成功解压缩源代码文件后，使用命令 *ls* 查看到当前目录中有一个 dhcp-4.4.2 文件，使用命令 *cd dhcp-4.4.2* 进入解压的目录，再次使用命令 *ls* 进行查看，如图 5-12 所示，一般都能发现 README（或 readme）、INSTALL（或 install）。

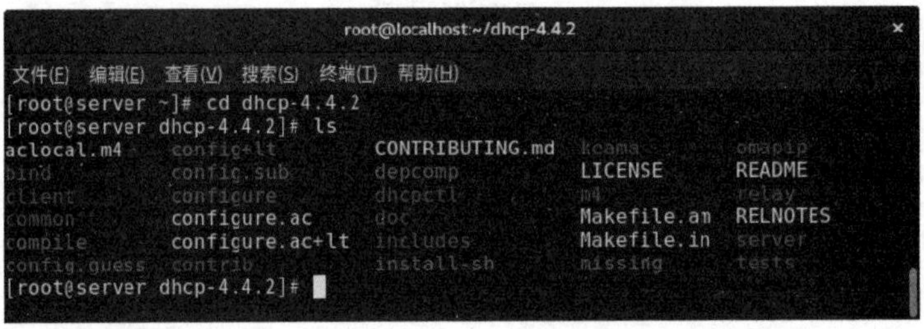

图 5-12　查看解压的文件

4. 编译软件

一般 xxx.tar.gz 格式的软件大多是通过./confure、make、make install 来安装，有的软件可以直接使用 make、make install 命令来安装。

make 命令是一个非常重要的编译命令。不管是自己进行项目开发还是安装应用软件，都经常要用到命令 make 或 make install。利用 make 工具，可以将大型的开发项目分解成为多个更易于管理的模块，对于一个包括几百个源文件的应用程序，使用 make 命令可以简洁明快地理顺各个源文件之间纷繁复杂的相互关系。而且如此多的源文件，如果每次都要输入 gcc 命令进行编译，那对程序员来说简直就是一场灾难。而 make 命令则可自动完成编译工作，并且可以只对程序员在上次编译后修改过的部分进行编译。

这个过程需要几分钟时间，具体时间和软件大小及计算机配置有关，编译成功后如图 5-13 所示。

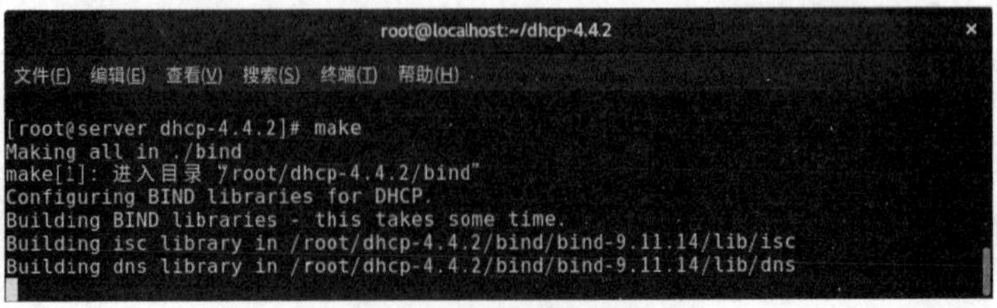

图 5-13　编译软件

5. 安装软件

阅读 Readme 文件和 Install 文件，这两个文件是用来指导软件安装的。然后先取得 root

权限（只有 root 才有权限安装软件），执行命令 *make install* 安装源代码，即可成功安装。

请扫描二维码观看任务 2 源代码安装软件。

任务 2
源代码安装
软件

5.3.3　yum 安装软件

1.　yum 配置文件介绍

yum 客户端常用的配置文件有主配置文件和 repo 文件。

（1）主配置文件/etc/yum.conf。

使用命令 *vim /etc/yum.conf* 打开主配置文件，默认内容如图 5-14 所示。

```
                              root@localhost:~                          ×
文件(F)  编辑(E)  查看(V)  搜索(S)  终端(T)  帮助(H)
[main]
gpgcheck=1
installonly_limit=3
clean_requirements_on_remove=True
best=True


"/etc/yum.conf" 5L, 82C                            1,1            全部
```

图 5-14　yum.conf 内容

```
gpgcheck=1                //是否检查 GPG，一种密钥方式签名
installonly_limit=3       //允许保留多少个内核包
```

主配置文件在配置本地 yum 时，不需要改动，使用默认值即可。

（2）repo 文件。repo 文件是 yum 源（软件仓库）的配置文件，通常一个 repo 文件定义了一个或者多个软件仓库的细节内容，当使用 yum 安装或者更新软件时，yum 会读取 repo 文件，根据文件中的设置访问指定的服务器和目录下载软件包进行安装或者更新。用户可以根据自己的需要自行创建 yum 源。

repo 文件存放于/etc/yum.repos.d 目录下，在 RHEL 8 中把软件源分成了两部分：一部分是BaseOS，一部分是 AppStream。在 Red Hat Enterprise Linux 8.0 中，统一的 ISO 自动加载 BaseOS和 AppStream 安装源存储库。已经存在于光盘中，只不过要分别去配置.repo 文件。BaseOS 存储库旨在提供一套核心的底层操作系统的功能，为基础软件安装库。AppStream 存储库中包括额外的用户空间应用程序、运行时语言和数据库，以支持不同的工作负载和用例。AppStream中的内容有两种格式，分别是熟悉的 RPM 格式和称为模块的 RPM 格式扩展。

以文件 rhel-source.repo 为例介绍格式：

```
[rhel-source] //用于定义一个 yum 源，各个源的名称不能重复
name=Red Hat Enterprise Linux $releasever - $basearch - Source
//用于指定易读的仓库名称，可以随意命名
```

项目
5

软件安装

107

```
baseurl=ftp://ftp.redhat.com/pub/redhat/linux/enterprise/$releasever/e
n/os/SRPMS/  //用于指定本仓库的 URL，可以是以下的三种类型：http、ftp、file，其中
             //file 的软件源要在本机上
enabled=0    //可以启用或者进入软件仓库，当值为 0 时，表示禁用软件仓库，当值为 1 时，表
             //示启用软件仓库
gpgcheck=1   //用于指定是否检查软件包的 GPG 签名
gpgkey=file:/ //etc/pki/rpm-gpg/RPM-GPG-KEY-redhat-release 用于指定 GPG
             //签名文件的 URL
```

2. 配置网络 yum 源

（1）可以利用网络资源构建 yum 源，阿里云中有 rhel 8/CentOS 8 的 repo 文件，如图 5-15 所示。

图 5-15　阿里云 yum 源

（2）使用命令 *wget -O /etc/yum.repos.d/CentOS-Base.repo http://mirrors.aliyun.com/repo/Centos-8.repo* 命令搭建 yum 仓库，如图 5-16 所示，可以看到在目录/etc/yum.repos.d 中，新建了 CentOS-Base.repo，软件包的来源是网络地址 http://mirrors.aliyun.com/repo/Centos-8.repo。

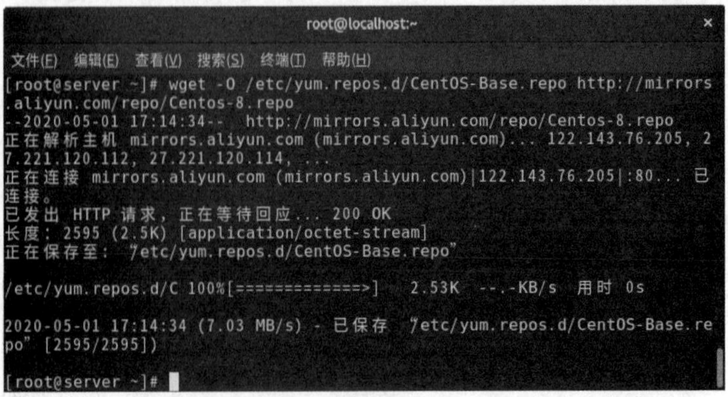

图 5-16　下载阿里云 yum 源

（3）使用命令 *cat /etc/yum.repos.d/CentOS-Base.repo* 查看文件内容，如图 5-17 所示。

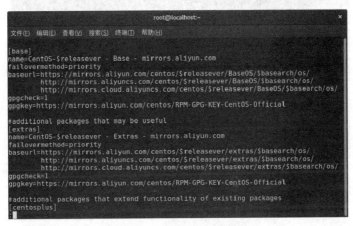

图 5-17　查看 yum 源内容

（4）yum 源构建完成后，可以进行软件安装，例如安装 gcc 软件包，使用命令 *yum -y install gcc*，然后开始安装，首先检查软件包的依赖关系，如图 5-18 所示；然后确定需要安装的软件包名称和数量，如图 5-19 所示；最后显示共升级和安装了多少个软件包，如图 5-20 所示。这个过程依据安装软件包数量确定安装时间。

图 5-18　安装 gcc（1）

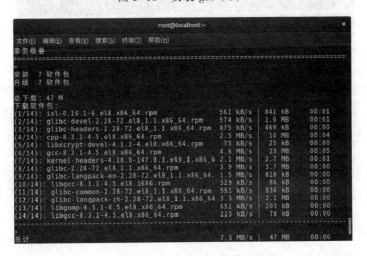

图 5-19　安装 gcc（2）

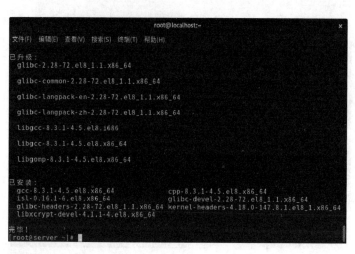

图 5-20　安装 gcc（3）

3. 使用系统镜像文件配置本地 yum 源

（1）挂载光盘，如图 5-1 所示，这里不再赘述。

（2）创建 yum 本地源。使用命令 *vim /etc/yum.repos.d/local.repo* 创建一个 repo 文件，创建以下内容，如图 5-21 所示。

```
[BaseOS]
name=BaseOS
baseurl=file:///media/BaseOS
enabled=1
gpgcheck=0


[AppStream]
name=AppStream
baseurl=file:///media/AppStream
enabled=1
gpgcheck=0
```

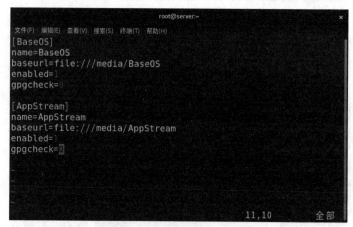

图 5-21　创建 REPO 文件

4. 安装程序 dhcp

本地 yum 源创建完成后，使用命令 *yum –y install dhcp* 或者 *yum –y install dhcp–server* 进

行安装，安装时检查软件包依赖关系，然后提示需要安装的软件包数量和软件包名称，最后下载进行安装，如图5-22所示。

图5-22　yum安装

命令解释——yum：

命令格式：yum [options] [command] [package …]

[options]常用选项：

-h：帮助。

-y：当安装过程提示选择全部为"yes"。

-q：不显示安装的过程。

[command]为所要进行的操作。

[package …]是操作的对象。

（1）安装。

yum install：全部安装。

yum install package1：安装指定的安装包package1。

yum groupinsall group1：安装程序组group1。

（2）更新和升级。

yum update：全部更新。

yum update package1：更新指定程序包package1。

yum check-update：检查可更新的程序。

yum upgrade package1：升级指定程序包package1。

yum groupupdate group1：升级程序组group1。

（3）查找和显示。

yum info package1：显示安装包信息package1。

yum list：显示所有已经安装和可以安装的程序包。

yum list package1：显示指定程序包安装情况package1。

yum groupinfo group1：显示程序组group1信息。

yum search string：根据关键字string查找安装包。

（4）删除程序。

yum remove | erase package1：删除程序包 package1。

yum groupremove group1：删除程序组 group1。

yum deplist package1：查看程序 package1 依赖情况。

（5）清除缓存。

yum clean packages：清除缓存目录下的软件包。

yum clean headers：清除缓存目录下的 headers。

yum clean oldheaders：清除缓存目录下旧的 headers。

yum clean，yum clean all (= yum clean packages; yum clean oldheaders)：清除缓存目录下的软件包及旧的 headers。

（6）清除 yum 缓存。

使用命令 *yum clean all* 清除 yum 缓存，如图 5-23 所示。

图 5-23　清除 yum 缓存

（7）缓存本地 yum 源。

使用命令 *yum makecache* 缓存本地 yum 源中的软件包信息，如图 5-24 所示。说明本地软件仓库已经建好，可以进行使用了。

图 5-24　缓存本地 yum 源

（8）安装软件。

可以使用 yum 命令进行安装软件，如果要安装 FTP 服务器的相关软件，则使用命令 *yum install vsftpd*。

请扫描二维码观看任务 3 yum 安装软件。

任务 3
yum 安装软件

5.4 项 目 总 结

本项目学习了软件安装。Linux 主要有三种方式安装软件，分别是 RPM 软件包安装、tar 包安装和 yum 安装，能够安装不同格式的软件包。

5.5 项 目 实 训

1. 实训目的

（1）掌握 Linux 操作系统常用软件安装方法。

（2）使用挂载光盘。

（3）能够安装软件。

2. 实训环境

（1）Linux 服务器。

（2）需要安装的软件包。

3. 实训内容

（1）挂载光盘。

（2）找到软件包 postfix-3.3.1-8.el8.x86_64.rpm。

（3）安装软件包 postfix-3.3.1-8.el8.x86_64.rpm。

（4）下载软件包 dhcp-4.4.2.tar.gz。

（5）安装软件包 dhcp-4.4.2.tar.gz。

（6）配置网络 yum 源。

（7）安装 httpd 服务。

（8）配置本地 yum 源。

（9）安装 bind 服务。

4. 实训要求

实训分组进行，可以两人一组，小组讨论，确定方案后进行讲解；教师给予指导，全体学生参与评价。

5. 实训总结

完成实训报告，总结项目实施中出现的问题。

5.6 项 目 练 习

一、选择题

1. 安装一个 RPM 软件包的命令是（　　　）

    A．rpm   B．cp

    C．tar   D．mv

2. 查询 dhcp 服务器是否安装的命令是（　　　）。

    A．rpm -ivh　dhcp   B．rpm -e　dhcp

    C．rpm -qa | grep dhcp   D．ls dhcp

3. 安装以源代码形式发表的软件使用的命令是（　　　）。

A.make   B.　make install

C.　configure   D.　tar

4. yum 的主配置文件名称是 (　　　　)。

    A.　/etc/yum.conf   B.　/etc/yum.repos.d/yum.conf

    C.　/var/yum.conf   D.　/etc/yum.repos.d/local.conf

5. 使用 rpm 卸载某个包的命令是 (　　　　)。

    A.　rpm –ivh filename   B.　rpm –qa filename

    C.　rpm –ql　filename   D.　rpm –e filename

二、填空题

1. 安装软件 postfix–3.3.1–8.el8.x86_64.rpm 使用的命令是＿＿＿＿＿＿＿＿。

2. 查看软件 vsftpd 安装文件的命令是＿＿＿＿＿＿＿＿。

3. 查询当前系统所有安装的 rpm 包的命令是＿＿＿＿＿＿＿＿。

4. 将光盘挂载到目录/mnt 下的命令是＿＿＿＿＿＿＿。

5. 卸载光盘的命令是＿＿＿＿＿＿。

6. 有一个软件包名称为 dhcp–server–4.3.6–30.el8.x86_64.rpm，其中软件的名称是＿＿＿＿＿＿，软件的版本号是＿＿＿＿＿＿＿＿，软件运行的硬件平台是＿＿＿＿＿＿＿＿。

架设 DHCP 服务器

在使用 TCP/IP 网络时，每一台计算机都必须有唯一的 IP 地址，计算机之间依靠该 IP 地址进行通信。因而，IP 地址的管理、分配与设置非常重要。如果网络管理员手动为每台计算机设置 IP 地址，当计算机数量比较多时就会特别麻烦，而且容易出错。使用动态主机配置协议（Dynamic Host Configuration Protocol，DHCP）就可解决这个问题。DHCP 服务器可以自动为局域网中的计算机分配 IP 地址及 TCP/IP 设置，大大减轻网络管理员的工作负担，并减少 IP 地址故障的发生。

6.1 项目描述

某公司网络管理员要以 Linux 网络操作系统为平台，建设 DHCP 服务器，规划服务器地址和作用域范围，为 200 台主机分配地址，使用 192.168.1.0/24 网段，使公司员工能够动态获得 IP 地址。公司网络拓扑如图 6-1 所示，DHCP 服务器的 IP 地址是 192.168.1.104，公司域名是 lnjd.com。

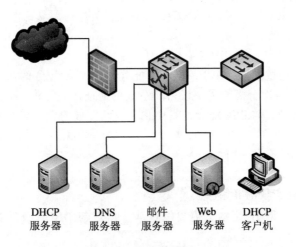

图 6-1　公司局域网

作为公司的网络管理员，为了完成该项目，首先进行网络规划。因为公司使用网段 192.168.1.0/24，要为 200 台主机提供服务，在网络实施之前，规划地址时，将地址池的范围规划在 192.168.1.10/24 ~ 192.168.1.245/24，并且给公司其他服务器分配特定 IP 地址。其中，默认网关的 IP 地址是 192.168.1.1；DNS 服务器的 IP 地址是 192.168.1.104；邮件服务器的 IP 地址是 192.168.1.106；Web 服务器的 IP 地址是 192.168.1.104 和 192.168.1.105。首先安装 DHCP 服务器，然后按照公司要求进行配置，最后客户端获得 IP 地址，验证成功。

6.2 相 关 知 识

6.2.1 DHCP 概述

在使用 TCP/IP 协议的网络中，每台工作站在访问网络及其资源之前，都必须进行基本的网络配置，一些主要参数诸如 IP 地址、子网掩码、默认网关、DNS 等必不可少，还可能需要一些附加的信息如 IP 管理策略之类。

在大型网络中，确保所有主机都拥有正确的配置是一件相当困难的管理任务，尤其对于含有漫游用户和笔记本电脑的动态网络更是如此。经常有计算机从一个子网移到另一个子网以及从网络中移出。手动配置或重新配置数量巨大的计算机可能要花费很长时间，而 IP 主机配置过程中的错误可能导致该主机无法与网络中的其他主机通信。

因此，需要有一种机制来简化 IP 地址的配置，实现 IP 的集中式管理。而 IETF（Internet 工程任务组）设计的动态主机配置协议（Dynamic Host Configuration Protocol，DHCP）正是这样一种机制。

DHCP 是一种客户机/服务器协议，该协议简化了客户机 IP 地址的配置和管理工作以及其他 TCP/IP 参数的分配。基本上不需要网络管理人员的人为干预。网络中的 DHCP 服务器给运行 DHCP 的客户机自动分配 IP 地址和相关的 TCP/IP 配置信息。

DHCP 服务器拥有一个 IP 地址池，当任何启用 DHCP 的客户机登录到网络时，可从它那里租借一个 IP 地址。因为 IP 地址是动态的（租借），而不是静态的（永久分配），不使用的 IP 地址就自动返回地址池，供再分配，从而大大节省了 IP 地址空间。而且，DHCP 本身被设计成 BOOTP（自举协议）的扩展，支持需要网络配置信息的无盘工作站，对需要固定 IP 地址的系统也提供了相应的支持。

在用户的企业网络中应用 DHCP 有以下优点：

（1）减少错误。通过配置 DHCP，把手动配置 IP 地址所导致的错误减少到最低程度，例如将已分配的 IP 地址再次分配给另一设备所造成的地址冲突等将大大减少。

（2）减少网络管理。TCP/IP 配置是集中化和自动完成的，不需要网络管理员手动配置。

6.2.2 DHCP 协议工作过程

1. DHCP 客户首次获得 IP 租约

DHCP 客户首次获得 IP 租约，需要经过 4 个阶段与 DHCP 服务器建立联系，如图 6-2 所示。

（1）IP 租用请求。DHCP 客户机启动计算机后，通过 UDP 端口 67 广播一个 DHCPDISCOVER 信息包，向网络上的任意一个 DHCP 服务器请求提供 IP 租约。

（2）IP 租用提供。网络上所有的 DHCP 服务器均会收到此信息包，每台 DHCP 服务器通过 UDP 端口 68 给 DHCP 客户机回应一个 DHCPOFFER 广播包，提供一个 IP 地址。

（3）IP 租用选择。客户机从不止一台 DHCP 服务器接收到提供之后，会选择第一个收到的 DHCPOFFER 包，并向网络中广播一个 DHCPREQUEST 消息包，表明自己已经接受了一个 DHCP 服务器提供的 IP 地址。该广播包中包含所接受的 IP 地址和服务器的 IP 地址。

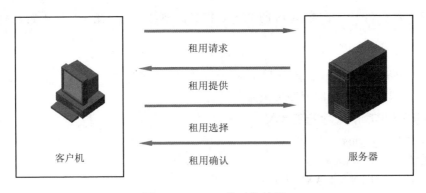

租用请求

租用提供

租用选择

租用确认

客户机   服务器

图 6-2   DHCP 的工作过程

（4）IP 租用确认。被客户机选择的 DHCP 服务器在收到 DHCPREQUEST 广播后，会广播返回给客户机一个 DHCPACK 消息包，表明已经接受客户机的选择，并将这一 IP 地址的合法租用以及其他配置信息都放入该广播包发给客户机。

客户机在收到 DHCPACK 包后，会使用该广播包中的信息来配置自己的 TCP/IP，则租用过程完成，客户机可以在网络中通信。

2. DHCP 客户进行 IP 租约更新

取得 IP 租约后，DHCP 客户机必须定期更新租约，否则当租约到期，就不能再使用此 IP 地址。按照 RFC 的默认规定，每当租用时间超过的 50% 和 87.5% 时，客户机就必须发出 DHCPREQUEST 信息包，向 DHCP 服务器请求更新租约。在更新租约时，DHCP 客户机以单点传送方式发出 DHCPREQUEST 信息包，不再进行广播。

具体过程为：

（1）在当前租期已过去 50% 时，DHCP 客户机直接向为其提供 IP 地址的 DHCP 服务器发送 DHCPREQUEST 信息包。如果客户机收到该服务器回应的 DHCPACK 消息包，则根据包中所提供的新的租期以及其他已经更新的 TCP/IP 参数，更新自己的配置，IP 租用更新完成。如果没收到该服务器的回复，则客户机继续使用现有的 IP 地址，因为当前租期还有 50%。

（2）如果在租期过去 50% 时未能成功更新，则客户机将在当前租期过去 87.5% 时再次与为其提供 IP 地址的 DHCP 联系。如果联系不成功，则重新开始 IP 租用过程。

（3）如果 DHCP 客户机重新启动时，它将尝试更新上次关机时拥有的 IP 租用。如果更新未能成功，客户机将尝试联系现有 IP 租用中列出的默认网关。如果联系成功且租用的未到期，则客户机认为自己仍然位于与它获得现有 IP 租用时相同的子网上（没有被移走），继续使用现有 IP 地址。如果未能与默认网关联系成功，则客户机认为自己已经被移动到不同的子网上，将失去 TCP/IP 网络功能。此后，DHCP 客户机将每隔 5min 尝试一次重新开始新一轮的 IP 租用过程。

6.2.3   网卡命名规则

1. 网卡命名的策略

系统守护进程 systemd 对网络设备的命名方式遵循以下规则：

规则 1：如果 Firmware 或者 BIOS 提供的设备索引信息可用就用此命名。比如 eno1。否则使用规则 2。

规则 2：如果 Firmware 或 BIOS 的 PCI-E 扩展插槽可用就用此命名。比如 ens1。否则使用规则 3。

规则 3：如果硬件接口的位置信息可用就用此命名。比如 enp2s0。

规则 4：根据 MAC 地址命名，比如 enx7d3e9f。默认不开启。

规则 5：上述均不可用时回归传统命名方式。

2. 网卡名称中前两个字符的含义

en：以太网 Ethernet。

wl：无线局域网 WLAN。

ww：无线广域网 WWL AN。

3. 根据设备类型选择网卡名称中第三个字符

如果网卡基于集成设备索引号命名，网卡的第三位使用 o；如果网卡基于扩展槽的索引号命名，网卡的第三位使用 s；如果网卡基于 MAC 进行命名，网卡的第三位使用 xs；如果网卡基于 PCI 扩展总线进行命名，网卡的第三位使用 ps。

服务器 server 的网卡名称是 ens160，可以知道本网卡是基于扩展槽的索引号命名。

6.2.4 配置网卡命令

有许多工具可以用于管理 Linux 计算机上的 TCP/IP 协议套件。在 RHEL 6 以及以前的版本中，常用的一些比较重要的网络管理命令，如 ifconfig、arp、netstat 和 route 等已被弃用。从 RHEL 7 开始使用 ip 命令实现网络配置，ip 命令支持更高级的功能。为便于过渡到使用 ip 命令，表 6-1 列出了新旧命令对照。

表 6-1　新旧命令对照表

RHEL 6 以前版本使用的命令	RHEL 8 中等效命令	功　　能
ifconfig	ip [s] link ip address	显示所有网络接口的连接状态和 IP 地址
ifconfig eth0 192.168.1.104 netmask 255.255.255.0	ip address add 192.168.1.104/24 dev ens160	将 IP 地址和子网掩码分配给 ens160 接口
arp	ip neigh	显示 arp 表
route/netstat –r	ip route	显示路由表
netstat –tulpna	ss –tupna	显示所有侦听套接字和非侦听套接字，以及它们属于哪个程序

6.3　项　目　实　施

6.3.1　为 DHCP 服务器设置 IP 地址和机器名

在安装 DHCP 服务之前，DHCP 服务器本身必须采用固定的 IP 地址。在 Linux 操作系统中，TCP/IP 网络的配置信息分别存储在不同的配置文件中，需要编辑修改这些配置文件来进行网络配置工作，相关的配置文件主要有 /etc/services、/etc/hosts、/etc/resolv.conf、/etc/

nsswitch.conf、/etc/sysconfig/network 以及/etc/sysconfig/network-script 目录。也可以使用图形化配置工具进行配置。

1. 图形化配置 TCP/IP 相关参数

在桌面环境下，RHEL 8.x 主要有两个配置工具来配置网络：一个是 Network Manager 工具；一个是 nmtui 工具。两者的配置界面不同，但是都是通过修改网卡的配置文件来实现网络配置的。

（1）使用 Network Manager 工具。

单击右上角"网络连接"图标，打开"网络连接"对话框，选择"有线设置"如图 6-3 所示。

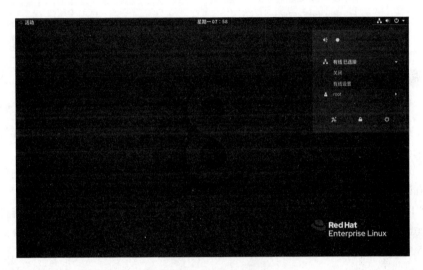

图 6-3　选择"有线设置"

出现图 6-4 所示对话框，单击""图标，出现"有线"对话框，如图 6-5 所示。

图 6-4　"网络"对话框

图 6-5 "详细消息"选项卡

该窗口中有"详细信息""身份""IPv4""IPv6""安全"5 个选项卡，在"详细信息"选项卡中显示的是网卡的 IP 地址、硬件地址、默认路由等信息。

单击"身份"选项卡，如图 6-6 所示，显示网卡的名称是 ens160，物理地址是 00:0C:29:D0:07:C7。

单击"IPv4"选项卡，如图 6-7 所示，在"IPv4 Method"中有 4 个选项，选择"手动"单选按钮，给计算机配置静态 IP 地址，输入计算机的 IP 地址 192.168.1.104，子网掩码 255.255.255.0，网关 192.168.1.1，DNS 服务器 192.168.1.1，设置完成单击"应用"按钮。

图 6-6 "身份"选项卡

图 6-7 "IPv4"选项卡

如果让设置的 IP 地址马上生效，可以注销系统，或者单击"网络"对话框的"关闭"按钮，再选择"打开"按钮，重启网络，如图 6-8 所示。

（2）使用 nmtui 工具。

在"终端"中输入命令 nmtui 打开配置窗口，如图 6-9 所示。有 3 个选项卡，分别是"编辑连接""启用连接""设备系统主机名"。

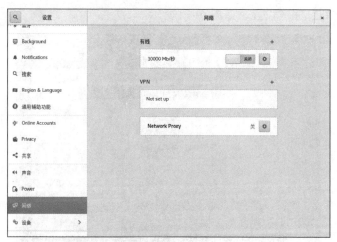

图 6-8　重启网络

图 6-9　nmtui 主界面

选择"编辑连接"配置，按【Enter】键，出现以太网卡配置界面，如图 6-10 所示。

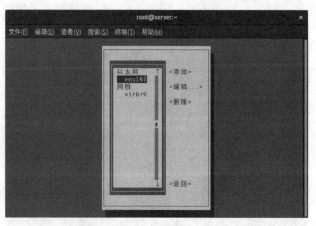

图 6-10　以太网卡配置界面

单击"编辑"按钮后，出现图 6-11 所示界面，进行 IP 地址设置，输入 IP 地址 192.168.1.104，默认网关 192.168.1.1，主 DNS 服务器 192.168.1.1，然后移动到该界面的最后，使用【Tab】

键选中"确定"按钮，完成设置，如图 6-12 所示。

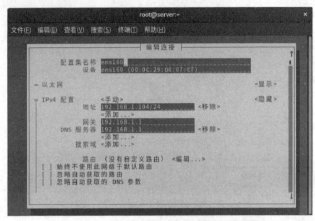

图 6-11　设置 IP 地址等信息界面

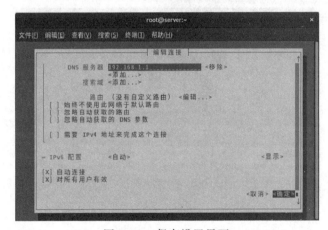

图 6-12　保存设置界面

回到主界面后，选择"启用连接"，如图 6-13 所示，单击"确定"按钮。如果出现图 6-14 所示界面，说明连接是禁用状态，使用【Tab】键将光标移动到"激活"按钮上，按下空格键，"激活"会修改为"停用"，说明已经启用网络连接。

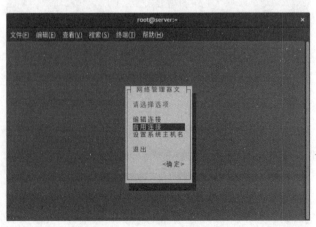

图 6-13　启用连接界面

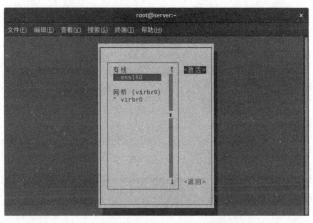

图 6-14　关闭连接界面

单击"返回"按钮回到首页面，进行主机名设置，如图 6-15 所示。

图 6-15　设置主机名选项

单击"确定"按钮后，要求输入主机名，将该主机名称设置为 server，如图 6-16 所示。单击"确定"按钮回到主界面，再单击"退出"按钮，完成设置，如图 6-17 所示。

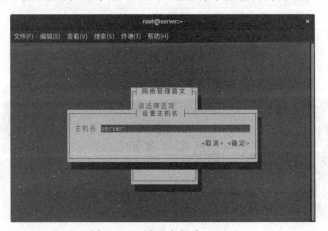

图 6-16　设置主机名 server

图 6-17　退出界面

2. 查看网卡信息

（1）使用命令 ip link show 查看网卡数据链路层信息。

在"终端"中输入命令 *ip link show*，查看网卡数据链路层信息，如图 6-18 所示。可以看到网卡的信息中有 4 个，分别是 lo、ens160、virbr0 和 virbr0-nic，其中 ens160 是以太网卡信息，显示了 MAC 地址是 00:0c:29:d0:07:c7，状态是"up"。lo 是本地回环地址，virbr0 是桥接地址。

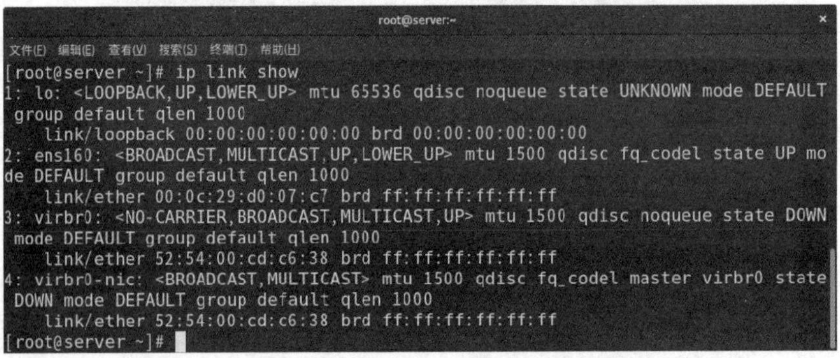

```
[root@server ~]# ip link show
1: lo: <LOOPBACK,UP,LOWER_UP> mtu 65536 qdisc noqueue state UNKNOWN mode DEFAULT
 group default qlen 1000
    link/loopback 00:00:00:00:00:00 brd 00:00:00:00:00:00
2: ens160: <BROADCAST,MULTICAST,UP,LOWER_UP> mtu 1500 qdisc fq_codel state UP mo
de DEFAULT group default qlen 1000
    link/ether 00:0c:29:d0:07:c7 brd ff:ff:ff:ff:ff:ff
3: virbr0: <NO-CARRIER,BROADCAST,MULTICAST,UP> mtu 1500 qdisc noqueue state DOWN
 mode DEFAULT group default qlen 1000
    link/ether 52:54:00:cd:c6:38 brd ff:ff:ff:ff:ff:ff
4: virbr0-nic: <BROADCAST,MULTICAST> mtu 1500 qdisc fq_codel master virbr0 state
 DOWN mode DEFAULT group default qlen 1000
    link/ether 52:54:00:cd:c6:38 brd ff:ff:ff:ff:ff:ff
[root@server ~]#
```

图 6-18　查看网卡链路层信息

如果只是想查看某个设备数据链路层信息，可以在 ip link show 后面加上接口名字，如果要查看性能信息，加上参数 s，使用命令 *ip -s link show ens160* 查看网卡 ens160 的性能信息，如图 6-19 所示。

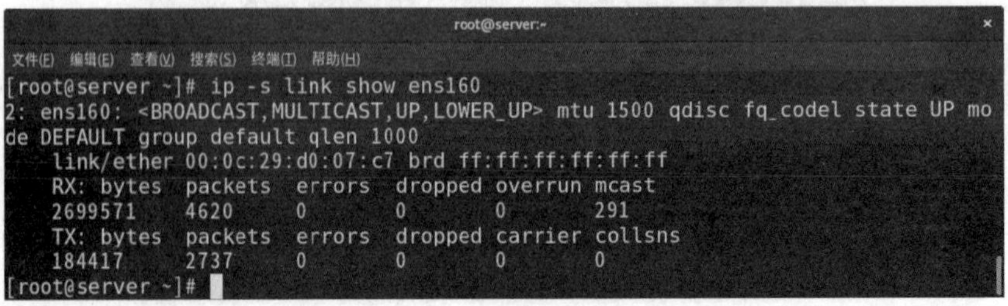

```
[root@server ~]# ip -s link show ens160
2: ens160: <BROADCAST,MULTICAST,UP,LOWER_UP> mtu 1500 qdisc fq_codel state UP mo
de DEFAULT group default qlen 1000
    link/ether 00:0c:29:d0:07:c7 brd ff:ff:ff:ff:ff:ff
    RX: bytes  packets  errors  dropped overrun mcast
    2699571    4620     0       0       0       291
    TX: bytes  packets  errors  dropped carrier collsns
    184417     2737     0       0       0       0
[root@server ~]#
```

图 6-19　查看指定网卡链路层信息

（2）使用命令 ip address show 查看网卡网络层信息。

在"终端"中输入命令 *ip address show*，查看网卡网络层信息，如图 6-20 所示。可以看到网卡的信息中有 4 个，分别是 lo、ens160、virbr0 和 virbr0-nic。

图 6-20　查看网卡网络层信息

第一组 lo 是 look-back 网络接口，从 IP 地址 127.0.0.1 就可以看出，它代表"本机"。无论系统是否接入网络，这个设备总是存在的，除非在内核编译的时候禁止了网络支持，这是一个称为回送设备的特殊设备，它自动由 Linux 配置以提供网络的自身连接。IP 地址 127.0.0.1 是一个特殊的回送地址（即默认的本机地址），可以使用 *ping 127.0.0.1* 来测试本机的 TCP/IP 协议是否正确安装。

每二组是以太网卡 ens160 的配置参数，这里显示了第一个网卡的设备名/dev/ens160；硬件的 MAC 地址 00:0c:29:d0:07:c7，MAC 地址是生产厂家定的，每个网卡拥有唯一的地址；IP 地址是 192.168.1.104 和子网掩码等信息；"up"表示该接口被激活，否则显示为"down"。

如果只是想查看某个设备信息，可以在 ip address show 后面加上接口名字，如 *ip address show ens160*，如图 6-21 所示。

图 6-21　查看指定网卡网络层信息

（3）使用命令 nmcli 查看网卡信息。

nmcli 命令不仅可以查看信息，还可以处理连接的状态，如新建一个连接，停用一个连接等，是一个功能强大的命令。查看网卡的连接信息使用命令 *nmcli connection show*，如图 6-22 所示，显示设备的硬件信息使用命令 *nmcli dev show*，如图 6-23 所示。

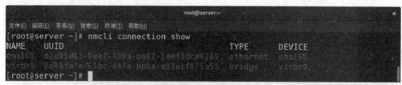

```
root@server:~
文件(F) 编辑(E) 查看(V) 搜索(S) 终端(T) 帮助(H)
[root@server ~]# nmcli connection show
NAME    UUID                                  TYPE      DEVICE
ens160  d2d95d63-0ee2-480a-ba82-1eef3dca4285  ethernet  ens160
virbr0  9d45fa7e-65bc-447e-bb9a-e93e1f875a53  bridge    virbr0
[root@server ~]#
```

图 6-22 查看网卡连接

```
root@server:~
文件(F) 编辑(E) 查看(V) 搜索(S) 终端(T) 帮助(H)
[root@server ~]# nmcli dev show
GENERAL.DEVICE:                         ens160
GENERAL.TYPE:                           ethernet
GENERAL.HWADDR:                         00:0C:29:D0:07:C7
GENERAL.MTU:                            1500
GENERAL.STATE:                          100（已连接）
GENERAL.CONNECTION:                     ens160
GENERAL.CON-PATH:                       /org/freedesktop/NetworkManager/ActiveConnecti>
WIRED-PROPERTIES.CARRIER:               开
IP4.ADDRESS[1]:                         192.168.1.104/24
IP4.GATEWAY:                            192.168.1.1
IP4.ROUTE[1]:                           dst = 192.168.1.0/24, nh = 0.0.0.0, mt = 100
IP4.ROUTE[2]:                           dst = 0.0.0.0/0, nh = 192.168.1.1, mt = 100
IP4.DNS[1]:                             192.168.1.1
IP6.ADDRESS[1]:                         fe80::4f9b:4524:7b04:b7af/64
IP6.GATEWAY:                            --
IP6.ROUTE[1]:                           dst = fe80::/64, nh = ::, mt = 100
IP6.ROUTE[2]:                           dst = ff00::/8, nh = ::, mt = 256, table=255

GENERAL.DEVICE:                         virbr0
GENERAL.TYPE:                           bridge
GENERAL.HWADDR:                         52:54:00:CD:C6:38
GENERAL.MTU:                            1500
GENERAL.STATE:                          100（已连接）
```

图 6-23 查看网卡硬件信息

3. **使用命令设置 IP 地址**

ip address 除了可以查看网络接口地址外，还可以设置网络地址，网卡 ens160 已经通过图形化方式设置了一个 IP 地址 192.168.1.104，使用命令 *ip address add 192.168.1.2/24 dev ens160* 就为该网卡又设置了一个辅助 IP 地址 192.168.1.2，如图 6-24 所示。

```
root@server:~
文件(F) 编辑(E) 查看(V) 搜索(S) 终端(T) 帮助(H)
[root@server ~]# ip address add 192.168.1.2/24 dev ens160
[root@server ~]#
```

图 6-24 使用 ip address 命令设置 IP 地址

使用命令 *ip a* 查看 ens160 设置后的地址，如图 6-25 所示，有两个 IP 地址。如果要删除 IP 地址，使用命令 *ip address del 192.168.1.104/24 dev ens160*。

```
root@server:~
文件(F) 编辑(E) 查看(V) 搜索(S) 终端(T) 帮助(H)
[root@server ~]# ip a
1: lo: <LOOPBACK,UP,LOWER_UP> mtu 65536 qdisc noqueue state UNKNOWN group default qlen
1000
    link/loopback 00:00:00:00:00:00 brd 00:00:00:00:00:00
    inet 127.0.0.1/8 scope host lo
       valid_lft forever preferred_lft forever
    inet6 ::1/128 scope host
       valid_lft forever preferred_lft forever
2: ens160: <BROADCAST,MULTICAST,UP,LOWER_UP> mtu 1500 qdisc fq_codel state UP group def
ault qlen 1000
    link/ether 00:0c:29:d0:07:c7 brd ff:ff:ff:ff:ff:ff
    inet 192.168.1.104/24 brd 192.168.1.255 scope global noprefixroute ens160
       valid_lft forever preferred_lft forever
    inet 192.168.1.2/24 scope global secondary ens160
       valid_lft forever preferred_lft forever
    inet6 fe80::4f9b:4524:7b04:b7af/64 scope link noprefixroute
```

图 6-25 查看 ip 地址

4. 禁用和重启网卡

如果要禁用网卡，可使用命令 *ip link set dev 网络接口名 down*。例如，要禁用网卡 ens160，可使用命令 *ip link set dev ens160 down*，如图 6-26 所示，再使用命令 *ip a show ens160* 查看，显示网卡 ens160 的状态是 down，说明网卡已经被禁用。

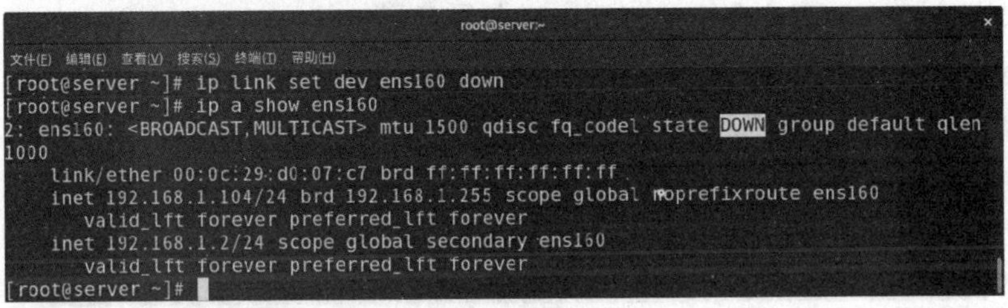

图 6-26　禁用网卡

如果要启用网卡，可使用命令 *ip link set dev 网络接口名 up*。例如，要启用网卡 ens160，可使用命令 *ip link set dev ens160 up*，如图 6-27 所示，再使用命令 *ip a show ens160* 查看，显示网卡 ens160 的状态是 up，说明网卡已经被启用。

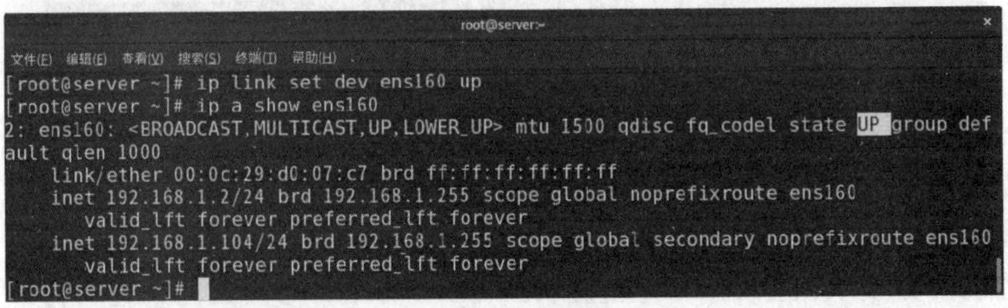

图 6-27　启动网卡

5. 使用命令设置网关

使用命令 *ip route* 可以查看当前的路由表，如图 6-28 所示，可以看到有一条路由，是192.168.1.0 网段，可以使用命令 *ip route add 0.0.0.0/24 via 192.168.1.104 dev ens160* 设置网关，即设置一条默认路由，使用命令 *ip route* 查看网关，如图 6-29 所示。在最上面一行增加一条默认路由，网关是 192.168.1.104。如果要删除一条默认路由，使用命令 *ip route del 0.0.0.0/24 via 192.168.1.104 dev ens160*。

图 6-28　查看网关

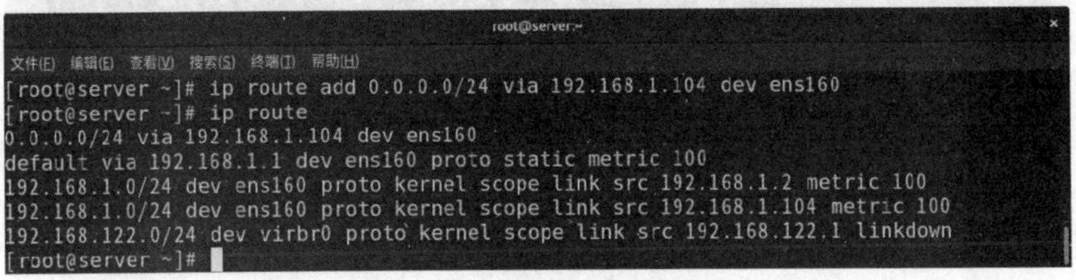

图 6-29　设置网关并查看

6. 设置主机名

主机名用于标识一台主机的名称，在网络中主机具有唯一性。修改主机名的方法有 4 种。

（1）使用 hostname 命令。

要查看当前主机的名称，可使用 hostname 命令，若要临时设置主机名，可使用"hostname 新主机名"命令来实现，该命令不会将新主机名保存到/etc/hostname 配置文件中，因此，重新启动系统后，主机名将恢复为配置文件中所设置的主机名。

使用命令 *hostname* 查看主机名称是 server，如图 6-30 所示。

图 6-30　查看主机名

使用命令 *hostname cpl* 将主机名称设置为 cpl，再使用命令 *hostname* 查看，如图 6-31 所示。可以看到主机名称虽然修改成功，但"#"左边的提示符还不能同步更改，如果需要立即生效，将系统注销即可。

图 6-31　设置主机名并查看

（2）修改配置文件。

若要使主机名更改永久生效，则应直接在/etc/hostname 配置文件中进行修改，系统启动时，会从该配置文件中获得主机名信息，并进行主机名的设置。使用命令 *vi /etc/hostanme* 打开配置文件，输入内容 *server*，如图 6-32 所示，然后保存退出，完成修改。

图 6-32　使用配置文件修改主机名

（3）使用 hostnamectl 命令。

在"终端"中输入命令 *hostnamectl set-hostname server*，然后再使用命令 *hostnamectl* 查看主机名称，如图 6-33 所示，显示的主机信息更为详细。

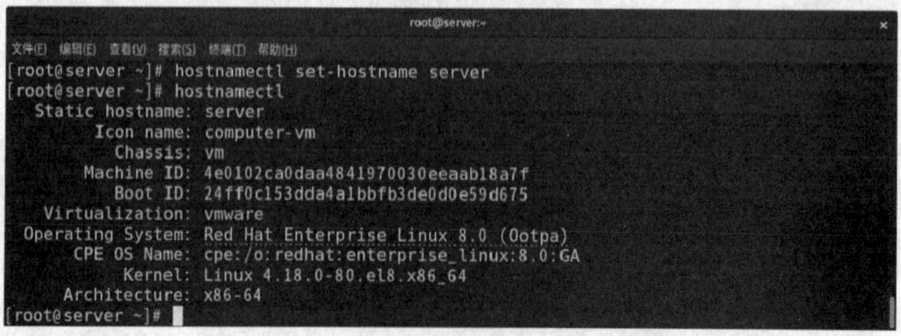

图 6-33　设置主机名并查看

（4）使用 nmtui 命令，已经讲过，不再赘述。

7. 使用命令 ping 检测网络连通性

（1）检测网络连通性。

在"终端"中输入命令 *ping − c 3 192.168.1.108*，如图 6-34 所示。

```
                              root@server:~                              ×
文件(F)  编辑(E)  查看(V)  搜索(S)  终端(T)  帮助(H)
[root@server ~]# ping -c 3 192.168.1.108
PING 192.168.1.108 (192.168.1.108) 56(84) bytes of data.
64 bytes from 192.168.1.108: icmp_seq=1 ttl=64 time=0.678 ms
64 bytes from 192.168.1.108: icmp_seq=2 ttl=64 time=0.343 ms
64 bytes from 192.168.1.108: icmp_seq=3 ttl=64 time=0.382 ms

--- 192.168.1.108 ping statistics ---
3 packets transmitted, 3 received, 0% packet loss, time 39ms
rtt min/avg/max/mdev = 0.343/0.467/0.678/0.151 ms
[root@server ~]#
```

图 6-34 检测网络连通性

ping 能测试基本的网络连通性。它利用 TCP/IP 协议中的网际报文协议（ICMP）的 echo-request 数据包，强制从特定的主机返回响应，应答信息显示在计算机的屏幕上。Linux 下的 ping 命令是持续发送请求的，直到用户通过【Ctrl+C】组合键中断命令。ping 命令无法到达一台主机时，可能是网络接口问题、配置问题或物理连接等故障。可以利用 ICMP 的功能来检测自己建立的网络是否有故障。

从图 6-34 中可以看出 ping 命令将报告它发送的每一个数据包从目标主机返回的详细信息，其中 icmp_seq 为包的序列号，time 为数据包返回时间（ms），上面命令发送了三个数据包。

所有的 TCP/IP 数据包含有名为 time-to-live 或 TTL 的项。每经过一个路由器这个值就被递减一次。当这个值为 0 时，数据包就被丢弃了，这样可以防止数据在网络上循环传送。

（2）ping 命令测试失败说明。

ping 的出错信息主要有以下几种：

① Net work unreachable：说明本地主机没有有效地指向远程计算机的路径。

② No answer：说明远程主机对 ICMP Echo 信息不响应。利用 Linux 的 ping 命令，不会显示"No answer"这样的出错信息，反而当 ping 命令停止时显示"100% packet loss"。从主机到远程主机的网络系统上任何一处发生服务中断都会引起这个问题。

③ Unknown host：意味着域名服务不能解析主机名，可能是 DNS 配置有错误。可以进行 DNS 的测试。

由于安全原因，有人可能会利用 ping flood 攻击系统。例如，黑客可以利用特大的报文来 ping 目标主机，从而导致目标主机过于繁忙直至死机。因此，现在很多服务器安装了防火墙，通常不允许 ICMP 报文通过，可以防止这样的 icmp 攻击，所以用户不能从这样的主机得到 ping 命令的返回信息。

（3）ping 命令的参数说明。

ping 命令的参数主要有：

−c count：发送 count 个数据包就停止。

−n：不显示主机名，只显示 IP 地址。

−q：只显示最后的统计结果，没有中间过程显示。

8. /etc/sysconfig/network−scripts 目录

目录/etc/sysconfig/network-scripts 包含网络接口的配置文件 ifcfg-ens160，使用命令 *ls /etc/sysconfig/network-scripts* 可以看到该目录下的文件 ifcfg-ens160，如图 6-35 所示。

图 6-35 查看网卡配置文件路径

使用命令 *cat /etc/sysconfig/network-scripts/ifcfg-ens160* 查看配置文件内容，如图 6-36 所示。

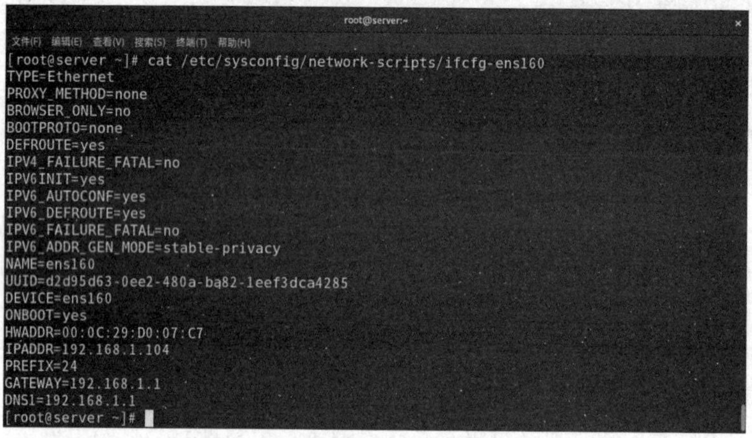

图 6-36 查看网卡配置文件内容

配置文件中各项的名称与功能如表 6-2 所示。

表 6-2 网卡配置文件各选项的名称与功能

选 项 名	功 能
TYPE=Ethernet	网络类型，本网卡是以太网卡
BOOTPROTO=none	设置 IP 地址的获得方式，static 代表静态指定 IP 地址，dhcp 为动态获取 IP 地址，none 代表不指定
DEFROUTE=yes	启动默认路由
IPV6INIT=yes	启用 IPv6 协议
NAME=ens160	网卡设备的别名
UUID=d2d95d63-0ee2-480a-ba82-1eef3dca4285	网卡设备的唯一标识号 UUID
DEVICE=ens160	网卡的设备名称
ONBOOT=yes	设置在系统启动时，是否启用该网卡设备。yes 表示启用，no 表示不启用
HWADDR=00:0C:29:D0:07:C7	该网卡的物理地址
IPADDR=192.168.1.104	该网卡的 IP 地址
PREFIX=24	该网卡的子网掩码
GATEWAY=192.168.1.1	网卡的默认网关地址
DNS1=192.168.1.1	网卡的 DNS 服务器

9. /etc/services 文件

/etc/services 文件记录网络服务名和它们对应的端口号及协议。文件中的每一行对应一种服务，它由 4 个字段组成，分别表示"协议名称""端口号""传输层协议""注释"。一般不

需要修改此文件的内容。Linux 系统在运行某些服务时，会用到这个文件。

/etc/services 文件中的部分内容如下所示：

```
ftp-data        20/tcp
ftp-data        20/udp
ftp             21/tcp
ftp             21/udp
ssh             22/tcp          #SSH Romote Login Protocol
ssh             22/udp          #SSH Romote Login Protocol
telnet          23/tcp
telnet          23/udp
smtp            25/tcp      mail
smtp            25/udp      mail
```

10. /etc/resolv.conf 文件

/etc/resolv.conf 文件用于配置 DNS 客户，即在 DNS 客户端指定所使用的 DNS 服务器的相关信息。该文件包括 nameserver、search 和 domain 三个设置选项。

（1）nameserver 选项：设置 DNS 服务器的 IP 地址，最多可以设置三个，并且每个 DNS 服务器的记录自成一行。当主机需要进行域名解析时，首先查询第一个 DNS 服务器，如果无法成功解析，则向第二个、第三个 DNS 服务器查询。

（2）search 选项：指定 DNS 服务器的域名搜索列表，最多可以设置 6 个。其作用在于进行域名解析工作时，系统将此设置的网络域名自动加在要查询的主机名之后进行查询。通常不设置此项。

（3）domain 选项：指定主机所在的网络域名，可以不设置。

下面是一个/etc/resolv.conf 文件的示例：

```
nameserver      192.168.1.3
search          lnjd.com
domain          lnjd.com
```

11. /etc/hosts 文件

/etc/hosts 文件是早期实现主机名称解析的一种方法，其中包含 IP 地址和主机名之间的对应关系。进行名称解析时，系统会直接读取该文件中设置的 IP 地址和主机名的对应记录。文件中的每一行对应一条记录，它一般由三个字段组成：IP 地址、主机完全域名和别名（可选）。该文件的默认内容如下：

```
127.0.0.1   localhost localhost.localdomain localhost4 localhost4.localdomain4
::1         localhost localhost.localdomain localhost6 localhost6.localdomain6
```

在没有指定域名服务器时，网络程序一般通过查询该文件来获取某个主机对应的 IP 地址。利用该文件，可实现在本机上的域名解析。例如，要将域名为 www.lnjd.com 的主机 IP 地址指向 192.168.1.5，则只需要在该文件中添加如下一行内容即可：

```
192.168.1.5  www.lnjd.com
```

12. /etc/nsswitch.conf 文件

/etc/nsswitch.conf 文件定义了网络数据库的搜索顺序，例如主机名称、用户密码、网络协议等网络参数。要设置名称解析的先后顺序，可利用/etc/nsswitch.conf 配置文件中的 hosts: 选项来制定，其默认解析顺序为 hosts 文件、DNS 服务器。对于 UNIX 系统，还可用 NTS 服务器来进行解析。

项目 6 架设 DHCP 服务器

下面是该文件的部分默认配置：

```
passwd:        sss files systemd
group:         sss files systemd
netgroup:      sss files
automount:     sss files
services:      sss files
shadow:        files sss
hosts:         files dns myhostname
bootparams:    files
ethers:        files
netmasks:      files
networks:      files
protocols:     files
rpc:           files
publickey:     files
aliases:       files
```

其中的 files 代表用/etc/hosts 文件来进行名称解析。

13. /etc/sysconfig/network 文件

网络配置文件/etc/sysconfig/network 用于对网络服务进行总体配置，即全局设置，默认文件内容是空白的，可以添加全局默认网关。从 Centos7 开始，网络由 NetworkManager 服务负责管理，相对于旧的/etc/init.d/network 脚本，NetworkManager 是动态的、事件驱动的网络管理服务。旧的/etc/init.d/network 以及 ifup、ifdown 等依然存在，但是处于备用状态，即：NetworkManager 运行时，多数情况下这些脚本会调用 NetworkManager 去完成网络配置任务；NetworkManager 没有运行时，这些脚本就按照老传统管理网络。

请扫描二维码观看任务 1 为 DHCP 服务器设置 IP 和机器名。

任务 1
为 DHCP 服
务器设置 IP
和机器名

6.3.2 安装 DHCP 服务器

在 Linux 操作系统中，架设 DHCP 服务器需要安装服务器软件，在 RHEL 8 版本的操作系统中使用的软件是 dhcp-server-4.3.6-30.el8.x86_64.rpm。在安装操作系统过程中，可以选择是否安装 DHCP 服务器，如果不确定是否安装了 DHCP 服务，可以使用命令进行查询。安装时使用 rpm 命令，需要先挂载光盘。安装完成后，查询安装的文件，并且启动 DHCP 服务器，设置 DHCP 服务器在下次系统登录时自动运行。

1. 安装 DHCP 软件

在安装 Red Hat Enterprise Linux 8 时，可以选择是否安装 DHCP 服务器。如果不能确定

DHCP 服务器是否已经安装，可以采取在"终端"中输入命令 *rpm –qa | grep dhcp* 进行验证。如果如图 6-37 所示，说明系统没有安装 dhcp-server 服务器。

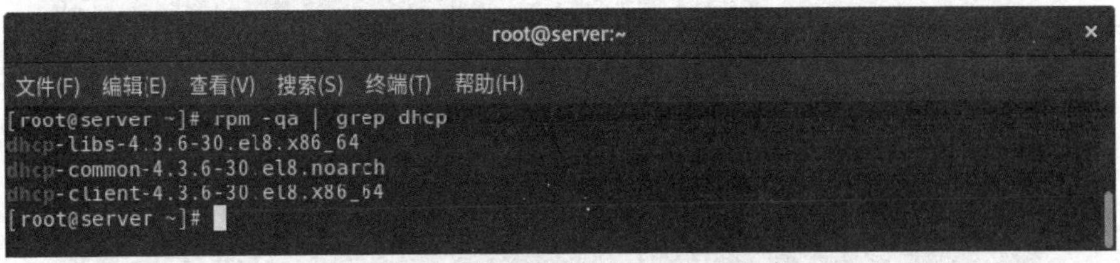

图 6-37　检测是否安装 DHCP 服务

如果安装系统时没有选择 DHCP 服务器，需要进行安装。在 Red Hat Enterprise Linux 8 安装盘中带有 DHCP 服务器安装程序。

管理员将安装光盘放入光驱后，使用命令 *mount /dev/cdrom /media* 进行挂载，然后使用命令 *cd /media/BaseOS/Packages* 进入目录，使用命令 *ls | grep dhcp* 找到安装包 dhcp-server-4.3.6-30.el8.x86_64.rpm，如图 6-38 所示。

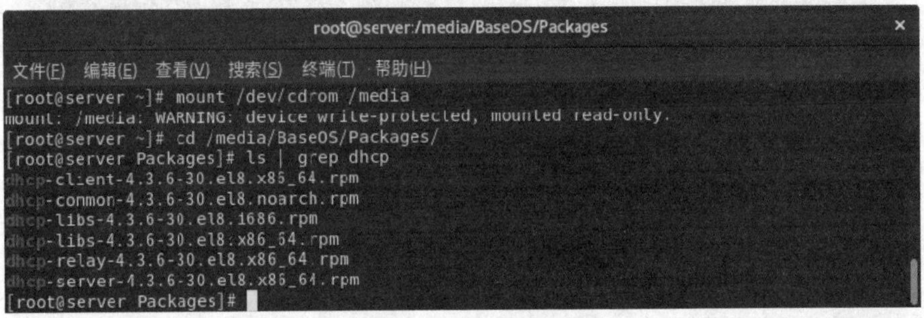

图 6-38　找到安装包

在"终端"命令窗口运行命令 *rpm –ivh dhcp-server-4.3.6-30.el8.x86_64.rpm* 即可开始安装程序，如图 6-39 所示。也可以使用命令 *yum –y install dhcp-server* 进行安装，这个内容已经在项目 5 中进行讲解，这里不再赘述。

图 6-39　安装 DHCP 服务

在安装完 DHCP 服务后，可以利用以下的指令来查看安装后产生的文件，如图 6-40 所示。在上述的文件中，最重要的文件有三个：

第一个是/etc/dhcp/dhcpd.conf，它是 DHCP 主配置文件。

第二个是/var/lib/dhcpd/dhcpd.leases，它负责客户端 IP 租约的内容。

第三个是/usr/share/doc/dhcp-server/dhcpd.conf.sample，它是 DHCP 服务器配置文件的模板。在上述文件中，存在文件/etc/dhcpd.conf，这是 DHCP 服务器的主配置文件，不过这个文件是空白的，需要将文件/usr/share/doc/dhcp-server/dhcpd.conf.sample 复制后，覆盖这个文件。

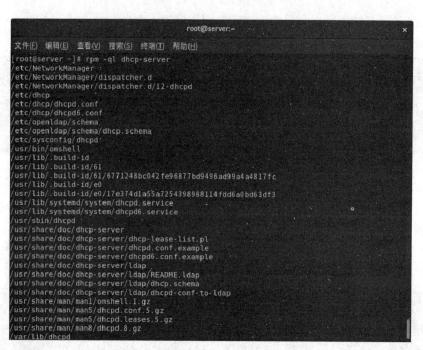

图 6-40　查看安装 DHCP 后产生的文件

2. 启动与关闭 DHCP 服务器

DHCP 的配置完成后，必须重新启动服务。

可以在"终端"命令窗口运行命令 *systemctl start dhcpd.service* 或者 *systemctl start dhcpd* 来启动 DHCP 服务器，运行命令 *systemct stop dhcpd.service* 或者 *systemctl stop dhcpd* 来关闭服务器，运行命令 *systemctl restart dhcpd.service* 或者 *systemctl restart dhcpd* 来重新启动 DHCP 服务，如图 6-41 ~ 图 6-43 所示。

图 6-41　启动 DHCP 服务

图 6-42　停止 DHCP 服务

图 6-43　重新启动 DHCP 服务

3. 查看 DHCP 服务器状态

可以通过命令 *systemctl status dhcpd.service* 查看 DHCP 服务器目前运行的状态，如图 6-44 所示。从图中可以看到 DHCP 服务器的状态是"acitve（running）"，是活跃的状态。

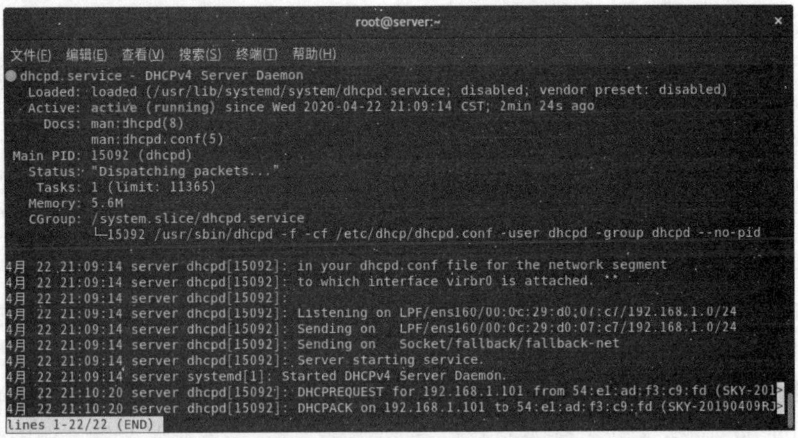

图 6-44　查看 DHCP 服务器状态

4. 设置开机时自动运行 DHCP 服务器

DHCP 服务器非常重要，在开机时应该自动启动，来节省每次手动启动的时间，并且可以避免 DHCP 服务器没有开启停止服务的情况。

在"终端"中输入命令 *systemctl enable dhcpd.service* 或者 *systemctl enable dhcpd*，将 DHCP 服务设置成开机自动启动，如图 6-45 所示。

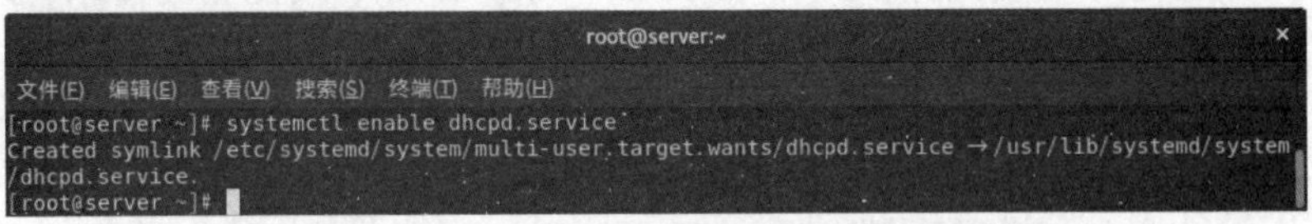

图 6-45　设置 DHCP 服务器自动启动

如果开机自动关闭 DHCP 服务，使用命令 *systemctl disable dhcpd.service* 或者 *systemctl disable dhcpd*，如图 6-46 所示。

图 6-46　设置 DHCP 服务器自动关闭

请扫描二维码观看任务 2 安装 DHCP 服务器。

6.3.3 配置 DHCP 服务器

管理员要为公司配置 DHCP 服务器，为公司 200 台客户机提供 IP 地址分配，并且为公司的其他服务器分配固定 IP 地址。首先进行网络规划，因为公司使用网段 192.168.1.0/24，要为 200 台主机提供服务，在网络实施之前，规划地址时，将地址池的范围规划在 192.168.1.10/24 ~ 192.168.1.245/24，并且给公司其他服务器分配特定 IP 地址，其中，默认网关的 IP 地址是 192.168.1.1，DNS 服务器的 IP 地址是 192.168.1.104，邮件服务器的 IP 地址是 192.168.1.106，Web 服务器的 IP 地址是 192.168.1.104 和 192.168.1.105。首先安装 DHCP 服务器，然后按照公司要求进行配置，最后客户端获得 IP 地址，验证成功。

1. 准备 DHCP 服务器的配置文件

DHCP 的配置主要是通过配置文件 dhcpd.conf 来完成的，该文件存放的位置是/etc/dhcp 目录，但由于系统安装后该文件是空白内容，管理员可以使用 Vi 编辑器自己编写配置文件，也可以将配置文件模板/usr/share/doc/dhcp-server/dhcpd.conf.sample 复制到目录/etc/dhcp 中，修改名称为 dhcpd.conf，系统会提示是否覆盖源文件，输入 y 覆盖源文件，如图 6-47 所示。

图 6-47 复制 dhcpd.conf 文件

2. 配置文件解析

使用 Vi 编辑器打开配置文件，即 *vi /etc/dhcp /dhcpd.conf*，按照公司要求，进行配置，系统默认的配置文件 dhcpd.conf 的内容如图 6-48 所示。

```
option domain-name "example.org";
option domain-name-servers ns1.example.org, ns2.example.org;
default-lease-time 600;
max-lease-time 7200;
ddns-update-style none;
log-facility local7;
subnet 10.5.5.0 netmask 255.255.255.224 {
  range 10.5.5.26 10.5.5.30;
  option domain-name-servers ns1.internal.example.org;
  option domain-name "internal.example.org";
  option routers 10.5.5.1;
  option broadcast-address 10.5.5.31;
  default-lease-time 600;
  max-lease-time 7200;
}
host passacaglia {
  hardware ethernet 0:0:c0:5d:bd:95;
  filename "vmunix.passacaglia";
  server-name "toccata.fugue.com";
}
class "foo" {
  match if substring (option vendor-class-identifier, 0, 4) =
"SUNW";
}
shared-network 224-29 {
  subnet 10.17.224.0 netmask 255.255.255.0 {
    option routers rtr-224.example.org;
```

图 6-48 配置文件 dhcpd.conf 内容

下面逐一介绍配置文件中的内容和作用。

（1）`option domain-name "example.org";`

设置 DNS 域名后缀，示例是"example.org"。

（2）`option domain-name-servers ns1.example.org, ns2.example.org;`

指定 DNS 服务器的域名或 IP 地址，示例是 ns1.example.org、ns2.example.org。

（3）`default-lease-time 600;`

为 DHCP 客户机设置默认的地址租期。租期是 DHCP 服务器指定 IP 地址租用时间长度。在此期间，客户端计算机可以使用指派的 IP 地址。将租用指定给客户端时，在租用到期前，客户端一般需要使用服务器来更新它的地址租用指派。租用在服务器上过期或被删除时，会变成非使用配置，而租用持续期间决定了何时过期，以及客户端每隔多久需要跟服务器进行更新。

（4）`max-lease-time 7200`

为 DHCP 客户机设置最长的地址租期，单位是秒。

（5）`ddns-update-style none`

设置 ddns 的更新方案，有 ad-hoc、interim 和 none 三种定义值。

（6）`log-facility local7`

将 DHCP 服务日志信息发送到另外的 log 文件中。

（7）`subnet 10.5.5.0 netmask 255.255.255.224 {`
```
    range 10.5.5.26 10.5.5.30;
    option domain-name-servers ns1.internal.example.org;
    option domain-name "internal.example.org";
    option routers 10.5.5.1;
    option broadcast-address 10.5.5.31;
    default-lease-time 600;
    max-lease-time 7200;}
```

该字段设置地址池。地址池，顾名思义，就是网络中可以使用的 IP 地址的集合，当地址被指派后，该地址会从这个池中删除，此地址被释放后，它又会重新加入池中。DHCP 服务器就是利用地址池中的地址来动态指派给网络中的 DHCP 客户端。subnet 10.5.5.0 netmask 255.255.255.224 定义子网地址和子网掩码；range 10.5.5.26 10.5.5.30 定义可以分配的 IP 地址范围；option routers 10.5.5.1 定义网关；option broadcast-address 10.5.5.31 定义广播地址。

（8）`host fantasia {`
```
   hardware ethernet 08:00:07:26:c0:a5;
   fixed-address fantasia.fugue.com;}
```

设置 DNS 主机声明，如果 MAC 地址为 08:00:07:26:c0:a5 的 DNS 服务器向 DHCP 服务器申请 IP 地址时，DHCP 服务器为该主机分配 fixed-address 指定的固定的 IP 地址。

（9）`class "foo" {`
```
   match if substring (option vendor-class-identifier, 0, 4) = "SUNW";
}
shared-network 224-29 {
  subnet 10.17.224.0 netmask 255.255.255.0 {
    option routers rtr-224.example.org;
  }
  subnet 10.0.29.0 netmask 255.255.255.0 {
```

项目 6

架设 DHCP 服务器

```
    option routers rtr-29.example.org;
  }
  pool {
    allow members of "foo";
    range 10.17.224.10 10.17.224.250;
  }
  pool {
    deny members of "foo";
    range 10.0.29.10 10.0.29.230;
  }
}
```

该字段声明一个客户机类，名称为 foo，可以通过这个类进行地址分配。shared-network 字段定义共享网络；pool {allow members of "foo";range 10.17.224.10 10.17.224.250;}字段定义为属于 foo 类中的客户机指定分配的 IP 地址范围；pool {deny members of "foo";range 10.0.29.10 10.0.29.230; }字段定义为属于 foo 类以外的客户机分配的 IP 地址范围。

3. 修改配置文件，完成 DHCP 服务器配置

```
option domain-name "lnjd.com";                //设置域名后缀为 lnjd.com
option domain-name-servers server.lnjd.com;   //名称服务器是 server.lnjd.com
default-lease-time 600;                        //指定默认租期是 600 秒
max-lease-time 7200;                           //指定最大租期是 7200 秒
ddns-update-style none;
log-facility local7;
subnet 192.168.1.0 netmask 255.255.255.0 {
  range 192.168.1.10 192.168.1.245;         //子网地址是 192.168.1.0，地址池范围
                                            //是 192.168.1.10 192.168.1.245
  option domain-name-servers server.lnjd.com;
  option domain-name "lnjd.com";
  option routers 192.168.1.1;                //网关是 192.168.1.1
  option broadcast-address 192.168.1.255;    //广播地址是 192.168.1.255
  default-lease-time 600;
  max-lease-time 7200;
}
  host dns {
   hardware ethernet 74:27:EA:B6:AD:89;
   fixed-address 192.168.1.104;
}
  host mail{
   hardware ethernet 00:0C:29:26:A1:69;
   fixed-address 192.168.1.106;
}
  host web{
   hardware ethernet 00:0C:29:26:A1:70;
   fixed-address 192.168.1.105;
}
```

最后 host 字段设置 DNS 主机声明，当 MAC 地址为 74:27:EA:B6:AD:89 的 DNS 服务器向 DHCP 服务器申请 IP 地址时，DHCP 服务器为该主机分配固定的 IP 地址 192.168.1.104。同理，当物理地址为 00:0C:29:26:A1:69 的邮件服务器申请 IP 地址时，DHCP 服务器为该主机分配固

定的 IP 地址 192.168.1.106；当物理地址为 00:0C:29:26:A1:70 的 Web 服务器申请 IP 地址时，DHCP 服务器为该主机分配固定的 IP 地址 192.168.1.105。

4. DHCP 服务器的调试

DHCP 服务器启动后，如果有客户机申请 IP 地址，会记录在日志中，可以使用命令 *tail /var/log/messages* 将其打印在屏幕上进行查看，如图 6-49 所示。

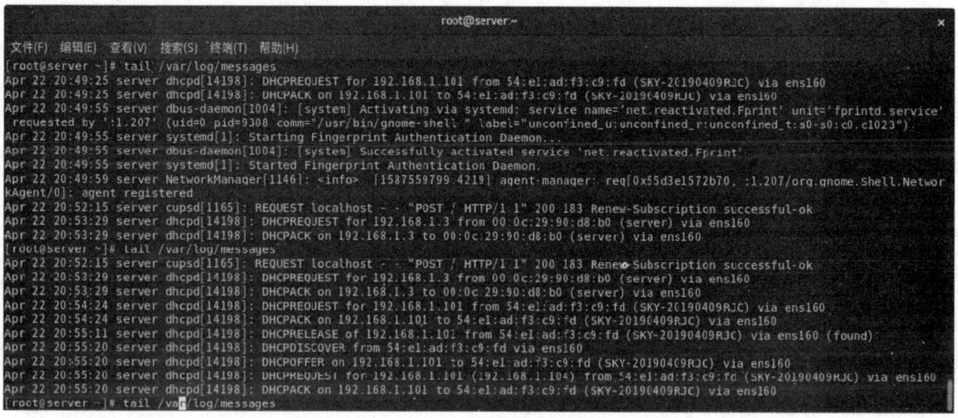

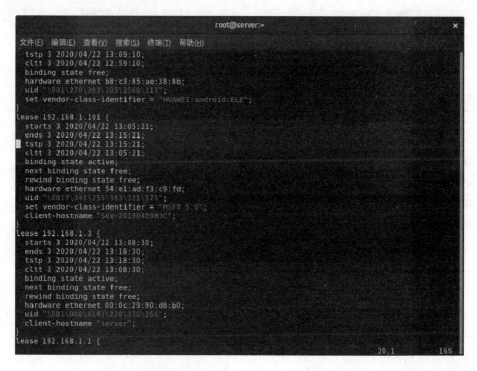

图 6-49　查看日志

从图 6-49 中可以看出，4 月 22 日，DHCP 服务器将 IP 地址 192.168.1.101 分配给主机 SKY。

申请 IP 地址的客户机信息会详细记载在配置文件 dhcpd.leases 中，在"终端"中输入命令 *more /var/lib/dhcpd/dhcpd.leases* 进行查看，结果如图 6-50 所示，可以看到 192.168.1.101 的 IP 地址被分配给客户机名称为 SKY 的计算机。

图 6-50　查看 dhcpd.leases 内容

请扫描二维码观看任务 3 配置 DHCP 服务器。

任务 3
配置 DHCP
服务器

6.3.4　DHCP 客户端使用 DHCP 服务器

管理员配置 DHCP 服务器后，客户机需要申请 IP 地址，这样才能使用 DHCP 服务器提供的服务。如果客户端使用的是 Windows 操作系统，可是在 Internet 协议（TCP／IP）中选择自动获得 IP 地址；如果客户端使用的是 Linux 操作系统，需要修改配置文件/etc/sysconfig/network-script/ifcfg-ens160，自动获得 IP 地址。

1. 使用 Windows 客户端

如果客户端为 Windows 8 操作系统，打开"控制面板"|"网络和 Internet"|"网络和共享中心"|"更改适配器设置"，右击"以太网"并选择"属性"命令，打开"本地连接属性"对话框，如图 6-51 所示，选取"Internet 协议版本 4（TCP／IPv4）"选项，单击"属性"按钮，出现图 6-52 所示的对话框，选择"自动获得 IP 地址"单选按钮，同时选择"自动获得 DNS 服务器地址"单选按钮，就可以获得 DHCP 服务器分配的 IP 地址。

图 6-51　"本地连接属性"对话框

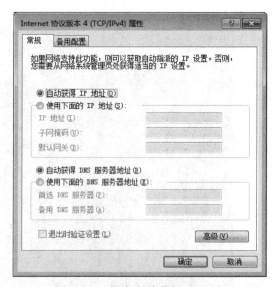

图 6-52　指定自动获得 IP 地址

但是，在该属性中无法查看本机的 IP 地址，要使用"命令提示符"进行操作。在"运行"中输入 *cmd* 或者单击"开始"|"程序"|"附件"|"命令提示符"，出现命令窗口，输入 *ipconfig/all* 命令，查看结果如图 6-53 所示。

可以看到，客户端的 IP 地址是 192.168.1.101，DHCP 服务器是 192.168.1.104，默认网关

是 192.168.1.1，域名是 lnjd.com，与 DHCP 服务器设置一致，说明 DHCP 服务器正常工作。以 Linux 操作系统为平台设置的 DHCP 服务器，为客户机分配 IP 地址时，从地址池可用的范围内从小到大进行分配。

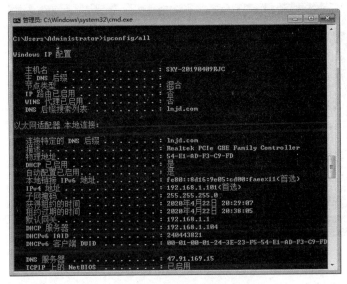

图 6-53　查看自动获得地 IP 地址

为了进一步了解 DHCP 服务器工作过程，使用命令 *ipconfig/release* 命令将 IP 地址释放，如图 6-54 所示，IP 地址没有了，说明 IP 地址已经成功释放。

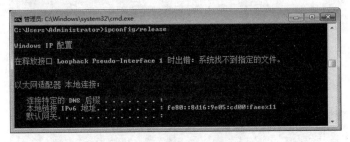

图 6-54　释放 IP 地址

再使用命令 *ipconfig/renew* 重新获得 IP 地址，此地址就是由 DHCP 服务器负责分配，如图 6-55 所示。第一次服务器为客户机分配的 IP 地址是 192.168.1.101，第二次分配时尽量分配相同的 IP 地址，除非该地址已经不在地址池的可用范围内。

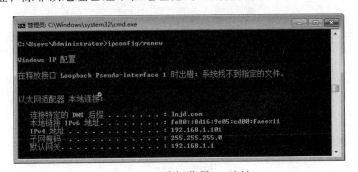

图 6-55　重新获得 IP 地址

2. 使用 Linux 客户端

（1）使用命令 *vi /etc/sysconfig/network-scrips/ifcfg-ens160* 打开文件，将 BOOTPROTO=none 修改为 BOOTPROTO=DHCP，如图 6-56 所示。

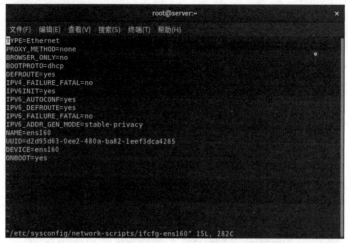

图 6-56　修改 Linux 自动获得 IP 地址

（2）使用命令 *ip link set dev ens160 down* 关闭网卡，再使用命令 *ip link set dev ens160 up* 启动网卡，如图 6-57 所示。

图 6-57　重启网卡，获得 IP 地址

（3）使用命令 *ip a show ens160* 查看获得的 IP 地址，如图 6-58 所示。Linux 客户机获得的 IP 地址是 192.168.1.106。

图 6-58　查看获得 IP 地址

请扫描二维码观看任务 4 DHCP 客户端申请 IP 地址。

任务 4
DHCP 客户端
申请 IP 地址

6.4 项 目 总 结

本项目学习了 DHCP 服务器的建立与管理。DHCP 服务器主要通过配置文件 dhcpd.conf 进行配置，要求掌握服务器的 IP 地址和机器名的设置方法，能够安装服务，根据网络需求进行 DHCP 服务器配置，并能为 Windows 客户端和 Linux 客户端配置 IP 地址。

6.5 项 目 实 训

1. 实训目的
（1）掌握 DHCP 服务器的基本知识。
（2）能够配置 DHCP 服务器。
（3）能够进行客户端验证。

2. 实训环境
（1）Linux 服务器。
（2）Windows 客户机。
（1）Linux 客户机。

3. 实训内容
（1）规划 DHCP 服务器，并画出网络拓扑图。
（2）配置 DHCP 服务器。
① 启动 DHCP 服务。
② IP 地址池的范围是 192.168.1.100 ~ 192.168.1.250。
③ 网关地址：192.168.1.253。
④ 域名服务器地址：192.168.1.252。
⑤ 域名 linux.com。
⑥ 默认租约有效期：1 天；最大租约有效期：3 天。
（3）在客户端进行申请 IP 操作。
在客户端分别使用 Windows 和 Linux 操作系统访问 DHCP 服务器，申请 IP 地址。
（4）设置 DHCP 服务器自动运行。

4. 实训要求
实训分组进行，可以两人一组，小组讨论，确定方案后进行讲解；教师给予指导，全体学生参与评价。方案实施过程中，一台计算机作为 DHCP 服务器，另一台计算机作为客户机，要轮流进行角色转换。

5. 实训总结
完成实训报告，总结项目实施中出现的问题。

6.6 项 目 练 习

一、选择题
1. TCP/IP 协议中，（   ）协议是用来进行 IP 地址自动分配的。
   A. ARP   B. DHCP   C. DNS   D. IP

2. DHCP 服务器配置完成后，（　　　）命令可以启动 DHCP 服务。

    A. systemctl stop dhcpd   B. systemctl restart dhcp

    C. systemctl start dhcpd   D. systemctl start dhcp

3. DHCP 服务器的主配置文件是（　　　）。

    A. smb.conf   B. named.conf   C. dhcpd.conf   D. httpd.conf

4. 为计算机设置 IP 地址的命令是（　　　）。

    A. ipconfig   B. ip address   C. ifdowm   D. ifup

5. 在 Linux 操作系统中，主机名保存在（　　　）配置文件中。

    A. /etc/fstab   B. /etc/network

    C. /etc/sysconfig/network   D. /etc/hostname

6. Linux 系统的以太网卡的配置文件绝对路径名是（　　　）。

    A. /etc/sysconfig/network/ifcfg-ens160

    B. /etc/sysconfig/network/ens160

    C. /etc/sysconfig/network-scripts/ ifcfg-ens160

    D. /etc/sysconfig/network-scripts/ens160

7. 在 Linux 操作系统中，用于设置 DNS 服务器的配置文件是（　　　）。

    A. /etc/resolv.conf   B. /etc/network

    C. /etc/sysconfig/network   D. /etc/hosts

8. DHCP 是动态主机配置协议的简称，其作用是可以使网络管理员通过一台服务器来管理一个网络，自动地为一个网络中的主机分配（　　　）地址。

    A. 网络   B. MAC   C. TCP   D. IP

9. 使用 DHCP 服务器不能为客户端分配（　　　）网络参数。

    A. 默认网关   B. 子网掩码

    C. Web 代理服务器   D. IP 地址

二、填空题

1. DHCP 工作过程包括＿＿＿＿、＿＿＿＿、＿＿＿＿和＿＿＿＿4 种报文。

2. 重启 DHCP 服务器使用命令＿＿＿＿。

3. DHCP 服务就是＿＿＿＿，DHCP 的英文全称是＿＿＿＿。

4. 配置 Linux 客户端需要修改网卡配置文件，将 BOOTPROTO 项内容设置为＿＿＿＿。

5. 设置 DHCP 服务开机自动运行的命令是＿＿＿＿。

6. 在 Windows 环境下，使用＿＿＿＿命令查看 IP 地址配置，使用＿＿＿＿命令释放 IP 地址，使用＿＿＿＿命令获得 IP 地址。

项目⑦

➡ 架设 Samba 服务器

Samba 服务器是实现 Linux 网络和 Microsoft 网络的资源共享的工具。它通过运行 SMB 协议和 Windows 系统通信实现资源共享。

7.1 项 目 描 述

某公司网络管理员要以 Linux 网络操作系统为平台，配置 Samba 服务器，公司网络拓扑如图 7-1 所示，Samba 服务器的 IP 地址是 192.168.1.104。

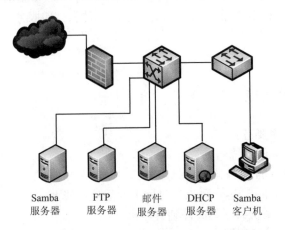

图 7-1　公司局域网

公司的网络管理员为了完成该项目，需要进行网络规划，使用 Samba 作为文件服务器，首先创建共享目录，为所有员工共享文件，使用匿名方式访问 Samba 服务器；再为不同部门的员工创建账号；然后创建共享目录，将不同部门的员工加入不同的组群中；接着配置 Samba 服务器；最后在客户机上访问共享资源，实现员工只能访问自己的主目录和部门资源，不能访问其他部门的资源。

7.2 相 关 知 识

7.2.1 Samba 服务概述

Samba 是在 Linux 和 UNIX 系统上实现 SMB 协议的一个免费软件，由服务器及客户端程序构成。SMB（Server Messages Block，信息服务块）是一种在局域网上共享文件和打印机的通信协议，它为局域网内的不同计算机之间提供文件及打印机等资源的共享服务。SMB 协议是客户机/服务器型协议，客户机通过该协议可以访问服务器上的共享文件系统、打印机及其他资源。

SMB 在 Windows 出现之前就已经存在了。该协议可以追溯到 20 世纪 80 年代，它是由英特尔、微软、IBM、施乐以及 3com 等公司联合提出的。虽然在过去的 20 年中，该协议得到了扩展，但是该协议的基本理论仍然是相同的。

微软已经将 SMB 改名为公共因特网文件系统（Common Internet File System，CIFS）。这在一定程度上是由于它想与最初的基于 NetBIOS 的 SMB 保持一定的距离。最初，NetBIOS 是一个伟大的工具，但是渐渐地显示出该工具无法处理在内部网络中连接到计算机上的全部计算机的个数，或者在因特网上无法显示连接到当前计算机上的计算机的个数。

Samba 也执行了 SMB（或者是 CIFS）的一个版本，这个版本在很大程度上与大多数 Windows 版本兼容。有时候，微软 Samba 系统会出现崩溃，唯一能够让 Samba 重新工作的方法是通过注册表将认证方式改回来。尽管存在这些细小的缺陷，并且这些缺陷在大量集成之后总是会出现，但是无论是从 Windows 连接到 Linux 还是从 Linux 连接到 Windows 机器，Samba 系统对于实现文件和打印服务来说总是很稳定的。

Samba 有两个守护进程：smbd（SMB 守护进程）和 nmbd（NetBIOS 名称服务器）。smbd 用来实现 Windows 客户机能使用 Linux 上的共享的文件和打印服务。尽管 Samba 采用的是 NetBIOS 服务与 SMB 客户共享资源，但底层的网络协议必须是 TCP/IP。Linux 系统上的 Samba 只支持 TCP/IP 协议。

7.2.2　Samba 软件功能

Samba 软件的功能主要有：
（1）共享 Linux 的文件系统。
（2）共享安装在 Samba 服务器上的打印机。
（3）共享资源，Windows 客户可以通过网上邻居使用资源。
（4）使用 Windows 系统共享的文件和打印机。
（5）支持 Windows 域控制器和 Windows 成员服务器对使用 Samba 资源的用户进行认证。
（6）支持 WINS 名字服务器解析和浏览。
（7）支持 SSL 安全套接层协议。

7.2.3　Samba 的配置文件

Samba 服务器的配置主要是通过配置文件 smb.conf 来完成的，该配置文件存放在目录 /etc/samba 中。smb.conf 主要有两个字段：Global 和 Share Definitions。Global 字段用于定义全局参数；Share Definitions 字段用于定义用户的共享，可以根据用户需要定义多个。

1. 全局设置部分（Global）的配置参数

全局设置部分包括一个（Global）段，定义了多个全局参数值。其中常用的全局参数及其含义如表 7-1 所示。

表 7-1　Samba 服务器的全局参数

参　数　名	说　　明
workgroup	设置 Samba 服务器所在的工作组,可以在 Windows 网上邻居中看到该工作组的名称。默认为 SAMBA
security	设置 Samba 的等级安全。Samba 服务器提供了三种安全等级,分别是 user、server、domain,默认为 user。从 samba4.0 开始,不再兼容 share 模式,如果需要设置所有用户匿名访问,使用命令 map to guest = Bad User 或 map to guest = Bad Password
passdb backend	设定用户身份信息的存放方式。有三种方式:smbpasswd、tdbsam 和 ldapsam。默认为 tdbsam
printing	设置打印系统类型。通常的打印机类型包括 bsd、sysv、lprng、plp、hpux、qnx、aix 和 cups 等,默认为 cups
printcap name	选择一个 printcap 文件,默认是 cups
Load printers	设置是否加载 printcap 文件中定义的所有打印机。默认为 yes
cups options	向打印机 CUPS 驱动传递参数

　　全局设置部分的 security 参数对于 Samba 服务器的配置而言是一个十分重要的参数。RHEL 8 中采用 Samba 4.9.1 版本,该版本支持以下三种安全等级:

　　(1)user:由 Samba 服务器负责检查 Samba 用户名和密码,验证成功后用户才能访问相应的共享目录。这是 Samba 服务器默认的安全等级。

　　(2)server:由一台服务器(可以是 Samba 服务器,也可以是 Windows 服务器)进行用户身份认证。此时必须指定负责验证的那个服务器的 NetBIOS 名称。

　　(3)domain:表示该 Samba 服务器在某个 Windows 域中,即该 Samba 服务器作为域中的一台成员服务器,此时身份认证需要到 PDC 或 BDC 上去进行。需要指定 PDC 或 BDC 的 NetBIOS 名称。

2. 共享定义部分的配置参数

　　smb.com 文件的共享定义部分由｛homes｝段、｛printers｝段和若干｛自定义目录｝段组成,各段功能如下:

　　(1)｛homes｝段:定义用户主目录共享。

　　(2)｛printers｝段:定义打印机共享。

　　(3)｛自定义目录｝段:定义用户自定义的目录共享。

　　以上各段中常用的共享资源参数及其含义如表 7-2 所示。

表 7-2　Samba 服务器的共享资源参数

参　数　名	说　　明
comment	设置共享目录的描述信息
path	设置共享目录的路径
browseable	设置是否开放每个共享目录的浏览权限
writeable	设置是否开放写权限
guest ok	设置是否允许 guest 账号访问
read only	设置共享目录是否只可读
public	设置是否对所有用户开放
guest only	设置是否只允许 guest 账号访问
valid user	设置允许访问共享目录的用户

项目 7

架设 Samba 服务器

需要进一步说明的是，Samba 服务器将 Linux 中的部分目录共享给 Samba 用户时，共享目录的权限不仅与 smb.com 文件中设定的共享权限有关，而且还与其本身的文件系统权限有关。Linux 规定，Samba 共享目录的权限是文件系统权限与共享权限中最严格的那种权限。

7.3 项 目 实 施

7.3.1 安装 Samba 服务器

管理员要为公司配置 Samba 服务器，为员工提供资源共享，需要安装 Samba 服务器软件。在安装操作系统过程中，可以选择是否安装 Samba 服务器，如果不确定是否安装了 Samba 服务，可以使用命令进行查询。安装时使用 rpm 命令，需要先挂载光盘。安装完成后，查询安装的文件，并且启动 Samba 服务器，设置 Samba 服务器在下次系统登录时自动运行。

1. 安装查询 Samba 服务软件包

在安装 Red Hat Enterprise Linux 8 时，可以选择是否安装 Samba 服务器。如果不能确定 Samba 服务器是否已经安装，可以在"终端"中输入命令 *rpm –qa | grep samba* 进行验证。如果如图 7–2 所示，说明系统已经安装 Samba 服务器。

```
                                    root@server:~                          ×
文件(E)  编辑(E)  查看(V)  搜索(S)  终端(T)  帮助(H)
[root@server ~]# rpm -qa | grep samba
samba-4.9.1-8.el8.x86_64
samba-common-libs-4.9.1-8.el8.x86_64
samba-common-4.9.1-8.el8.noarch
samba-libs-4.9.1-8.el8.x86_64
samba-client-libs-4.9.1-8.el8.x86_64
samba-client-4.9.1-8.el8.x86_64
samba-common-tools-4.9.1-8.el8.x86_64
[root@server ~]#
```

图 7–2 检测是否安装 Samba 服务

如果安装系统时没有选择 Samba 服务器，需要进行安装。在 Red Hat Enterprise Linux 8 安装盘中带有 Samba 服务器安装程序。

管理员将安装光盘放入光驱后，使用命令 *mount /dev/cdrom /media* 进行挂载，然后使用命令 *cd /media/BaseOS/Packages/* 进入目录，使用命令 *ls | grep samba* 找到安装包，如图 7–3 所示。

然后在"终端"命令窗口运行命令 *rpm –ivh samba–4.9.1–8.el8.x86_64.rpm* 即可开始安装程序，如图 7–4 所示。使用类似的命令安装其他软件包。

因为安装的软件包比较多，使用 rpm 安装比较麻烦，最简单的方法是构建 yum 仓库，这个内容已经在项目 5 软件安装部分讲过，不再赘述。使用命令 *yum –y install samba*安装所有 samba 服务需要的软件包。

2. 启动与关闭 Samba 服务器

Samba 的配置完成后，必须重新启动服务器。

可以在"终端"命令窗口使用命令 *systemctl start smb* 来启动 Samba 服务器，使用命令 *systemctl stop smb* 来关闭 Samba 服务器，使用命令 *systemctl restart smb* 来重新启动 Samba 服务器，如图 7–5 ～图 7–7 所示。

```
                    root@server:/media/BaseOS/Packages                    ×

文件(F)  编辑(E)  查看(V)  搜索(S)  终端(T)  帮助(H)
[root@server ~]# mount /dev/cdrom /media
mount: /media: WARNING: device write-protected, mounted read-only.
[root@server ~]# cd /media/BaseOS/Packages/
[root@server Packages]# ls | grep samba
python3-samba-4.9.1-8.el8.i686.rpm
python3-samba-4.9.1-8.el8.x86_64.rpm
python3-samba-test-4.9.1-8.el8.x86_64.rpm
samba-4.9.1-8.el8.x86_64.rpm
samba-client-4.9.1-8.el8.x86_64.rpm
samba-client-libs-4.9.1-8.el8.i686.rpm
samba-client-libs-4.9.1-8.el8.x86_64.rpm
samba-common-4.9.1-8.el8.noarch.rpm
samba-common-libs-4.9.1-8.el8.x86_64.rpm
samba-common-tools-4.9.1-8.el8.x86_64.rpm
samba-dc-libs-4.9.1-8.el8.x86_64.rpm
samba-krb5-printing-4.9.1-8.el8.x86_64.rpm
samba-libs-4.9.1-8.el8.i686.rpm
samba-libs-4.9.1-8.el8.x86_64.rpm
samba-pidl-4.9.1-8.el8.noarch.rpm
samba-test-4.9.1-8.el8.x86_64.rpm
samba-test-libs-4.9.1-8.el8.x86_64.rpm
samba-winbind-4.9.1-8.el8.x86_64.rpm
samba-winbind-clients-4.9.1-8.el8.x86_64.rpm
samba-winbind-krb5-locator-4.9.1-8.el8.x86_64.rpm
samba-winbind-modules-4.9.1-8.el8.i686.rpm
samba-winbind-modules-4.9.1-8.el8.x86_64.rpm
[root@server Packages]#
```

图 7-3　找到安装包

```
                    root@server:/media/BaseOS/Packages                    ×

文件(F)  编辑(E)  查看(V)  搜索(S)  终端(T)  帮助(H)
[root@server Packages]# rpm -ivh samba-4.9.1-8.el8.x86_64.rpm
警告: samba-4.9.1-8.el8.x86_64.rpm: 头 V3 RSA/SHA256 Signature, 密钥 ID fd431d51: NOKEY
Verifying...                          ################################# [100%]
准备中...                             ################################# [100%]
正在升级/安装...
   1:samba-0:4.9.1-8.el8              ################################# [100%]
[root@server Packages]#
```

图 7-4　安装 Samba 服务器

```
                            root@server:~                            ×

文件(E)  编辑(E)  查看(V)  搜索(S)  终端(T)  帮助(H)
[root@server ~]# systemctl start smb
[root@server ~]#
```

图 7-5　启动 Samba 服务器

```
                            root@server:~                            ×

文件(E)  编辑(E)  查看(V)  搜索(S)  终端(T)  帮助(H)
[root@server ~]# systemctl stop smb
[root@server ~]#
```

图 7-6　停止 Samba 服务器

```
                            root@server:~                            ×

文件(E)  编辑(E)  查看(V)  搜索(S)  终端(T)  帮助(H)
[root@server ~]# systemctl restart smb
[root@server ~]#
```

图 7-7　重新启动 Samba 服务器

项目 7　架设 Samba 服务器

3. 查看 Samba 服务器状态

可以通过命令 *systemctl status smb* 查看 SMB 服务器当前运行的状态，如图 7-8 所示。从图中可以看到 Samba 服务器的状态是 "acitve（running）"，是活跃的状态。

```
                                root@server:~                              x
文件(F) 编辑(E) 查看(V) 搜索(S) 终端(T) 帮助(H)
[root@server ~]# systemctl status smb
 smb.service - Samba SMB Daemon
   Loaded: loaded (/usr/lib/systemd/system/smb.service; disabled; vendor preset>
   Active: active (running) since Tue 2020-05-05 22:44:09 CST; 2min 37s ago
     Docs: man:smbd(8)
           man:samba(7)
           man:smb.conf(5)
 Main PID: 16905 (smbd)
   Status: "smbd: ready to serve connections..."
    Tasks: 5 (limit: 11365)
   Memory: 12.7M
   CGroup: /system.slice/smb.service
           ├─16905 /usr/sbin/smbd --foreground --no-process-group
           ├─16907 /usr/sbin/smbd --foreground --no-process-group
           ├─16908 /usr/sbin/smbd --foreground --no-process-group
           ├─16912 /usr/sbin/smbd --foreground --no-process-group
           └─16918 /usr/sbin/smbd --foreground --no-process-group

5月 05 22:44:09 server smbd[16905]: Unknown parameter encountered: "writeble"
5月 05 22:44:09 server smbd[16905]: [2020/05/05 22:44:09.764509,  0] ../lib/pa>
5月 05 22:44:09 server smbd[16905]: Ignoring unknown parameter "writeble"
5月 05 22:44:09 server smbd[16905]: [2020/05/05 22:44:09.784052,  0] ../lib/uti>
5月 05 22:44:09 server systemd[1]: Started Samba SMB Daemon.
5月 05 22:44:09 server smbd[16905]: daemon_ready: STATUS=daemon 'smbd' finished>
```

图 7-8　查看 SMB 服务器状态

4. 设置开机时自动运行 Samba 服务器

Samba 服务器非常重要，在开机时应该自动启动，以节省每次手动启动的时间，并且可以避免 Samba 服务器没有开启停止服务的情况。

在 "终端" 中输入命令 *systemctl enable smb*，将 Samba 服务设置成开机自动启动，如图 7-9 所示。

```
                                root@server:~                              x
文件(F) 编辑(E) 查看(V) 搜索(S) 终端(T) 帮助(H)
[root@server ~]# systemctl enable smb
Created symlink /etc/systemd/system/multi-user.target.wants/smb.service →/usr/l
ib/systemd/system/smb.service.
[root@server ~]#
```

图 7-9　设置 SMB 服务器自动启动

如果开机自动关闭 Samba 服务，使用命令 *systemctl disable smb*，如图 7-10 所示。

```
                                root@server:~                              x
文件(F) 编辑(E) 查看(V) 搜索(S) 终端(T) 帮助(H)
[root@server ~]# systemctl disable smb
Removed /etc/systemd/system/multi-user.target.wants/smb.service.
[root@server ~]#
```

图 7-10　设置 SMB 服务器自动关闭

请扫描二维码观看任务 1 安装 Samba 服务器。

任务 1
安装 Samba
服务器

7.3.2 配置匿名用户访问 Samba 服务器

为了工作需要，所有员工都能够访问公司的共享资源，这些共享资源安全性要求比较低，所有用户都可以匿名进行访问。将目录/home/samba 作为共享目录，将公司可以提供给用户使用的共享资源都放在该目录下，使用匿名方式访问 Samba 服务器。

1. 创建共享目录，并创建共享文件

使用命令 *mkdir /home/samba* 创建共享文件夹，再使用命令 *touch /home/samba/share*.txt 创建文件，如图 7-11 所示。

```
                        root@server:~                        × 
文件(F) 编辑(E) 查看(V) 搜索(S) 终端(T) 帮助(H)
[root@server ~]# mkdir /home/samba
[root@server ~]# touch /home/samba/share.txt
[root@server ~]# ls /home/samba
share.txt
[root@server ~]# 
```

图 7-11　准备共享文件

2. 修改配置文件，创建匿名用户访问 Samba 共享

使用命令 *vi /etc/samba/smb.conf* 打开 Samba 服务器的主配置文件，将配置文件修改为如图 7-12 所示。

```
[global]
workgroup = workgroup//定义 Samba 服务器所在的工作者是 workgroup
security = user//定义 Samba 服务器的安全等级是 user
map to guest = Bad User  //samba4.0 不再兼容 share 模式，可以使用此项配置，
实现匿名用户访问，也可以设置为 map to guest = Bad Password
[public] //定义 Samba 服务器的共享资源
            comment = Public Stuff//设置共享资源的描述信息
            path = /home/samba//设置共享资源的路径
            public = yes//设置共享资源对所有用户开放
            writable = yes//设置共享资源开放写权限
```

图 7-12　配置匿名用户访问的主配置文件内容

3. 重启 Samba 服务器

使用命令 *systemctl smb restart* 重启 Samba 服务器。

4. 访问共享资源

（1）如果客户机是 Windows 操作系统，则按【Win+R】组合键，打开"运行"对话框，输入 Samba 服务器的 IP 地址，如图 7-13 所示。

单击"确定"按钮后，找到 Samba 服务器，共享文件夹的名称是 public，如图 7-14 所示。

双击 public 文件夹，出现错误提示，如图 7-15 所示。

图 7-13　搜索 Samba 服务器

（2）为了保证 Windows 客户机能够访问 Samba 服务器，将 Guest 账户启动。右击"计算机"并选择"管理"命令，在"计算机管理"对话框中选择"本地用户和组"|"用户"，找

到 Guest 账户，如图 7-16 所示。右击 Guest 账户并选择"属性"命令，将系统默认的"账户已禁用"选项取消，启用 Guest 账户，如图 7-17 所示。

图 7-14　访问 public 共享目录

图 7-15　无法访问

图 7-16　Guest 账户

图 7-17　启用 Guest 账户

（3）为了保证客户机有权限访问服务器，必须确保防火墙允许 SMB 服务。在讲解防火墙具体操作之前，可以将防火墙先关闭，使用命令 *systemctl stop firewalld* 关闭防火墙，如图 7-18 所示，再使用命令 *systemctl disable firewalld* 将防火墙设置为开启关闭状态。否则不能访问 Samba 服务器。

图 7-18　关闭防火墙并设置开机关闭

（4）关闭 selinux 服务。使用命令 *vi /etc/selinux/config*，打开 selinux 的配置文件，将 SELINUX=enforcing 修改为 SELINUX=disable，关闭 selinux 服务，如图 7-19 所示。然后使用命令 *setenforce 0* 临时关闭 selinux，使用命令 *getenforce* 查看 selinux 的状态已经变为 Permissive，禁止状态，如图 7-20 所示。

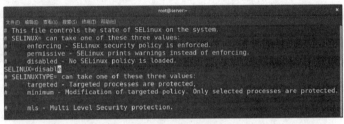

图 7-19　使用配置文件关闭 selinux

图 7-20　查看 selinux 状态

（5）修改配置文件/etc/hosts，添加主机名和 IP 地址映射关系，修改完成后使用命令查看，如图 7-21 所示。

图 7-21　修改/etc/hosts 文件内容

（6）再次双击文件夹 public，这次可以看到共享文件，如图 7-22 所示，这样所有用户就可以访问并使用共享资源。

图 7-22　成功访问共享文件

请扫描二维码观看任务 2 配置匿名用户访问 Samba 服务器。

任务 2
配置匿名用户
访问 Samba
服务器

7.3.3　配置基于 user 级别的 Samba 服务器

为了工作需要，所有员工都能够在公司内流动办公，但不管在哪台计算机上工作，都要把自己的文件数据保存在 Samba 文件服务器上；销售部和财务部都有各自的目录，同一个部门的员工共同拥有一个共享目录，其他部门的员工只能访问在服务器上自己个人的 home 目录；公司的总经理能访问所有部门的资源，但是不能修改；所有用户都不允许使用服务器上的 shell。

销售部有员工 rose 和 john，财务部有员工 mark 和 betty，总经理是 ceo，为所有的员工创建账号和目录，用户默认都在 Samba 服务器上有一个 home 目录，只有认证通过才能看到共享文件，每个用户都不分配 shell。

为销售部和财务部创建不同的组群 sales 和 pad，并且分配目录/home/sales 和/home/pad，把所有的销售部员工加入 sales 组群，财务部员工加入 pad 组群，并且修改两个目录权限分别属于 sales 组群和 pad 组群。总经理 ceo 对目录/home/sales 和/home/pad 可以查看，但不能修改。如果将 ceo 添加到相应的组中，又将具有了写的权限。所以，可以将 ceo 设置为/home/sales 和/home/pad 目录的拥有者，指定这两个目录的权限为 570，即属主具有读取权限，属组具有全部权限，其他用户没有权限。最后通过 Samba 共享/home/sales 和/home/pad。

1. **创建组群 sales 和 pad，为所有的用户创建账号和目录**（不使用 shell）

（1）创建组群 sales 和 pad。

使用命令 *groupadd* 添加组群 sales 和 pad，如图 7-23 所示。

图 7-23　添加组群

（2）为公司所有员工创建账号和目录，不分配 shell。

使用命令 *useradd* 添加用户 rose 和 john 到 sales 组群中，添加用户 mark 和 betty 到 pad 组群中，为用户指定一个不可用的 shell，可以是/bin/false 或者/dev/null，再为公司总经理添加账号 ceo，如图 7-24 所示。

图 7-24　添加用户

用户添加完成后，为用户设置密码，使用命令 *passwd*，如图 7-25 所示，为 5 个账号分别建立密码。

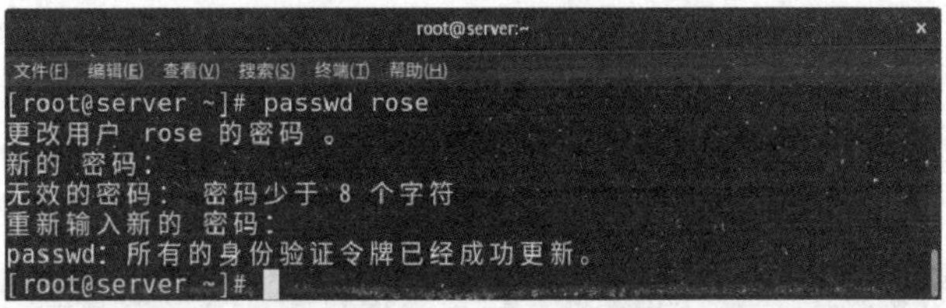

图 7-25　为用户设置密码

（3）添加用户到 Samba 服务器数据库。

添加的用户需要访问 Samba 服务器，必须将用户添加在 Samba 数据库中。

如果 Sambas 服务器设置为匿名访问，可以直接进行登录访问，如果设置为 user 或 server，在 Windows 客户端访问 Samba 服务器时，系统会要求输入用户名和密码。即使输入正确的 Linux 用户名和密码也无法登录，这是因为 Samba 服务器与 Linux 操作系统使用不同的密码文件，所以无法以 Linux 操作系统上的账号密码数据登录到 Samba 服务器，需要将 Linux 系统用户添加到 Samba 数据库中。

使用命令 *smbpasswd* 将系统用户 rose、john、mark、betty 和 ceo 分别添加到 Samba 数据库中，其中添加用户 rose 和 mark 的设置方法如图 7-26 所示。

图 7-26　将用户添加到 Samba 数据库中

2. 创建资源，并修改权限

（1）创建 sales 目录和 pad 目录，并使用命令 *ll-d* 查看目录默认权限，如图 7-27 所示。

图 7-27　创建共享目录

（2）目录默认属于 root 用户和组群，为了使 sales 组群的用户和 pad 组群的用户能够访问资源，需要使用命令 *chgrp* 将资源组权限赋值给相应的组群，如图 7–28 所示。

图 7–28　修改 sales 属组

（3）总经理 ceo 对目录/home/sales 和/home/pad 可以查看，但不能修改。如果将 ceo 添加到相应的组中，将具有写的权限，不能满足要求。这里可以采用将 ceo 设置为目录/home/sales 和/home/pad 的拥有者，使用命令 *chown ceo /home/sales* 和 *chown ceo /home/pad*，并使用命令 *ll –d /home/sales /home/pad*，如图 7–29 所示，属主和属组已经修改成功。

图 7–29　修改 ceo 账户权限

（4）使用命令 *chmod* 将目录的权限修改为 570，保证属主 ceo 对目录具有读取权限，同组群的用户都能读写目录，其他用户没有任何权限，如图 7–30 所示。

图 7–30　修改文件权限

（5）使用命令 *chmod 777 /home/samba* 将目录的权限修改为 777，实现所有用户都能上传文件，如图 7–31 所示。

图 7–31　修改目录权限

3. 使用 Samba 服务器共享资源

编写好的配置文件 smb.conf 的内容如图 7–32 所示。

```
[global]
      workgroup = workgroup
      security = user
      passdb backend = tdbsam
      printing = cups
      printcap name = cups
      load printers = yes
      cups options = raw
 [homes]
      common = Home Directories
      browseable = no
      writable = yes
      valid users = %S
[public]
        path = /home/samba
        guest ok = yes
        writable = yes
[sales]
    path = /home/sales
    comment = sales
    public = no
    valid users = @sales,ceo
    write list = @sales
 [pad]
    path = /home/pad
    comment = pad
    public = no
    valid users = @pad,ceo
    write list = @pad
```

图 7-32　配置文件 smb.conf 的内容

下面逐一介绍配置文件中的内容和作用。

（1）workgroup = workgroup

设置域名或者工作组名称，在 Windows 操作系统中，如果要加入某个工作组或域，右击"我的电脑"，选择"属性"命令，切换到"计算机名"选项卡，选择可以加入的工作组或域；在 Linux 操作系统中，没有这样的图形化工具，只能在配置文件中进行选择工作组，"="后表示工作组名称，设置加入 workgroup 工作组。

（2）security = user/server/domain

share 级别从 samba4.0 版本开始已经不再使用，当客户端需要匿名连接到 Samba 服务器时，不需要输入账号和密码，就可以访问主机上的共享资源，使用命令 map to guest = Bad User 或 map to guest = Bad Password。这种方式是最方便的连接方式，但无法保障数据的安全性。

user 级别：在 Samba 服务器中默认的等级是 user，它表示用户在访问服务器的资源前，必须先用有效的账号和密码进行登录。

server 级别：表示客户端需要将用户名和密码提交到指定的另一台 Windows 服务器或者 Samba 服务器负责。

domain 级别：表示指定 Windows 域控制器来验证用户的账户和密码。

（3）[homes]

```
common = Home Directories
browseable = no
writable = yes
valid users = %S
```

项目 **7**

架设 Samba 服务器

157

[homes]共享目录是 Samba 服务器对用户主目录的默认设置，是比较特殊的共享设置。[homes]目录并不特指某个目录，而是表示 Samba 用户的主目录，即 Samba 用户登录后可以访问同名系统用户的主目录的内容。该内容用来配置用户访问自己的目录，是对用户主目录属性的设置。

[homes]常用配置项的含义如下：

common：针对共享目录所作的说明、注释部分。

browseable：设置为 no 表示所有 Samba 用户的主目录不能被看到，只有登录用户才能看到自己的主目录共享，即只有自己才能看到自己，别人看不到。这样的设置可以加强 Samba 服务器的安全性。

writable：设定共享的资源是否可以写入，设置为 yes 表示用户可对该共享目录写入。

valid users = %S：设定可访问的用户，系统会自动将%S 转换为登录账户。如果要指定特定用户访问，如用户 rose，可以使用命令 *valid users = rose*，如果要指定特定组访问，如 sales 组，可以使用命令 *valid users = @sales*。

（4）[public]
```
path = /home/samba
guest ok = yes
writable = yes
```

[public]是公共目录，所有 Samba 用户都可以进行访问，并且不需要使用账户和密码。

[public]常用配置项的含义如下：

path：用于设置共享目录对应的 Linux 系统目录。

guest ok：设定该共享是否运行 guest 用户访问，public 参数与该参数意义相同。

writable：设定共享的资源是否可以写入，设置为 yes 表示用户可对该共享目录写入。

（5）设置用户自定义的目录共享。

这是完成本任务最关键的配置选项，将目录/home/sales 和/home/pad 通过 Samba 服务器共享。
```
[sales]
        path = /home/sales
        comment = sales
        public = no
        valid users = @sales,ceo
        write list = @sales
```

语句 path = /home/sales 的作用是指定共享目录路径；语句 comment = sales 是目录的描述信息；语句 public = no 的作用是此目录不共享给匿名用户；语句 valid users = @sales 的作用是设定可以访问的有效组身份；语句 write list = @sales 设定可以写权限的组，也可以使用语句 *writeable = yes* 实现同样功能。

目录/home/pad 共享的方法和目录/home/sales 类似。
```
[pad]
        path = /home/pad
        comment = pad
        public = no
        valid users = @pad,ceo
        write list = @pad
```

4. Samba 服务器的调试

testparm 是 Samba 服务器安装后包含的工具，主要作用是测试 smb.conf 配置文件内的语法是否正确，在"终端"中输入命令 *testparm*，如图 7-33 所示。

图 7-33   使用 testparm 命令

这个结果显示配置文件 smb.conf 没有语法错误，如果有语法错误，按照提示进行修改，直到完全正确为止。但是，没有语法错误不代表 Samba 服务器工作正常。

请扫描二维码观看任务 3 配置基于 user 级别的 Samba 服务器。

任务 3
配置基于 user
级别的 Samba
服务器

7.3.4   Samba 客户端连接服务器

在 Samba 服务器设置完成后，利用客户端进行测试，以确保 Samba 服务器设置成功。如果客户端使用的是 Windows 操作系统，利用"网上邻居"找到 Samba 服务器，输入用户名和密码就可以访问用户的主目录和所在的组共享资源；如果客户端使用的是 Linux 操作系统，需要使用命令 smbclient 查看和访问 Samba 服务器上的共享资源。

1. 使用 Linux 客户端访问 Samba 服务器

（1）使用 smbclient 命令查看共享资源。

smbclient 命令是一种类似 FTP 客户端的软件，它可以用来连接 Windows 或 Samba 服务器上的共享资源，在"终端"中输入命令 *smbclient –L 192.168.1.104 –U rose* 进行登录，成功登录后如图 7-34 所示。

图 7-34　使用 smbclient 命令连接共享资源

　　登录后看到/home/sales 目录和/home/pad 目录。参数 L 后接服务器的 IP 地址或者主机名称，参数 U 后接登录的用户名，可以使用%直接加密码，也可以只输入用户名，然后按照提示输入密码，出现和图 7-28 相同的登录窗口。如果使用 rose 用户登录，除了能看到/home/sales 目录和/home/pad 目录，还能看到用户自己的主目录 rose。

　　（2）访问共享目录。

　　在"终端"中输入命令 *smbclient //192.168.1.104/sales −U rose%123*，如图 7-35 所示，进入 sales 目录，使用命令 *ls* 可以看到该目录下有文件 sales.txt 和 rosetest.txt。

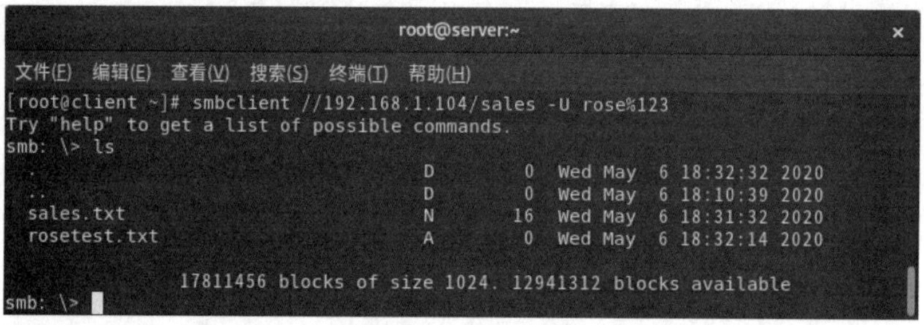

图 7-35　使用 smbmount 挂载共享目录

　　（3）使用命令 *get sales.txt* 下载文件 sales.txt，成功，如图 7-36 所示，使用命令 *! ls* 查看客户机上的文件，可以看到文件已经成功下载，如图 7-37 所示。在命令前加上"!"，表示在客户机上执行该命令。

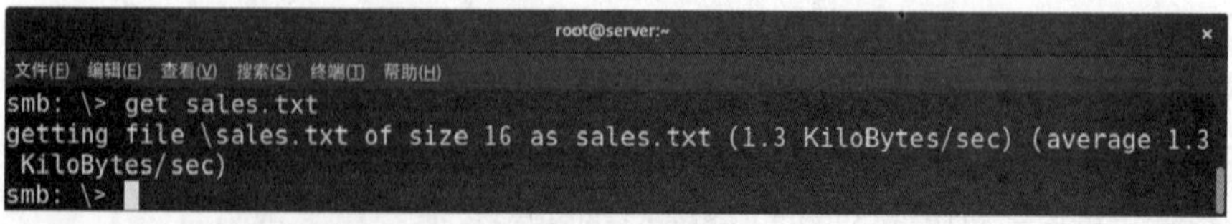

图 7-36　下载文件

图 7-37　查看下载的文件

（4）使用命令 *put sales20* 上传文件 sales20，使用命令 *ls* 查看服务器上的文件，可以看到文件已经成功上传，如图 7-38 所示。

图 7-38　上传成功

2. **使用 Windows 客户端访问 Samba 服务器**

（1）在"运行"中输入"\\192.168.1.104"，要求输入用户名和密码，输入用户"rose"和密码，如图 7-39 所示。

图 7-39　输入身份验证

（2）进入后，看到用户 rose 主目录，用户所在组的/home/sales 目录和/home/pad 目录，如图 7-40 所示。

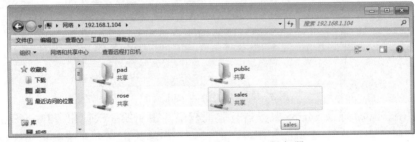

图 7-40　rose 登录到 Samba 服务器

（3）双击进入 rose 主目录，登录成功，出现图 7-41 所示的窗口，可以看到在用户 rose 的主目录中有一个 rose.txt 文件。

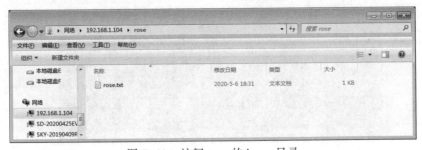

图 7-41　访问 rose 的 home 目录

用户 rose 可以在办公时，将自己的文件存储在 home 目录中，建立一个名称为 test 的文本文件，如果成功，说明用户对自己的目录具有写权限，如图 7-42 所示。

图 7-42　创建文件成功

（4）使用用户 rose，可以访问目录/home/sales，如图 7-43 所示，同样可以进行写操作。这样，同组的用户可以共同操作/home/sales 目录，进行资源共享。

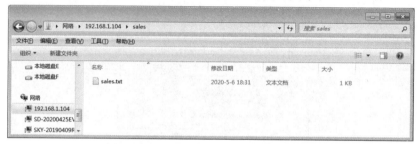

图 7-43　用户 rose 访问组群 sales 资源

（5）使用用户 rose 访问目录/home/pad，出现"无法访问"提示，提示没有权限访问，如图 7-44 所示。这说明用户 rose 没有权限访问其他组的资源，实现了系统安全。

图 7-44　无法访问 pad 资源

（6）使用账户 ceo 登录 Samba 服务器，验证权限。由于第一次使用账户 rose 登录，输入了用户名和密码，当再次登录 Samba 服务器时，就不用输入用户名和密码了，这样就无法切换到账户 ceo。打开命令提示符，输入命令 *net use * /del /y*，删除所有远程连接，如图 7-45 所示。

图 7-45　删除所有远程连接

再次输入\\192.168.1.104，提示输入用户名和密码，如图 7-46 所示，输入用户名 ceo 和密码后，看到图 7-47 所示的共享资源。双击 sales 文件夹，能看到资源，如图 7-48 所示，但是想修改文件时失败，出现图 7-49 所示提示，说明 ceo 用户只能查看文件，不能进行修改，权限设置生效，实现了安全。

图 7-46　输入 ceo 用户名和密码

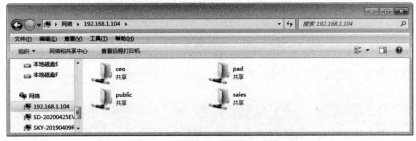

图 7-47　查看访问的资源

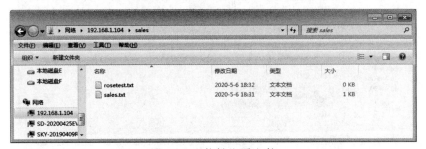

图 7-48　能够查看文件

图 7-49　不能修改文件

（7）为了访问方便，不必每次访问时都通过"网上邻居"进行连接，可以将服务器上的共享资源映射为网络驱动器。右击"网上邻居"，在弹出的快捷菜单中选择"映射网络驱动器"命令，出现图 7-50 所示对话框，选择一个驱动器号，例如 Z，文件夹位置输入"\\192.168.1.104\sales"，其中 192.168.1.104 是 Samba 服务器的 IP 地址，sales 是共享目录，单击"完成"按钮，要求输入用户名和密码，输入之后完成。

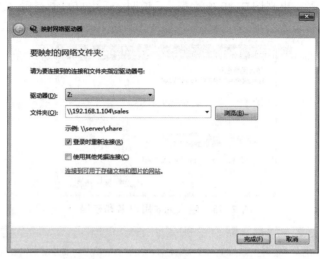

图 7-50　映射网络驱动器

映射了网络驱动器后，即可以在"计算机"｜"网络位置"中访问共享资源，如图 7-51 所示。

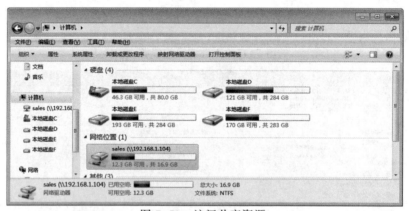

图 7-51　访问共享资源

请扫描二维码观看任务 4 Samba 客户端连接服务器。

任务 4
Samba 客户端
连接服务器

7.4 项 目 总 结

本项目学习了 Samba 服务器的建立与管理。Samba 服务器主要通过配置文件 smb.conf 进行配置，要求掌握匿名方式访问 Samba 服务器和基于 user 级别配置 Samba 服务器，实现员工在公司的流动办公，能访问用户自己的主目录和同组的共享资源，不能访问其他部门的资源，并能在 Windows 客户端和 Linux 客户端使用共享资源。

7.5 项 目 实 训

1. 实训目的
（1）掌握 Samba 服务器的基本知识。
（2）能够配置 Samba 服务器。
（3）能够在客户端使用 Samba 服务器。

2. 实训环境
（1）Linux 服务器。
（2）Windows 客户机。
（3）Linux 客户机。

3. 实训内容
（1）规划 Samba 服务器的共享资源，分配资源使用者的权限，并画出网络拓扑图。
（2）配置 Samba 服务器。
（3）使用 Linux 客户端进行验证。
（4）使用 Windows 客户端进行验证。
（5）设置 Samba 服务器自动运行。

4. 实训要求
实训分组进行，可以两人一组，小组讨论，确定方案后进行讲解；教师给予指导，全体学生参与评价。方案实施过程中，一台计算机作为 Samba 服务器，另一台计算机作为客户机，要轮流进行角色转换。

5. 实训总结
完成实训报告，总结项目实施中出现的问题。

7.6 项 目 练 习

一、选择题

1. Samba 服务器配置完成后，（   ）命令可以启动 Samba 服务。
   A. systemctl stop smb
   B. systemctl restart samba
   C. systemctl start smb
   D. systemctl start samba

2. Samba 服务器的主配置文件是（   ）。
   A. smb.conf
   B. named.conf
   C. dhcpd.conf
   D. httpd.conf

3. 使用（   ）命令能正确卸载软件包 samba–4.9.1–8.el8.x86_64.rpm。
   A. rpm –ivh samba–4.9.1–8.el8.x86_64.rpm

B. rpm –d samba–4.9.1–8.el8.x86_64.rpm

C. rpm –e samba–4.9.1–8.el8.x86_64.rpm

D. rpm –D samba–4.9.1–8.el8.x86_64.rpm

4. 将本地用户添加到 Samba 服务器数据库的命令是（　　　）。

    A. smbpasswd　–g　　　　　　　　　　B. useradd –a

    C. smbpasswd　–a　　　　　　　　　　D. groupadd –a

5. 利用（　　　）命令可以对 Samba 的配置文件进行测试。

    A. smbclient　　　　B. smbpasswd　　　　C. testparm　　　　D. smbmount

6. Samba 服务器的默认安全级别是（　　　）。

    A. share　　　　　　B. user　　　　　　　C. server　　　　　D. domain

7. 使用 Samba 服务器，一般来说，可以提供（　　　）服务。（选择两项）

    A. 域名服务　　　　　　　　　　　　　B. 文件共享服务

    C. 打印服务　　　　　　　　　　　　　D. IP 地址解析服务

二、填空题

1. Samba 有两个守护进程，分别是_____和_____。

2. 重启 Samba 服务器可使用命令_____。

3. Samba 服务的安全级别有_____、_____和_____。

4. Samba 的配置文件一般放在_____目录中，主配置文件名称是_____。

5. 设置 Samba 服务开机自动运行的命令是_____。

6. smb.conf 配置文件中包含的两部分内容是_____和_____。

NFS 是网络文件系统（Network File System）的简称。与 Samba 服务器一样，NFS 也可以提供不同操作系统的文件共享服务，主要用于在 Linux 网络中挂载远程文件系统，其功能类似于 Windows 操作系统的文件共享。

8.1 项 目 描 述

某公司网络管理员要以 Linux 网络操作系统为平台，配置 NFS 服务器，公司网络拓扑如图 8-1 所示，NFS 服务器的 IP 地址是 192.168.1.104。

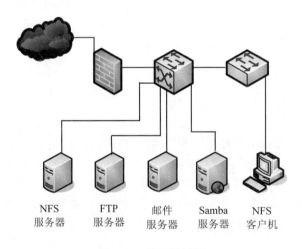

| NFS | FTP | 邮件 | Samba | NFS |
| 服务器 | 服务器 | 服务器 | 服务器 | 客户机 |

图 8-1 公司局域网

公司的网络管理员为了完成该项目，需要配置 NFS 服务器，实现销售部和财务部能共享使用公司资源，在客户端访问 NFS 服务器，使用共享资源。

8.2 相 关 知 识

8.2.1 NFS 概述

NFS 最初是由 Sun 公司于 1984 年开发的，它是一种分布式文件系统，主要功能就是让网络上的 Linux 主机可以共享目录和文件。

NFS 的原理是：在客户端上，通过网络将远程主机共享的文件系统利用安装（mount）的方式加入本机的文件系统，此后的操作就像在本机操作一样，这样每台客户机工作时就不需要将所有的文件都复制到本机上，提升了资源的利用率，节省了磁盘空间，也方便进行资源的集中管理。NFS 工作原理如图 8-2 所示。

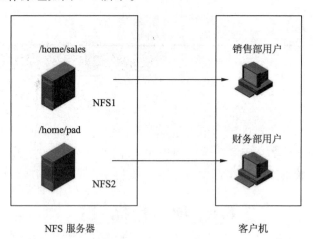

图 8-2　NFS 工作原理

图 8-2 中，NFS 服务器提供共享资源 home/sales 和/home/pad，可以根据公司规模确定服务器数量，可以由一台服务器承担所有共享资源，也可以由多台服务器提供服务，形成分布式文件系统。用户安装 Linux 操作系统，在办公时，在客户端进行目录安装，访问服务器上的文件就像访问本地资源一样方便。

8.2.2　NFS 守护进程

使用 NFS 服务，至少需要启动以下两个系统守护进程：

（1）nfs-utils：包含 NFS 服务器端守护进程和 NFS 客户端相关工具。

（2）rpcbind：主要功能是进行端口映射工作，当客户端使用 NFS 服务器提供服务时，rpcbind 会将所有管理的端口与服务对应的端口提供给客户端操作系统，这样客户端就可以利用这些端口正常地与服务器进行数据交流。

8.2.3　NFS 的配置文件

NFS 服务器的配置主要是通过配置文件/etc/exports 来完成的，该配置文件定义了 NFS 系统的输出目录（共享目录）、访问权限和运行访问的主机等参数。该文件默认内容为空，没有配置任何共享目录，这提高了系统的安全性。

/etc/exports 文件中每一行提供了一个共享目录的位置，其命令格式为：

输出目录　　客户端 1（选项 1,选项 2,…）　　客户端 2（选项 1,选项 2,…）

其中：

（1）输出目录：指 NFS 系统中需要共享给客户端使用的目录。

（2）客户端：指网络中可以访问这个 NFS 输出目录的计算机，可以是一个或者多个。其表示方法可以为单个主机的 IP 地址或域名，也可以是某个子网或者域名，如果为"*"或者省略，则表示所有的主机。

（3）选项：用来设置输出目录的访问权限、用户映射等。/etc/exports 文件的选项比较多，一般可分为三类：访问权限选项、常规选项和用户映射选项。各主要选项及说明如表 8–1 所示。

表 8–1 /etc/exports 文件中的选项及说明

分　类	选　项	说　明
访问权限	ro	设置输出目录为只读
	rw	设置输出目录为读写
常规	secure	限制客户端只能从小于 1 024 的 TCP/IP 端口连接 NPS 服务器（默认）
	insecure	允许客户端从大于 1 024 的 TCP/IP 端口连接 NPS 服务器
	sync	将数据同步保存在内存缓冲区与磁盘中
	async	将数据先保存在内存缓冲去中，必要时才写入磁盘
	wdelay	检查是否有相关的写操作，如果有则将这些写操作一起执行（默认）
	no_wdelay	若有写操作则立即执行，应与 sync 配合使用
	subtree_check	若输出目录是一个子目录，则 NFS 服务器将检查其父目录的权限（默认）
	no_subtree_check	即使输出目录是一个子目录，NFS 服务器也检查其父目录的权限
用户映射	all_squash	将远程访问的所有普通用户及所属用户组都映射为匿名用户或用户组（一般均为 nfsnobody）
	no_all_squash	不将远程访问的所有普通用户及所属用户组映射为匿名用户或用户组（默认）
	root_squash	将 root 用户及所属用户组都映射为匿名用户或用户组
	no_ root_squash	不将 root 用户及所属用户组都映射为匿名用户或用户组
	anonuid=xxx	将远程访问的所有用户都映射为匿名用户，并指定该匿名用户账户为本地用户账户（UID=xxx）
	anonuid=xxx	将远程访问的所有用户组都映射为匿名用户组账户，并指定该匿名用户组账户为本地用户组账户（GID=xxx）

8.3　项 目 实 施

8.3.1　安装 NFS 服务器

　　管理员要为公司配置 NFS 服务器，为员工提供资源共享，需要安装 NFS 服务器软件。在安装操作系统过程中，可以选择是否安装 NFS 服务器，如果不确定是否安装了 NFS 服务，使用命令进行查询。安装时使用 rpm 命令，需要先挂载光盘。安装完成后，查询安装的文件，并且启动 NFS 服务器，设置 NFS 服务器在下次系统登录时自动运行。

　　1. 安装 NFS 服务软件包

　　在安装 Red Hat Enterprise Linux 8 时，可以选择是否安装 NFS 服务器。如果不能确定 NFS 服务器是否已经安装，可以采取在"终端"中输入命令 *rpm –qa | grep nfs* 和命令 *rpm –qa | grep rpcbind* 进行验证。如果如图 8–3 所示，说明系统已经安装 NFS 服务器。

图 8-3　检测是否安装 NFS 服务

如果安装系统时没有选择 NFS 服务器，需要进行安装。在 Red Hat Enterprise Linux 8 安装盘中带有 NFS 服务器安装程序。

管理员将安装光盘放入光驱后，使用命令 *mount /dev/cdrom /media* 进行挂载，然后使用命令 *cd /media/BaseOS/Packages* 进入目录，使用命令 *ls | grep nfs 和 ls | grep rpc* 找到安装包，如图 8-4 所示。

```
                              root@server:/media/BaseOS/Packages                    ×
文件(F) 编辑(E) 查看(V) 搜索(S) 终端(T) 帮助(H)
[root@server ~]# mount /dev/cdrom /media
mount: /media: WARNING: device write-protected, mounted read-only.
[root@server ~]# cd /media/BaseOS/Packages
[root@server Packages]# ls | grep nfs
libnfsidmap-2.3.3-14.el8.i686.rpm
libnfsidmap-2.3.3-14.el8.x86_64.rpm
libstoragemgmt-nfs-plugin-1.6.2-9.el8.noarch.rpm
libstoragemgmt-nfs-plugin-clibs-1.6.2-9.el8.x86_64.rpm
nfs4-acl-tools-0.3.5-0.el8.x86_64.rpm
nfs-utils-2.3.3-14.el8.x86_64.rpm
sssd-nfs-idmap-2.0.0-43.el8.x86_64.rpm
[root@server Packages]#
```

图 8-4　找到安装包

然后在"终端"命令窗口运行命令 *rpm –ivh　nfs-utils–2.3.3–14.el8.x86_64.rpm*、*rpm–ivh rpcbind–1.2.5–3.el8.x86_64.rpm* 安装 NFS 需要的软件包。

因为安装的软件包比较多，使用 rpm 安装比较麻烦，最简单的方法是构建 yum 仓库，这个内容已经在软件安装部分讲过，不再赘述，使用命令 *yum –y install nfs-utils rpcbind* 安装所有 NFS 服务需要的软件包，如图 8-5 所示。

```
                              root@server:/media/BaseOS/Packages                    ×
文件(F) 编辑(E) 查看(V) 搜索(S) 终端(T) 帮助(H)
[root@server Packages]# yum -y install nfs-utils rpcbind
Updating Subscription Management repositories.
Unable to read consumer identity
This system is not registered to Red Hat Subscription Management. You can use subscriptio
n-manager to register.
local                                           0.0 B/s |   0 B     00:00
同步仓库 'local' 缓存失败，忽略这个 repo。
上次元数据过期检查: 1 day, 23:49:08 前，执行于 2020年05月05日 星期二 22时18分58秒。
Package nfs-utils-1:2.3.3-14.el8.x86_64 is already installed.
Package rpcbind-1.2.5-3.el8.x86_64 is already installed.
依赖关系解决。
===================================================================================
 软件包          架构        版本              仓库        大小
===================================================================================
Upgrading:
 nfs-utils       x86_64      1:2.3.3-26.el8    base        472 k
 rpcbind         x86_64      1.2.5-4.el8       base         70 k

事务概要
===================================================================================
升级 2 软件包
```

图 8-5　使用 yum 安装软件包

2. 启动与关闭 NFS 服务器

NFS 的配置完成后，必须启动 NFS 服务器。

可以在"终端"命令窗口使用命令 *systemctl start nfs-server* 来启动，使用命令 *systemctl stop nfs-server* 来关闭，使用命令 *systemctl restart nfs-server* 来重新启动 NFS 服务器，如图 8-6 ~ 图 8-8 所示。

图 8-6　启动 NFS 服务器

图 8-7　停止 NFS 服务器

图 8-8　重新启动 NFS 服务器

3. 查看 NFS 服务器状态

可以通过命令 *systemctl status nfs-server* 查看 NFS 服务器目前运行的状态，如图 8-9 所示。从图中可以看到 NFS 服务器的状态是"acitve（running）"，是活跃的状态。

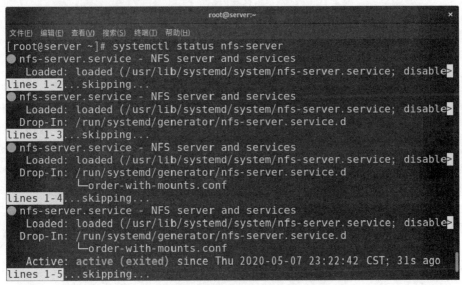

图 8-9　查看 NFS 服务器状态

4. 设置开机时自动运行 NFS 服务器

NFS 服务器非常重要，在开机时应该自动启动，来节省每次手动启动的时间，并且可以避免 NFS 服务器没有开启停止服务的情况。

在"终端"中输入命令 *systemctl enable nfs-server*，将 NFS 服务设置成开机自动启动，如图 8-10 所示。

```
                          root@server:~                          ×
文件(F) 编辑(E) 查看(V) 搜索(S) 终端(T) 帮助(H)
[root@server ~]# systemctl enable nfs-server
Created symlink /etc/systemd/system/multi-user.target.wants/nfs-server.
service →/usr/lib/systemd/system/nfs-server.service.
[root@server ~]#
```

图 8-10　设置 NFS 服务器自动启动

如果开机自动关闭 NFS 服务，使用命令 *systemctl disable nfs-server*，如图 8-11 所示。

```
                          root@server:~                          ×
文件(F) 编辑(E) 查看(V) 搜索(S) 终端(T) 帮助(H)
[root@server ~]# systemctl disable nfs-server
Removed /etc/systemd/system/multi-user.target.wants/nfs-server.service.
[root@server ~]#
```

图 8-11　设置 NFS 服务器自动关闭

请扫描二维码观看任务 1 安装 NFS 服务器。

任务 1
安装 NFS
服务器

8.3.2　配置 NFS 服务器

为了工作方便，销售部和财务部都能流动办公，可以访问公司 NFS 服务器上共享的资源。具体共享资源要求：

（1）共享/home/share 目录，允许 192.168.1.0/24 网段的计算机访问该共享目录，可进行读写操作。

（2）为销售部创建目录/home/sales，该目录除允许 192.168.1.0/24 网段的用户访问外，也向 Internet 提供数据内容，设置该目录为只读。

（3）为财务部创建目录/home/pad，允许该目录作为 192.168.1.0/24 网段主机利用该目录作为上传目录，其中/home/pad 的用户和所属组为 padupload，UID 和 GID 均为 82。

（4）共享/home/ceodata 目录，允许公司 *ceo* 用户利用 IP 地址为 192.168.1.106 主机对该共享目录拥有读写权限。

1. 创建共享目录

使用命令 *mkdir /home/share*、*mkdir /home/sales*、*mkdir /home/pad*、*mkdir /home/coedata*

创建共享文件夹，并使用命令 *ls /home* 查看创建的结果，如图 8-12 所示。

图 8-12　准备共享目录

2. 创建测试文件

使用 touch 命令在共享目录中准备共享资源 share1.txt、sales1.txt、pad1.txt 和 ceodata.txt，如图 8-13 所示。

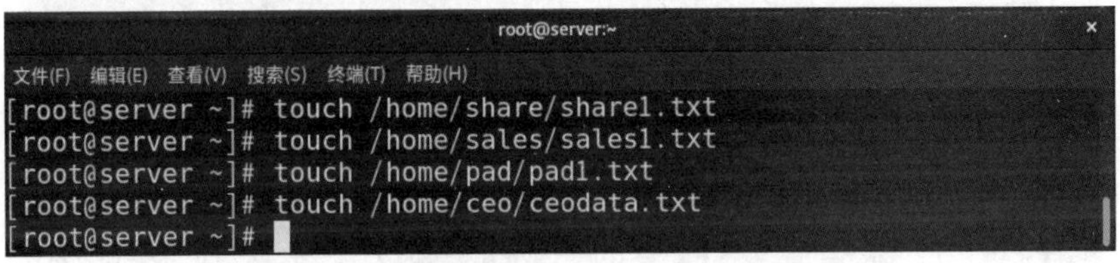

图 8-13　创建共享资源

3. 修改文件权限

（1）修改/home/share 目录权限，该目录允许 192.168.1.0 网段的用户访问，用户登录到 NFS 服务器时，使用的是匿名用户，也就是其他用户，拥有读写操作的权限，所以将该目录权限修改为 777，使用命令 *chmod 777 /home/share*，如图 8-14 所示，并使用命令 *ll -d /home/share*，可以看到权限有 755 修改为 777。

图 8-14　修改 share 目录权限并查看

（2）修改/home/sales 目录权限，设置为只读权限，使用命令 *ll -d /home/sales* 查看权限，默认是 755，其他用户权限就是 755，所以不用修改。

（3）修改/home/pad 目录权限，首先创建组和用户，由于指定了 GID 和 UID，创建时需要使用参数修改默认值。使用命令 *groupadd -g 82 padupload* 创建组 *padupload*，指定 GID 是 82，使用命令 *useradd -g 82 -u 82 -M padupload* 创建用户，使用命令 *tail -1 /etc/passwd* 查看该用户创建成功，UID 和 GID 都是 82，如图 8-15 所示。

图 8-15　创建用户和组 padupload

使用命令 *chown padupload.padupload /home/pad* 将目录/home/pad 的用户和所属组都修改为 padupload，使用命令 *ll –d /home/pad* 查看，修改成功，如图 8-16 所示。

图 8-16 修改目录 pad 属主和属组

（4）修改/home/ceodata 目录权限，首先使用命令 *useradd ceo* 创建用户，使用命令 *passwd ceo* 设置密码，如图 8-17 所示。

图 8-17 创建用户 ceo

ceo用户对目录/home/ceodata具有读写权限，其他用户没有任何权限，使用命令 *chmod 700 /home/ceodata* 修改权限，再使用命令 *ll –d /home/ceodata* 查看权限，修改完成。将该目录的属主和属组修改为 ceo，使用命令 *chown –R ceo.ceo /home/ceodata*，同时将该目录下的子文件夹和子文件一并修改，最后再使用命令 *ll –d /home/ceodata* 查看属主和属组，使用命令 *ll /home/ceodata* 查看目录下的文件权限也一并修改成功，如图 8-18 所示。

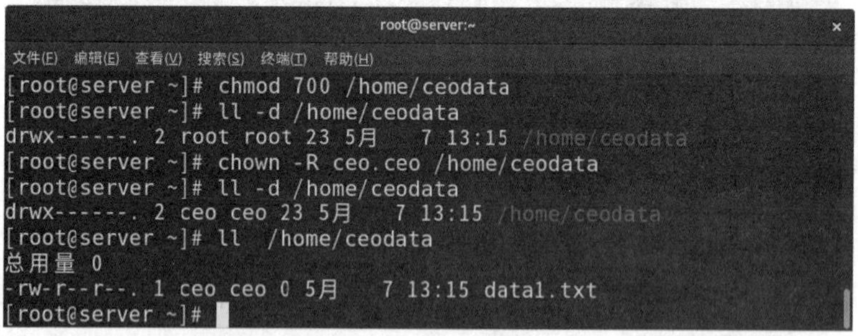

图 8-18 修改 ceodata 权限

4. 修改配置文件，创建共享

使用命令 *vim /etc/exports* 打开 NFS 服务器的主配置文件，将配置文件修改为如图 8-19 所示。管理员根据需求，将/home/share 目录的权限设置为读写，不将 root 用户及所属用户组都映射为匿名用户或用户组，使用 root 用户权限进行使用；将/home/sales 目录的权限设置为来自 192.168.1.0 网段的用户拥有只读权限，向 Internet 提供服务的权限设置为只读，并将远程访问的所有普通用户及所属用户组都映射为匿名用户或用户组 nfsnobody；将/home/pad 目录的权限设置为读写，并将远程访问的所有普通用户及所属用户组都映射为匿名用户或用户组

nfsnobody，同时指定匿名账户的 UID 和 GID 都为 82；将/home/ceo 目录的权限设置为读写。

图 8-19　配置 NFS 主配置文件内容

5. 重启 NFS 服务器

使用命令 *systemctl restart nfs* 重启 NFS 服务器。

6. 测试 NFS 服务器

在 NFS 服务器配置完成并正确启动之后，还要对其进行测试，以检查服务器是否配置正确，是否能正常工作。

通过查看/var/lib/nfs/etab 文件，就可以了解到真正输出目录时使用了什么选项，使用命令 *cat /var/lib/nfs/etab* 查看，内容如图 8-20 所示。

图 8-20　查看/var/lib/nfs/etab 内容

请扫描二维码观看任务 2 配置 NFS 服务器。

任务 2
配置 NFS
服务器

8.3.3　NFS 客户端连接服务器

在 NFS 服务器设置完成后，利用客户端进行测试，以确保 NFS 服务器设置成功。NFS 服务器设置完成后，网络中的计算机在使用该文件系统前必须先挂载该文件系统，使用完成后及时卸载文件系统。公司员工可以通过 mount 命令将可用的共享目录挂载到本机文件系统中，也可以通过在/etc/fstab 文件中加入相应内容实现开机自动挂载。

1. 查看 NFS 服务器共享资源

在客户端挂载 NFS 服务器的共享目录前，可以使用命令 showmount 查看 NFS 服务器上的共享资源，以及是否允许本机连接到相应的共享目录，使用命令 *showmount –e 192.168.1.104* 查看 NFS 服务器上的共享目录，如图 8–21 所示。

```
                            root@server:~                         ×
文件(F)  编辑(E)  查看(V)  搜索(S)  终端(T)  帮助(H)
[root@client ~]# showmount -e 192.168.1.104
Export list for 192.168.1.104:
/home/ceodata 192.168.1.106/24
/home/pad     192.168.1.0/24
/home/sales   (everyone)
/home/share   192.168.1.0/24
[root@client ~]#
```

图 8–21　查看 NFS 服务器共享资源

2. 挂载 NFS 服务器输出目录

（1）挂载目录。

查看 NFS 服务器的共享资源后，就可以将共享资源挂载到本地文件系统中。使用命令 *mkdir /mnt/sales* 和 *mkdir /mnt/pad* 创建两个目录，作为本地挂载目录，再使用命令 *mount –t nfs 192.168.1.104:/home/sales /mnt/sales* 将 NFS 服务器 192.168.1.104 上的共享资源/home/sales 挂载到本地文件系统/mnt/sales 目录下，使用命令 *mount –t nfs 192.168.1.104:/home/pad /mnt/pad* 将 NFS 服务器 192.168.1.104 上的共享资源/home/pad 挂载到本地文件系统/mnt/pad 目录下，最后使用命令 *ls* 进行查看，如图 8–22 所示。挂载成功后，发现在文件系统下有文件 sales1.txt 和 pad.txt，这个文件实际上是在 NFS 服务器的共享目录/home/sales 和/home/pad 下，这样就实现了使用网络资源/home/sales 和/home/pad 就像使用本地资源一样。

```
                            root@server:~                         ×
文件(F)  编辑(E)  查看(V)  搜索(S)  终端(T)  帮助(H)
[root@client ~]# mkdir /mnt/sales
[root@client ~]# mkdir /mnt/pad
[root@client ~]# mount -t nfs 192.168.1.104:/home/sales /mnt/sales
[root@client ~]# mount -t nfs 192.168.1.104:/home/pad /mnt/pad
[root@client ~]# ls /mnt/sales
sales1.txt
[root@client ~]# ls /mnt/pad
pad1.txt
[root@client ~]#
```

图 8–22　使用 mount 命令挂载共享资源

（2）验证权限。

目录/home/sales 的权限是只读，使用 *cd /mnt/sales* 命令进入 sales 目录，查看到该目录下有文件 sales1.txt，使用命令 *cp sales1.txt ~* 复制到用户的家目录，并查看，可以看到用户 root 的家目录中有了 sales1.txt 文件，说明复制成功，读权限没有问题，如图 8–23 所示。

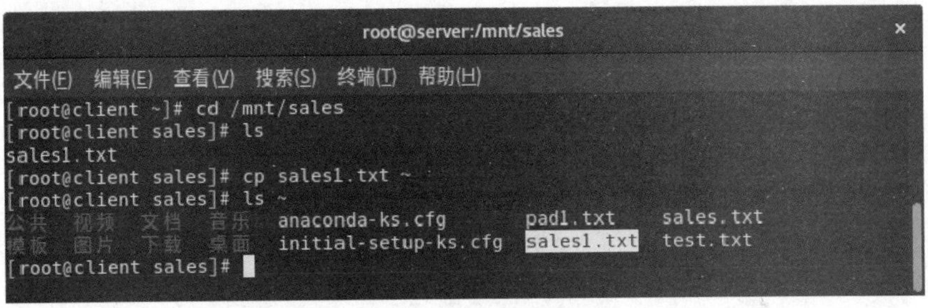

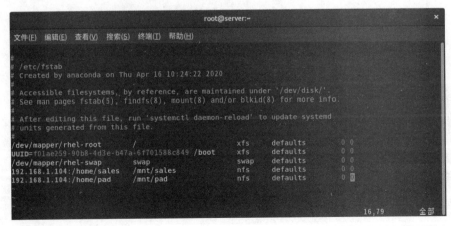

图 8-23 验证读权限成功

然后使用命令 *cp ~/anaconda. –ks.cfg .* 将家目录中的文件复制到当前目录/home/sales 中，提示无法创建文件，再使用命令 *rm –rf sales1.txt* 删除文件，也同样提示只读文件系统，无法删除，说明该目录是只读权限，不能创建文件也不能删除文件，如图 8-24 所示。

图 8-24 验证写权限成功

（3）自动挂载。

如果每次使用 NFS 服务器上的共享资源都需要挂载，比较麻烦，所以在文件/etc/fstab 中增加两行内容：

```
192.168.1.104:/home/sales  /mnt/sales   nfs   defaults 0 0
192.168.1.104:/home/pad    /mnt/pad     nfs   defaults 0 0
```

如图 8-25 所示，即可实现开机自动挂载。

图 8-25 实现自动挂载

3. 卸载 NFS 服务器输出目录

如果共享资源使用结束，可以使用命令 umount /mnt/sales 或者 umount /mnt/pad 卸载目录的共享。

请扫描二维码观看任务 3NFS 客户端连接服务器。

任务 3
NFS 客户端
连接服务器

8.4 项 目 总 结

本项目学习了 NFS 服务器的建立与管理。NFS 服务器主要通过配置文件 exports 进行配置，要求掌握配置 NFS 服务器的方法，实现员工在公司的流动办公，能访问共享资源，并能在 Linux 客户端使用共享资源。

8.5 项 目 实 训

1. 实训目的
（1）掌握 NFS 服务器的基本知识。
（2）能够配置 NFS 服务器。
（3）能够在客户端使用 NFS 服务器。

2. 实训环境
（1）Linux 服务器。
（2）Linux 客户机。

3. 实训内容
（1）规划 NFS 服务器的共享资源，分配资源使用者的权限，并画出网络拓扑图。
（2）配置 NFS 服务器。
（3）使用 Linux 客户端进行验证。
（4）设置 NFS 服务器自动运行。

4. 实训要求
实训分组进行，可以两人一组，小组讨论，确定方案后进行讲解；教师给予指导，全体学生参与评价。方案实施过程中，一台计算机作为 NFS 服务器，另一台计算机作为客户机，要轮流进行角色转换。

5. 实训总结
完成实训报告，总结项目实施中出现的问题。

8.6 项 目 练 习

一、选择题
1. NFS 服务器配置完成后，（   ）命令可以启动 NFS 服务。
    A. systemctl stop nfs   B. systemctl stop nfs-server

C. systemctl start nfs   D. systemctl start nfs-server

2. NFS 服务器的主配置文件是（   ）。

    A. smb.conf   B. named.conf

    C. exports   D. httpd.conf

3. （   ）命令能正确卸载软件包 nfs-utils-2.3.3-14.el8.x86_64.rpm。

    A. rpm –ivh nfs-utils-2.3.3-14.el8.x86_64.rp

    B. rpm –d nfs-utils-2.3.3-14.el8.x86_64.rpm

    C. rpm –e nfs-utils-2.3.3-14.el8.x86_64.rpm

    D. rpm –D nfs-utils-2.3.3-14.el8.x86_64.rpm

4. 在服务器配置好 NFS 文件系统后，在客户机上可以通过（   ）方法使用 NFS 共享资源。（选择两项）

    A. 用户使用 mount 命令手动安装

    B. 用户使用 create 命令手动安装

    C. 配置/etc/fstab 文件，在系统启动时自动安装远程文件系统

    D. 配置/etc/exports 文件，在系统启动时自动安装远程文件系统

二、填空题

1. NFS 的守护进程有_____和_____。

2. 重启 NFS 服务器使用命令_____。

3. 设置 NFS 服务开机自启的命令是_____。

4. NFS 的配置文件一般放在_____目录中，主配置文件名称是_____。

→ 架设 DNS 服务器

互联网上的计算机用 IP 地址作为自己的唯一标识，但是访问某个网站时，一般在地址栏中输入的是名称，而不是 IP 地址，如 www.hao123.com，这样就可以浏览相应的网站。为什么不用输入 IP 地址也能找到相应的计算机呢？这就是域名系统（Domain Name System，DNS）的作用。用户通过 IP 地址浏览互联网非常不方便，而记住有意义的名称比较容易。当用户输入名称的时候，DNS 将名称转换为对应的 IP 地址，找到计算机，再把网页传回给用户的浏览器，用户就看到了网页内容。

9.1 项 目 描 述

某公司网络管理员要以 Linux 网络操作系统为平台，建设 DNS 服务器、邮件服务器、Web 服务器和 FTP 服务器，规划服务器地址和域名，使公司员工能够使用域名访问 Web 服务器和 FTP 服务器。公司的域名为 lnjd.com，DNS 服务器的 IP 地址是 192.168.1.104，公司网络拓扑如图 9-1 所示。

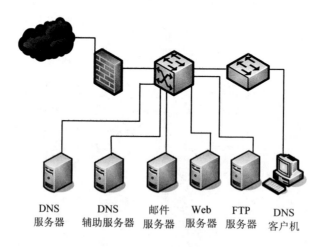

| DNS 服务器 | DNS 辅助服务器 | 邮件服务器 | Web 服务器 | FTP 服务器 | DNS 客户机 |

图 9-1　公司局域网

公司的网络管理员为了完成该项目，需要进行网络规划，因为公司规模限制，两个 Web 服务器的 IP 地址分别设置为 192.168.1.104 和 192.168.1.105，FTP 服务器 IP 地址设置为 192.168.1.104，DNS 服务器的 IP 地址设置为 192.168.1.104，邮件服务器的 IP 地址设置为 192.168.1.106。

首先利用 DNS 服务器建立公司域名 lnjd.com，然后添加记录 web1.lnjd.com、web2.lnjd.com、mail.lnjd.com 和 ftp.lnjd.com，使用户能够使用域名 web1.lnjd.com 和 web2.lnjd.com 访问公司网

站，使用域名 ftp.lnjd.com 访问 FTP 站点，使用域名 mail.lnjd.com 访问邮件服务器，最后在客户端进行验证。

9.2 相 关 知 识

9.2.1 因特网的命名机制

1. 域名结构

ARPANET 初期，整个网络上的计算机数量不多，只有几百台，所有计算机的主机名字和相应的 IP 地址都放在一个名称为 host 的文件中，输入主机名，查找 host 文件，很快就可以找到对应的 IP 地址。

但是随着因特网的飞速发展，很快覆盖全球，计算机的数量巨大，如果还用一个文件来存放计算机名字和对应的 IP 地址，必然会导致计算机负担过重而无法工作。1983 年，因特网采用分布式的域名系统 DNS 来管理域名。域名结构由多个层次组成：

顶级域名.二级域名.三级域名.四级域名...

2. 域名分类

顶级域名有三类，分别是地理顶级域名、国际顶级域名和通用顶级域名。

（1）地理顶级域名。地理顶级域名代表国家或地区的代码，现在使用的国家或地区的顶级域名有 200 个左右。例如，.cn 代表中国，.us 代表美国，.uk 代表英国， .nl 代表荷兰，.jp 代表日本。

（2）国际顶级域名。采用.int，国际性的组织可在.int 下注册。

（3）通用顶级域名。.com 表示公司企业，.edu 表示教育机构，.net 表示网络服务机构，.org 表示非营利性组织，.gov 表示政府部门，.mil 表示军事部门。

顶级域名由 ICANN 管理，顶级域名管理二级域名。我国将二级域名分为两类：

（1）类别域名。我国的类别域名有 6 个，.ac 表示科研机构，.com 表示工、商、金融企业，.net 表示互联网络、接入网络的信息中心和运行中心，.gov 表示政府部门，.edu 表示教育机构，.org 表示非营利性组织。

（2）行政区域名。行政区域名共 34 个，使用于各省、自治区、直辖市和特别行政区。例如，.bj 表示北京市，.he 表示河北省，.ln 表示辽宁省，.sh 表示上海市，.xj 表示新疆维吾尔自治区。

二级域名管理三级域名，在二级域名.edu 下申请三级域名由中国教育和科研计算机网络中心负责，例如：清华大学为 tsinghua，复旦大学为 fudan，北京大学为 pku。其他二级域名下申请三级域名由中国互联网网络信息中心管理。

图 9-2 将因特网的域名空间列出了一部分。

从图 9-2 可以看出，如果复旦大学有一台主机名称为 mail，那么这台主机的域名就是 mail.fudan.edu.cn。如果其他单位也有一台主机叫做 mail，由于它们的上级域名不同，所以可以保证域名不重复。

项目 9 架设 DNS 服务器

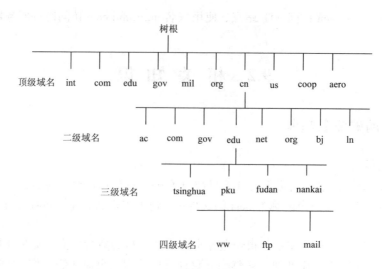

图 9-2　因特网域名结构举例

3.　域名系统构成

域名系统由三部分组成，分别是域名空间和相关资源记录、DNS 名称服务器、DNS 解析器。

（1）域名空间和相关资源记录（RR）：它们构成了 DNS 分布式数据库系统。

（2）DNS 名称服务器：是一台维护 DNS 的分布式数据库系统的服务器，用来查询该系统以完成来自 DNS 客户机的查询请求。

（3）DNS 解析器：DNS 客户机中的一个进程，用来帮助客户端访问 DNS 系统，发出名称查询请求获得解析的结果。

9.2.2　域名查询模式

域名解析有两种方式，分别为：

（1）递归解析：客户机的解析器送出查询请求后，DNS 服务器必须告诉解析器正确的数据，也就是 IP 地址，或者通知解析器找不到其所需数据。如果 DNS 服务器内没有所需要的数据，则 DNS 服务器会代替解析器向其他 DNS 服务器查询。客户机只需接触一次 DNS 服务器系统，就可得到域名对应的 IP 地址。

（2）迭代解析：解析器送出查询请求后，若该 DNS 服务器中不包含所需数据，它会告诉客户机另外一台 DNS 服务器的 IP 地址，使解析器自动转向另外一台 DNS 服务器查询，依此类推，直到查到所需数据。

例如，用户要访问域名为 web1.lnjd.com 的主机，本机的应用程序收到域名后，解析器首先向自己知道的本地 DNS 服务器发出请求。如果采用的解析方式是递归解析，先查询自己的数据库，有此域名与 IP 地址的对应关系，就返回 IP 地址，如果本地数据库没有，则该 DNS 服务器向它知道的其他 DNS 服务器发出请求，直到解析完成，将结果返回给解析器；若采用的解析方式是反复解析，则本地 DNS 服务器在本地数据库中没有找到该信息时，它将有可能找到该 IP 地址的其他域名服务器地址告诉解析器应用程序，解析器将再次向被告知的域名服务器发出请求查询，如此反复，直到查到为止。

9.2.3 BIND 介绍

当前各个操作系统平台大都使用 BIND 软件提供 DNS 服务功能。BIND 是 Internet 上最常用的 DNS 服务器软件,几乎占到所有 DNS 服务器的九成。BIND 现在由互联网系统协会(Internet System Consortium)负责开发和维护。BIND 主要有 BIND4、BIND8 和 BIND9 几个版本,在 RHEL 8 中默认使用的是 BIND9 版本。

BIND 服务器的软件包是 bind,为了加强 BIND 的安全性,最好安装 bind-chroot 软件包。使用了 chroot 机制后,根目录默认为/var/named/chroot,这样,即使 BIND 出现漏洞被非法入侵,入侵者获得的目录是/var/named/chroot,无法进入系统的其他目录中,从而加强了 BIND 的安全性。

9.2.4 BIND 配置文件结构

BIND 的全局配置文件是 named.conf,在没有使用 chroot 机制时,该文件位于/etc 目录下;如果使用了 chroot 机制,该文件位于/var/named/chroot/etc 目录下。

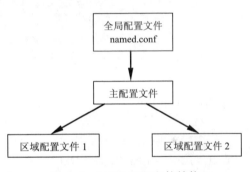

除了全局配置文件外,DNS 服务器还有若干主配置文件和区域配置文件。当 BIND 启动时,首先读取全局配置文件中 BIND 的相关配置信息,其中最主要的信息是主配置文件的存放路径,然后读取区域配置文件中的 DNS 记录,完成域名解析工作。BIND 配置文件结构如图 9-3 所示。

图 9-3　BIND 配置文件结构

9.3 项 目 实 施

9.3.1 安装 DNS 服务器

在安装操作系统过程中,可以选择是否安装 DNS 服务器,如果不确定是否安装了 DNS 服务,可以使用命令进行查询。安装时使用 rpm 命令,需要先挂载光盘。安装完成后,查询安装的文件,并且启动 DNS 服务器,设置 DNS 服务器在下次系统登录时自动运行。

1. 安装 DNS 服务软件包

在安装 Red Hat Enterprise Linux 8 时,可以选择是否安装 DNS 服务器。如果不能确定 DNS 服务器是否已经安装,可以采取在“终端”中输入命令 *rpm -qa | grep bind* 进行验证。图 9-4 所示的界面说明系统已经安装 DNS 服务器主程序包。

如果安装系统时没有选择 DNS 服务器,需要进行安装。在 Red Hat Enterprise Linux 8 安装盘中带有 DNS 服务器安装程序。

BIND 软件包主要包含以下几个软件:

(1)bind-9.11.4-16.P2.el8.x86_64.rpm:该包是 DNS 服务的主程序包,服务器必须安装此

程序包。

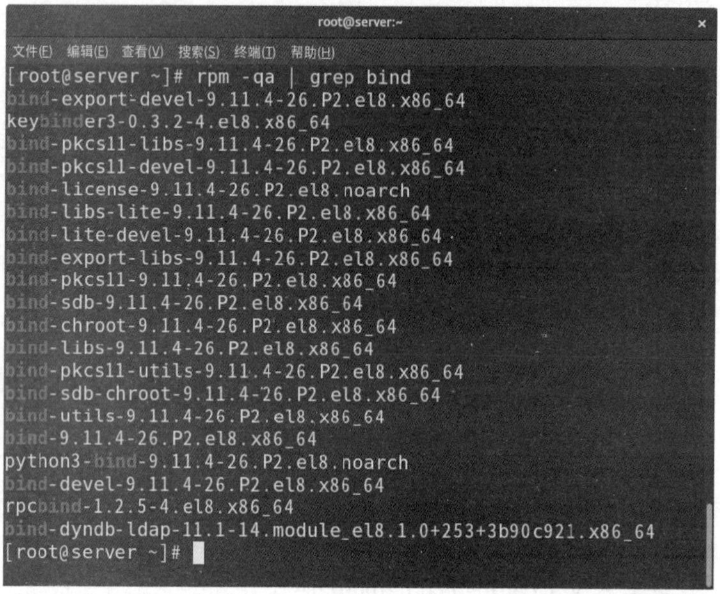

图 9-4　检测是否安装 DNS 服务

（2）bind-chroot-9.11.4-16.P2.el8.x86_64.rpm：该包用于改变程序执行时根目录的位置，安装该包后，服务器的路径变为/var/named/chroot，保护了服务器的安全。

（3）bind-libs-9.11.4-16.P2.el8.x86_64.rpm：该包是 bind 动态链接库文件。

（4）bind-utils-9.11.4-16.P2.el8.x86_64.rpm：该包是 bind 服务的常用软件包。

管理员将安装光盘放入光驱后，使用命令 *mount /dev/cdrom /media* 进行挂载，然后使用命令 *ls /media/AppStream/Packages /grep bind* 查看软件包，如图 9-5 所示。

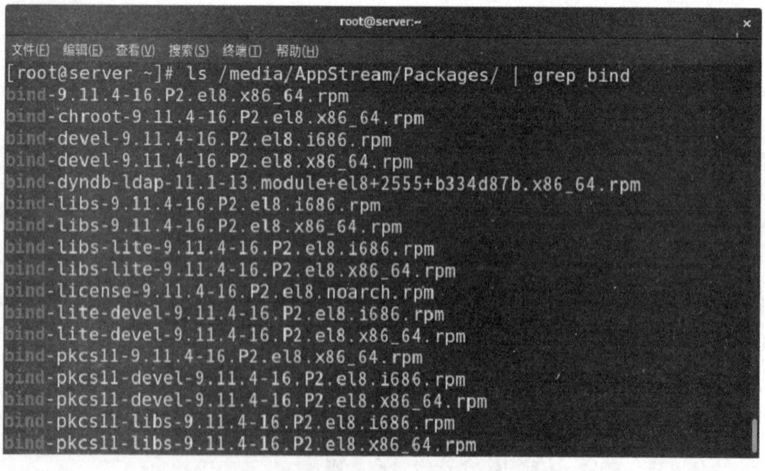

图 9-5　查询 DNS 安装包

运行命令 *rpm –ivh　bind-9.11.4–16.P2.el8.x86_64.rpm* 即可开始安装程序。使用类似的命令 *rpm –ivh　bind-chroot-9.11.4–16.P2.el8.x86_64.rpm*、*rpm –ivh　bind–libs-9.11.4-16.P2.el8.x86_64.rpm*、*rpm –ivh　bind-utils–9.11.4–16.P2.el8.x86_64.rpm* 安装其他软件包。

或者直接使用命令 *rpm –ivh bind*.rpm* 一次性安装所有 bind 软件包。

因为安装的软件包比较多，解决软件包依赖关系很麻烦，使用 rpm 安装比较麻烦，最简单的方法是构建 yum 仓库，这个内容已经在项目 5 软件安装部分讲过。不再赘述。使用命令 *yum –y install bind**安装所有 DNS 服务需要的软件包，如图 9-6 所示。因为软件包已经安装完成，所以系统提示依赖关系解决，无须任何处理，如果没有安装软件包，系统会自动安装好所有的命令。

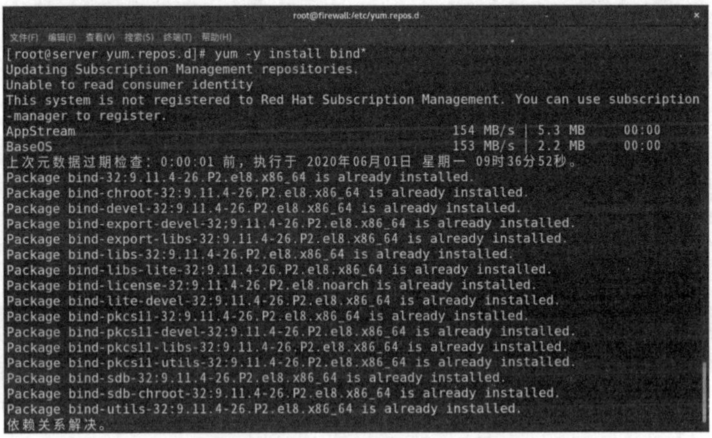

图 9-6　使用 yum 安装 DNS 服务

在安装完 DNS 服务后，可以查看安装后产生的文件，如图 9-7 所示。

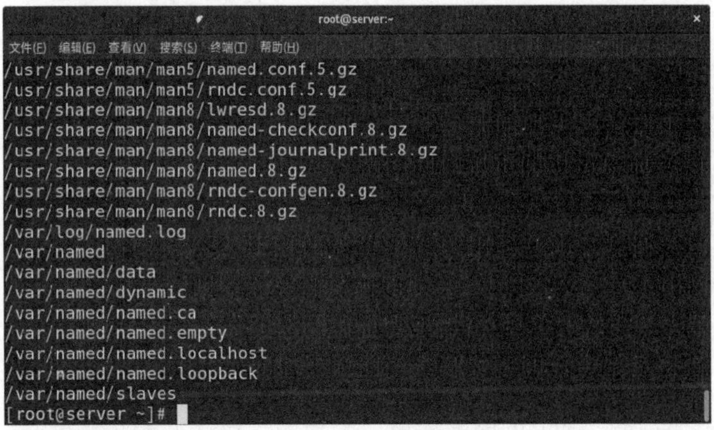

图 9-7　查询安装的文件

在上述的文件中，最重要的文件有：

（1）/etc/named.conf：全局配置文件。

（2）/etc/named.rfc1912.zones：主配置文件，定义区域。

（3）/var/named/named.localhost：本地正向数据库文件。

（4）/var/named/named.loopback：本地逆向数据库文件。

（5）/var/named/slaves：辅助域名服务器上有该文件，存放是从主域名服务器上下载的数据文件。

（6）/usr/sbin/named–checkconf：检查配置文件工具。

2. 启动与关闭 DNS 服务器

DNS 的配置完成后，必须重新启动服务器。

可以在"终端"命令窗口使用命令 *systemctl start named* 来启动 DNS 服务器，使用命令 *systemctl stop named* 来关闭 DNS 服务器，使用命令 *systemctlrestart named* 来重新启动 DNS 服务器，如图 9-8 ~ 图 9-10 所示。

图 9-8　启动 DNS 服务器

图 9-9　停止 DNS 服务器

图 9-10　重新启动 DNS 服务器

3. 查看 DNS 服务器状态

可以通过命令 *systemctl status named* 查看 DNS 服务器当前运行的状态，如图 9-11 所示。从图中可以看到 DNS 服务器的状态是 "acitve（running）"，是活跃的状态。

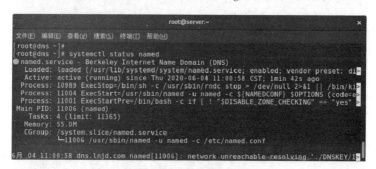

图 9-11　查看 DNS 服务器状态

4. 设置开机时自动运行 DNS 服务器

DNS 服务器是非常重要的服务，在开机时应该自动启动，来节省每次手动启动的时间，并且可以避免 DNS 服务器没有开启停止服务的情况。

在"终端"中输入命令 *systemctl enable named*，将 DNS 服务设置成开机自动启动，如图 9-12 所示。

图 9-12　设置 DNS 服务器自动启动

如果开机自动关闭 DNS 服务，使用命令 *systemctl disable named*，如图 9-13 所示。

图 9-13　设置 DNS 服务器自动关闭

请扫描二维码观看任务 1 安装 DNS 服务器。

9.3.2　配置 DNS 服务器

为公司提供域名解析服务，在 DNS 服务器上为公司建立区域名 lnjd.com，使用域名 ftp.lnjd.com 访问公司 FTP 站点，使用域名 web1.lnjd.com 和 web2.lnjd.com 访问公司网站，使用域名 mail.lnjd.com 访问邮件服务器。

首先修改 DNS 服务器的名称和主 DNS 服务器，然后编辑全局配置文件 named.conf，配置相关参数，并将主配置文件的路径定义为 named.zones，在主配置文件中定义正向区域文件名称为 lnjd.com.zone，反向区域文件名称为 1.168.192.zone，接着创建正向区域文件，添加记录 web1.lnjd.com、web2.lnjd.com、mail.lnjd.com 和 ftp.lnjd.com，再创建反向区域文件，添加指针记录，实现反向解析服务。

1. 为 DNS 服务器设置 IP 地址和机器名

（1）使用命令 *ip address add 192.168.1.104/24 dev ens160* 将 DNS 服务器的 IP 设置为 192.168.1.104。

（2）使用命令 *hostname dns.lnjd.com* 或者 *hostnamectl set-hostname dns.lnjd.com* 将 DNS 服务器的名称设置为 dns.lnjd.com。

2. 编写配置文件/etc/resolv.conf，修改主 DNS 服务器

如果要保证 DNS 服务器配置完成后能正常工作，需要将主 DNS 服务器指向网络中的 DNS 服务器的 IP 地址。

使用 Vim 编辑器打开/etc/resolv.conf 文件，/etc/resolv.conf 文件用来设置网络中 DNS 服务器的 IP 地址。/etc/resolv.conf 文件的内容如图 9-14 所示。

```
search lnjd.com
nameserver 192.168.1.104
```

图 9-14　客户端配置文件

（1）domain 命令。

domain 命令用来定义所属网域，后接域名 lnjd.com，此命令专用在 DNS 服务器的 /etc/resolv.conf 配置文件中。

（2）namesever 命令。

nameserver 命令用来定义域名服务器，后接域名服务器的 IP 地址，如本网络中是 192.168.1.104，用户可以设置多个域名服务器，如果第一个服务器不能提供服务就自动使用第二个服务器。/etc/resolv.conf 配置文件的内容是：

```
domain lnjd.com
nameserver 192.168.1.104
```

3. 配置全局配置文件 named.conf

RHEL 8 版本的操作系统，全局配置文件 named.conf 在目录/etc 下，使用命令 *vim /etc/named.conf* 打开文件，如图 9–15 所示。

```
    options {
        listen-on port 53 { 127.0.0.1; };//设置 BIND 监听的地址和端口，默认
                                          //只监听本机，修改为 listen-on port 53 { any;}
        listen-on-v6 port 53 { ::1; };
        directory        "/var/named";     //设置区域数据库文件的存储目录，如果安装了
                                           //bind-chroot，实际的工作目录是
                                           //var/named/chroot/var/named
        dump-file        "/var/named/data/cache_dump.db";//设置缓存 dump
                                                         //数据库文件
        statistics-file "/var/named/data/named_stats.txt";//设置 bind 服务状态文件
        memstatistics-file "/var/named/data/named_mem_stats.txt";//设置内存
                                                                 //状态文件
        allow-query     { localhost; }; //允许查询的主机，默认只允许查询本机
                                        //修改为 allow-query  { any; }
        recursion yes;                  //可以递归查询
        dnssec-enable yes;              //返回 DNSSEC
        dnssec-validation yes;          //使用 DNSSEC 做认证
        dnssec-lookaside auto;          //设定 DNSSEC 后备结点
        bindkeys-file "/etc/named.iscdlv.key";
        managed-keys-directory "/var/named/dynamic";
    };
    logging {                       //日志配置
    channel default_debug {         //配置日志通道
    file "data/named.run "
    severity dynamic };
        };
    };
zone "." IN {                   //定义"."根区域
  type hint;                    //定义区域类型为提示类型
  file "named.ca "              //指定该区域的数据库文件为//named.ca};
include "/etc/named.rfc1912.zones";//指定主配置文件路径和名称，修改为
                                   //include "/etc/named.zones"
include "/etc/named.root.key";
```

图 9–15　全局配置文件内容

全局配置文件 named.conf 分为三部分。

（1）options 部分。

用于指定 BIND 服务的参数，常用的参数包括：

① listen：指定 BIND 监听的 DNS 查询请求的本机 IP 地址及端口。

② Directory：指定区域配置文件所在的路径。其默认值是/var/named，如果安装了 chroot，该路径就是一个相对路径，绝对路径是/var/named/chroot/var/named。

③ allow–query：指定接受 DNS 查询请求的客户端。

（2）logging 部分。

用于指定 BIND 服务的日志参数。

（3）根域部分。

用于指定根域和主配置文件存放路径及名称，常用的参数有以下几个：

① type hint：定义区域类型。

② file "named.ca "：指定该区域的数据库文件为 named.ca。

③ include：用于指定主配置文件。默认的文件/etc/named.rfc1912.zones 是主配置文件的模板文件，修改主配置文件为/etc/named.zones。

4. 配置主配置文件 name.zones

在目录/etc 下有 named.rfc1912.zones 文件，这是主配置文件模板，使用命令 *cp –p /etc/named.rfc1912.zones /etc/named.zones* 将该文件命名为 name.zones（该名称是在全局配置文件中由参数 include 进行的定义），保留原有权限，即该文件的属组是 named，如图 9–16 所示。

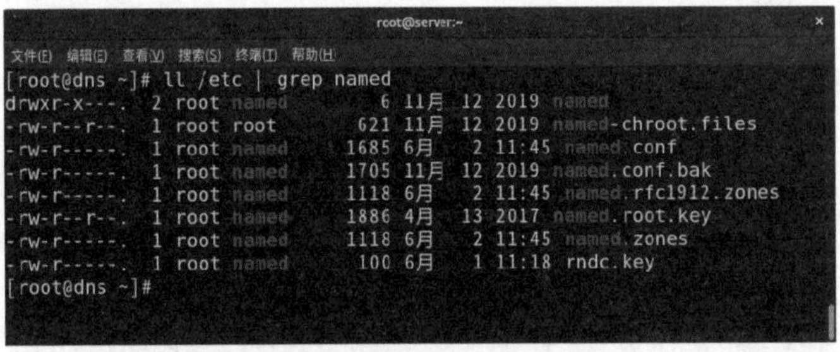

图 9–16　准备主配置文件

使用命令 *vim named.zones* 在 Vim 编辑器打开配置文件，在该文件末尾添加区域内容，如图 9–17 所示。

图 9–17　主配置文件内容

下面逐一介绍这个配置文件中的内容。

（1）定义正向解析区域文件。

```
zone "lnjd.com" IN {
      type master;
      file "lnjd.com.zone";
      allow-update { none; };
};
```

在这个区域定义了进行 DNS 服务的主服务器，DNS 数据库的文件为"lnjd.com.zone"。数据库文件可以称为主查询文件。通过查询主查询文件，可以由 DNS 域名查询 IP 地址。

在这个解析区域有三个设置项目：

① type 设置掌管本域的 DNS 服务器类型。有三种类型：master、Slave、Hint。

master 服务器是这个域的 master server，掌管第一手的 DNS 数据。每个域一定有一个 master server 负责；slave 服务器的数据由 master 服务器传送备份而来；hint 这个类型表示区域是根域 "."，就是整个因特网的最高层。

简单理解即是：master 表示定义的是主域名服务器；slave 表示定义的是辅助域名服务器；hint 表示是互联网中根域名服务器。

② file 用来指定具体存放 DNS 记录的文件。这个文件的位置是相对于 option 中设置的 directory 的相对路径。"lnjd.com.zone"文件在系统中的绝对路径是/var/named，如果安装了 chroot 机制，那么 "lnjd.com.zone" 文件在系统中的绝对路径就是 /var/named/chroot/var/named/lnjd.com.zone。

（2）定义反向解析区域文件。

```
zone "1.168.192.in-addr.arpa" IN {
      type master;
         file "1.168.192.zone";
         allow-update { none; };
};
```

定义反向解析区域，即 1.168.192.in-addr.arpa.zone，主反向查询文件为 1.168.192.in-addr.arpa.zone。反向查询的作用是由 IP 地址查询 DNS 域名。有一些网络应用程序必须使用反解析的功能。in-addr.arpa.是固定的定义格式，不能更换其他名字。

5. 编写正向解析区域文件

编写正向解析区域文件 /var/named/lnjd.com.zone。

RHEL 8 版本的 DNS 服务器的正向解析区域文件和反向解析区域文件模板默认在/var/named/目录中。

首先进入目录/var/named/，查看配置文件的模板文件，如图 9-18 所示，其中文件 named.localhost 是正向解析区域文件模板文件，文件 named.loopback 是反向解析区域文件模板文件。

然后使用命令 *cp -p named.localhost lnjd.com.zone* 将文件 named.localhost 复制为 lnjd.com.zone（该名称是在主配置文件中进行的定义），并存放在原目录/var/named 下，并使用命令 *ll* 查看，如图 9-19 所示。使用参数-p 将其复制，目的是保留原有权限，即该文件的属组是 named；如果复制时没有加参数-p，也可以使用命令 chgrp 进行修改。

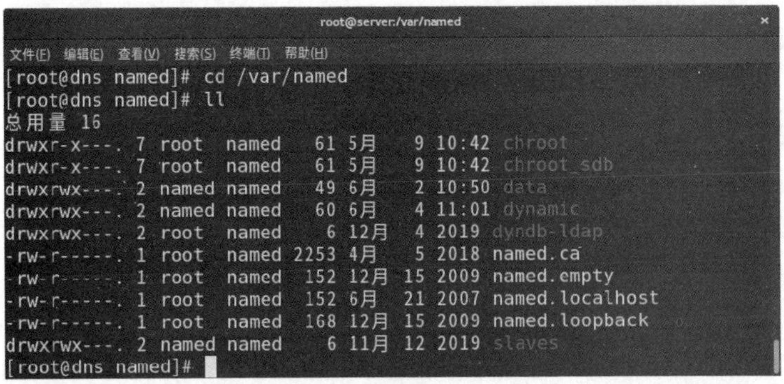

图 9-18　查看模板文件

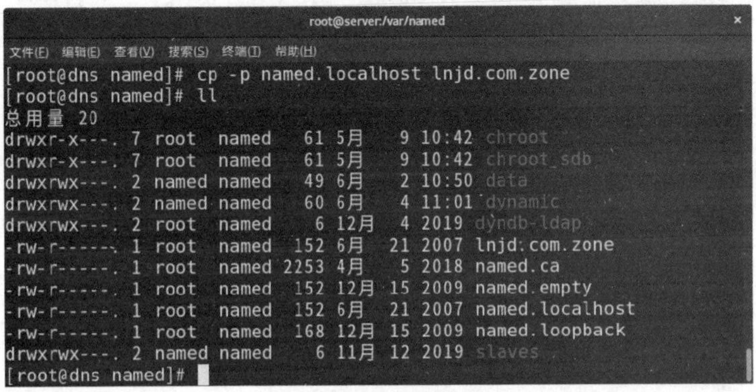

图 9-19　准备正向解析区域文件

使用命令 *vim　lnjd.com.zone* 在 Vim 编辑器打开配置文件，编写主文件配置内容如图 9-20
所示。

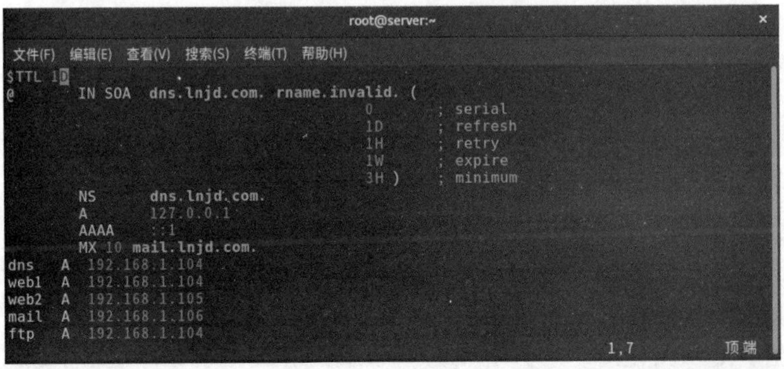

图 9-20　正向解析区域文件

下面逐一介绍配置文件的各字段内容。

（1）SOA 记录。

@ IN SOA dns.lnjd.com.

在这记录中各部分的意义分别如下：

@代表相应的域名，在这里代表 lnjd.com，即表示一个域名记录定义的开始。如果在正向
解析文件中遇到@符号，则替换成 lnjd.com，在正解区域文件中首先要定义的是正解区域

(lnjd.com)的声明。

IN 表示后面的数据使用的是 Internet 标准。

SOA 全名是 Source of authority，每一个 DNS 数据库文件的第一条记录都是 SOA 记录，设置整个网域地区的基本信息，包括 DNS 主机、正解区域的序号、管理员账号和各类联网存活时间。SOA 表示授权开始。

dns.lnjd.com 是这个域的主域名服务器，这个主机的名称在文件中必定有一条 A 记录。不能以 CNAME 记录的名称为授权来源。

```
0 ; serial
```

本行表示正向解析文件的序号，前面的数字表示配置文件的修改版本，格式是年月日当日修改的次数，每次修改这个配置文件时都应该修改这个数字，当更改过 primary/master DNS数据后，secondary/slave 服务器在与 primary/master DNS 作对比时，才会自动更新 DNS 数据库，以达到同步。否则 primary/master DNS 数据库的更新就没有意义了。

```
1D; refresh
```

本行定义的是以天为单位的刷新频率，即规定辅助域名服务器 secondary/slave 多长时间查询一个主服务器 primary/master，以保证辅助服务器的数据是最新的。DNS 默认使用的时间单位是天，如本例中 1D，表示每隔一天辅助域名服务器会询问主域名服务器一次，也可以使用单位分钟、小时、周、其中分钟用 M 表示，小时用 H 表示，周用 W 表示。

```
1H ;retry
```

本行规定了以分钟为单位的重试时间间隔，当辅助服务器试图在主服务器上查询更新时，而连接失败了，这个值规定了辅助服务器多长时间后再试。默认单位是小时。

```
1W ;expiry
```

本行用来规定辅助服务器在向主服务更新失败后，secondary/slave 所提供域数据的有效时间。上述的数值是以周为单位的。例如，此字段值为 1W，表示如果 secondary/slave DNS 整整一周都没有与 primary/master DNS 进行联络更新，进行查证是否要更新数据时，那么secondary/slave DNS 服务器的数据就会变成不合法的，当其他 DNS 服务器来询问时，便会响应"目前数据都已过时（expired），不能使用"，默认的时间也是周。

```
$TTL 1D
```

TTL 的全名是 Time-to-Live，这条记录用来通知对方 DNS 保留查询数据时间。单位一般是天。

（2）NS 记录

NS 是 name server 的意思，NS 记录设置这个域中的名称服务器。如下所示：

```
NS  dns.lnjd.com.
```

在此区域里，必须指定哪一台计算机为域名服务器。在第一行省略了@，实际上完整的记录是 lnjd.com IN NS dns.lnjd.com。整行的意义是：域 lnjd.com 的解析都由 dns.lnjd.com.这台主机做解析。第二行的 dns，就是 dns.lnjd.com，整行的意义是：进行域名解析的服务器dns.lnjd.com 的 IP 地址是 192.168.1.104。这两行是 DNS 服务器里最重要的声明，如果不指明服务器是谁，就无法提供域名解析的服务。

（3）IN 记录。

IN 是一种 Class Type，代表所指定的网络类型。IN 代表 Internet。Class Type 还有 CHAOS、HESIOD 以及 ANY 三种值。

（4）A 资源记录

A 为 address，就是指定主机域名与 IP 地址的对应记录数据。

```
dns   A  192.168.1.104
web1  A  192.168.1.104
web2  A  192.168.1.105
mail  A  192.168.1.106
ftp   A  192.168.1.104
```

6. 编写反向解析区域文件

编写反向解析区域文件/var/named/192.168.1.zone。

在目录/var/named 下有正向解析区域文件的配置模板 named.local，使用参数-p 将其复制，名称为 192.168.1.zone（该名称是在主配置文件中进行的定义），保留原有权限，即该文件的属组是 named，如果复制时没有加参数-p，也可以使用命令 chgrp 进行修改，如图 9-21 所示。

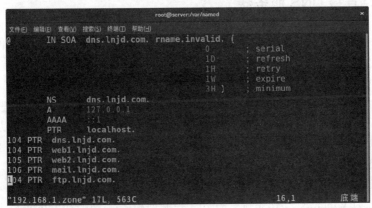

图 9-21　准备反向解析区域文件

使用命令 *vim　192.168.1.zone* 在 Vi 编辑器打开配置文件，编写主文件配置内容如图 9-22 所示。

图 9-22　反向解析区域文件

SOA 字段就不再介绍了，正向解析文件已经进行了详细的介绍，编写格式是一样的，不过在此文件中，默认的时间单位都是秒。

（1）NS 字段。

```
NS  @
```

这是反向解析文件的重要记录，作用是将 IP 地址对应到域名服务器。完整的编写格式是：
1.168.192.in-addr.arpa.   IN NS dns.lnjd.com.

由于@会承接/etc/named.conf 所定义的反向解析区 1.168.192.in-addr.arpa，使得其值为 1.168.192.in-addr.arpa，因此在反向解析文件中此记录可以简写为：

　NS @

（2）PTR 资源记录。

在正向解析文件里，IN A 的作用是将完整域名对应到 IP 地址，而反向解析文件里可使用 IN PTR，将 IP 地址对应到完整域名。写法如下：

```
104    PTR    dns.lnjd.com.
104    PTR    web1.lnjd.com.
105    PTR    web2.lnjd.com.
106    PTR    mail.lnjd.com.
104    PTR    ftp.lnjd.com.
```

在 IP 地址 104、105 和 106 的末尾没有加 "."，DNS 会自动补成 104.1.168.192. in-addr.arpa、105.1.168.192.in-addr.arpa 和 106.1.168.192.in-addr.arpa，然后根据 PTR 将反解 IP 地址指向完整域名，分别为 dns.lnjd.com.、web1.lnjd.com.、web2.lnjd.com.、mail.lnjd.com.和 ftp.lnjd.com.。

请扫描二维码观看任务 2 配置 DNS 服务器。

任务 2
配置 DNS
服务器

9.3.3　客户端连接 DNS 服务器

在 DNS 服务器设置完成后，利用客户端进行测试，进行域名解析，以确保 DNS 服务器设置成功。

1. 为客户机指定 DNS 服务器

不论客户端使用的是 Windows 操作系统还是 Linux 操作系统，验证 DNS 服务器的方法都一样，可以使用 ping 命令进行验证，也可以使用 nslookup 命令进行验证，还可以使用命令 host 进行验证。不管是哪种操作系统，首先必须设置首选 DNS 服务器的 IP 地址为 192.168.1.104，即本公司的 DNS 服务器地址。

（1）指定 DNS 服务器。

如果客户端为 Windows 操作系统，打开 "控制面板" | "网络和 Internet" | "网络和共享中心" | "更改适配器设置"，右击 "以太网" 并选择 "属性" 命令，选取 "Internet 协议版本 4（TCP / IPv4）" 选项，单击 "属性" 按钮，出现图 9-23 所示的对话框，将 "首选 DNS 服务器" 的 IP 地址设置为 192.168.1.104。

Internet 协议版本 4 (TCP/IPv4) 属性
常规
如果网络支持此功能，则可以获取自动指派的 IP 设置。否则，您需要从网络系统管理员处获得适当的 IP 设置。
自动获得 IP 地址(O)
使用下面的 IP 地址(S):
IP 地址(I):
192 . 168 . 1 . 80
子网掩码(U):
255 . 255 . 255 . 0
默认网关(D):
自动获得 DNS 服务器地址(B)
使用下面的 DNS 服务器地址(E):
首选 DNS 服务器(P):
192 . 168 . 1 . 104
备用 DNS 服务器(A):
退出时验证设置(L)
高级(V)...
确定
取消

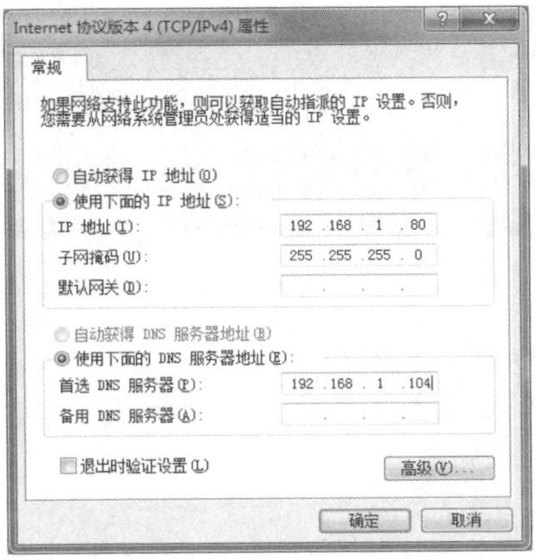

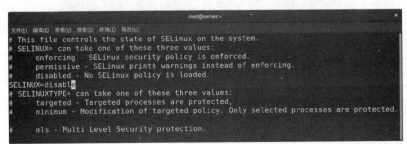

图 9-23　设置 Windows 8 的首选 DNS 服务器

如果是 Linux 操作系统是客户机，需要访问 DNS 服务器，修改 Linux 客户机的配置文件 /etc/resolv.conf 中的 name server 为 192.168.1.104。

（2）关闭防火墙。

Windows 操作系统访问 DNS 服务器时，Linux 操作系统的防火墙必须允许 DNS 服务通过，否则 Windows 客户机无法访问。在讲解防火墙具体操作之前，可以将防火墙先关闭，使用命令 *systemctl stop firewalld* 关闭防火墙，如图 9-24 所示，再使用命令 *systemctl disable firewalld* 将防火墙设置为开启关闭状态。否则不能访问 ONS 服务器。

root@server:~
文件(F) 编辑(E) 查看(V) 搜索(S) 终端(T) 帮助(H)
[root@server ~]# systemctl stop firewalld
[root@server ~]# systemctl disable firewalld
Removed /etc/systemd/system/multi-user.target.wants/firewalld.service.
Removed /etc/systemd/system/dbus-org.fedoraproject.FirewallD1.service.
[root@server ~]#

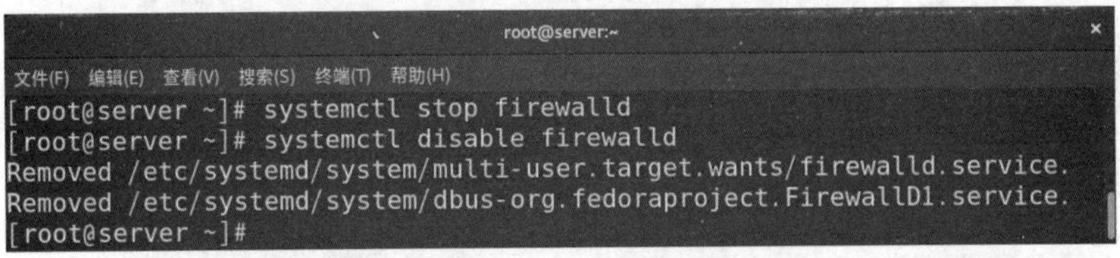

图 9-24　关闭防火墙并设置开机关闭

（3）关闭 selinux 服务。

使用命令 *vi /etc/selinux/config*，打开 selinux 的配置文件，将 SELINUX=enforcing 修改为 SELINUX=disable，关闭 selinux 服务，如图 9-25 所示。然后再使用命令 *setenforce 0* 临时关闭 selinux，使用命令 *getenforce* 查看 selinux 的状态已经变为 permissive，禁止状态，如图 9-26 所示。

root@server:~
文件(F) 编辑(E) 查看(V) 搜索(S) 终端(T) 帮助(H)
# This file controls the state of SELinux on the system.
# SELINUX= can take one of these three values:
#   enforcing - SELinux security policy is enforced.
#   permissive - SELinux prints warnings instead of enforcing.
#   disabled - No SELinux policy is loaded.
SELINUX=disable
# SELINUXTYPE= can take one of these three values:
#   targeted - Targeted processes are protected,
#   minimum - Modification of targeted policy. Only selected processes are protected.
#   mls - Multi Level Security protection.

图 9-25　使用配置文件关闭 selinux

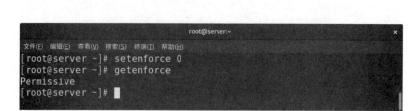

图 9-26　查看 selinux 状态

2. 使用 ping 命令进行测试

可以使用 ping 命令测试 DNS 服务器是否正常运行。ping 命令的格式是：

```
ping  -c 次数  IP 地址（或域名）
```

在"终端"输入 ping 命令，ping 命令可以接 IP 地址或者域名，参数 c 可设置响应的次数，例如-c 3，表示 ping 3 次，如果不使用 c 参数，ping 会不断地与 IP 地址联系并输出结果，直到使用【Ctrl+C】组合键结束。管理员在系统中已经设置了 DNS 服务器，IP 地址是 192.168.1.104，域名是 dns.lnjd.com.，则可以使用 ping 命令做如下测试：

输入 *ping dns.lnjd.com*，如果系统中网络域名正确，并且 DNS 服务正常，会看到图 9-27 和图 9-28 所示内容。

图 9-27　Windows 使用 ping 命令检测 DNS 服务器

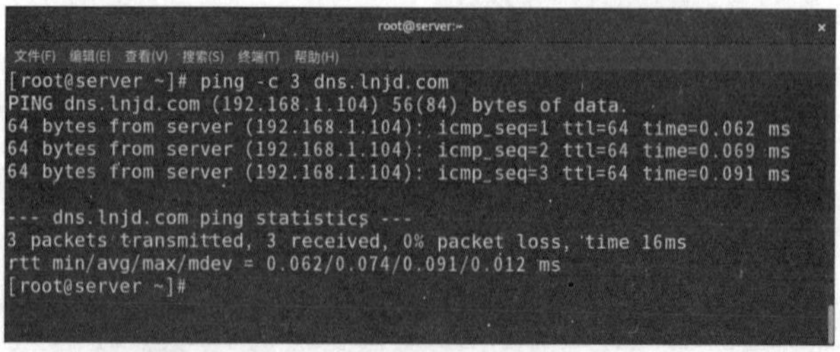

图 9-28　Linux 使用 ping 命令检测 DNS 服务器

3. 使用 nslookup 命令进行测试

Linux 系统提供了 nslookup 工具，在"终端"中输入命令 nslookup 就进入交换式 nslookup

环境，出现提示符"＞"，输入命令 server，会显示当前 DNS 服务器的地址和域名，否则表示 named 没能正常启动。管理员需要验证域名 web1.lnjd.com、web2.lnjd.com、ftp.lnjdcom 和 mail.lnjd.com 的域名和 IP 地址的映射。

（1）检查正向 DNS 解析。在 nslookup 提示符下输入带域名的主机名，nslookup 显示域名 web1.lnjd.com 的 IP 地址是 192.168.1.104，域名 web2.lnjd.com 的 IP 地址是 192.168.1.105，域名 mail.lnjd.com 的 IP 地址是 192.168.1.106，域名 ftp.lnjd.com 的 IP 地址是 192.168.1.104，如图 9-29 所示。

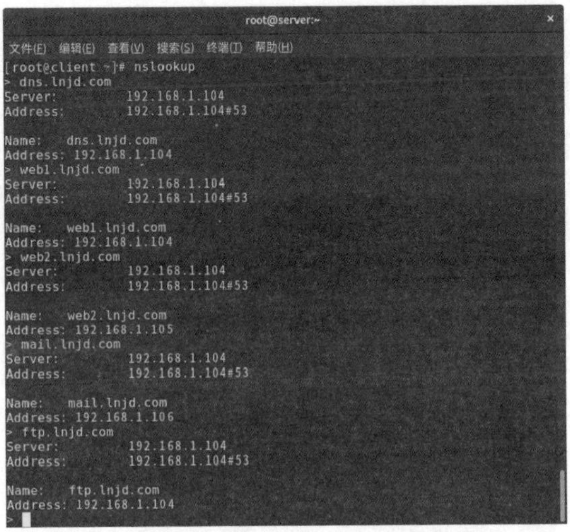

图 9-29　验证正向解析功能

（2）检查反向 DNS 解析。在 nslookup 提示符下输入 IP 地址 1192.168.1.104、192.168.1.105、192.168.1.106，nslookup 回答出该 IP 地址所对应的完整的域名，如图 9-30 所示。

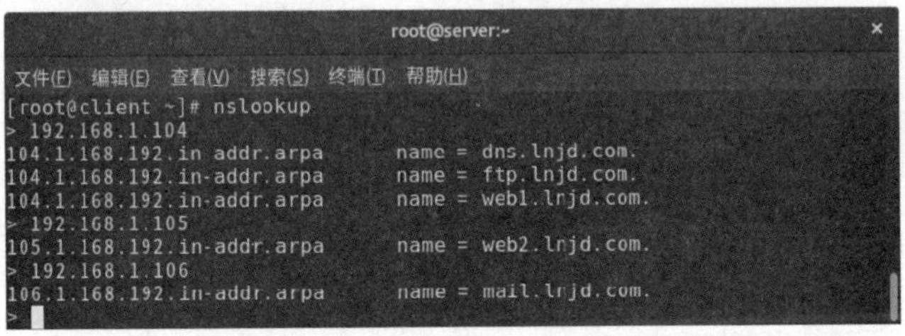

图 9-30　验证反向解析功能

4. 使用 Host 命令进行测试

（1）检查正向 DNS 解析。在"终端"提示符下输入 *host+域名*，显示域名 web1.lnjd.com 的 IP 地址是 192.168.1.104，域名 web2.lnjd.com 的 IP 地址是 192.168.1.105，域名 mail.lnjd.com 的 IP 地址是 192.168.1.106，域名 ftp.lnjd.com 的 IP 地址是 192.168.1.104，如图 9-31 所示。

（2）检查反向 DNS 解析。在"终端"提示符下输入 *host+ IP 地址*，如 192.168.1.104、192.168.1.105、192.168.1.106，解析出 IP 地址所对应的完整的域名，如图 9-32 所示。

项目 9　架设 DNS 服务器

197

图 9-31　使用 host 命令检测正向解析功能

图 9-32　使用 host 命令检测反向解析功能

请扫描二维码观看任务 3 客户端连接 DNS 服务器。

任务 3
客户端连接
DNS 服务器

9.4　项 目 总 结

本项目学习了 DNS 服务器的建立与管理。DNS 服务器的建立有些烦琐，主要通过全局配置文件、主配置文件、正向解析区域文件和反向解析区域文件完成，并且要掌握辅助 DNS 服务器的配置方法。DNS 服务器架设后，可以通过 ping、nsookup 和 host 等方式进行验证，完成域名解析。

9.5　项 目 实 训

1.　实训目的

（1）掌握 DNS 服务器的基本知识。

（2）能够配置 DNS 服务器。

（3）能够在客户端进行使用。

2.　实训环境

（1）Linux 服务器。

（2）Windows 客户机。

（3）Linux 客户机。

3. 实训内容

（1）规划 DNS 服务器的共享资源，分配资源使用者的权限，并画出网络拓扑图。

（2）配置 DNS 服务器。

（3）使用客户端进行验证。

（4）设置 DNS 服务器自动运行。

4. 实训要求

实训分组进行，可以两人一组，小组讨论，确定方案后进行讲解；教师给予指导，全体学生参与评价。方案实施过程中，一台计算机作为 DNS 服务器，另一台计算机作为客户机，要轮流进行角色转换。

5. 实训总结

完成实训报告，总结项目实施中出现的问题。

9.6 项 目 练 习

一、选择题

1. 在 Linux 环境下，能实现域名解析的功能软件模块是（　　　）。

   A. apache   B. dhcpd   C. BIND   D. smb

2. 在 DNS 服务器配置文件中 A 类资源记录是指（　　　）。

   A. 官方信息   B. IP 地址到名字的映射

   C. 名字到 IP 地址的映射   D. 一个 name server 的规范

3. DSN 指针记录的标志是（　　　）。

   A. PTR   B. A   C. CNAME   D. NS

4. DNS 服务使用的端口是（　　　）。

   A. TCP 53   B. UDP 53   C. TCP 54   D. UDP 69

5. 指定域名服务器的文件是（　　　）。

   A. /etc/hosts   B. /etc/network   C. /.profile   D. /etc/resolv.conf

6. 若要检查当前 Linux 操作系统是否已经安装 DNS 服务，可以使用以下（　　　）命令。

   A. rpm –q dns   B. rpm –q bind

   C. rpm –qa | grep bind   D. rpm –qa | grep dns

7. 检验 DNS 服务器配置是否正确，解析是否成功，最好使用（　　　）命令来实现。

   A. ping   B. netstat   C. nslookup   D. testparm

二、填空题

1. DNS 的守护进程是＿＿＿＿＿＿＿。

2. 重启 DNS 服务器可使用命令＿＿＿＿＿＿＿。

3. DNS 服务的软件包主要有＿＿＿＿＿＿、＿＿＿＿＿＿、＿＿＿＿＿＿和＿＿＿＿＿＿。（不要求版本号）

4. DNS 的配置文件主要有＿＿＿＿＿＿、＿＿＿＿＿＿和＿＿＿＿＿＿。

5. 设置 DNS 服务开机自动运行的命令是＿＿＿＿＿＿＿。

6. 顶级域名有三类，分别是＿＿＿＿＿＿、＿＿＿＿＿＿和＿＿＿＿＿＿。

7. DNS 服务器的查询模式有＿＿＿＿＿＿和＿＿＿＿＿＿。

项目⑩

→ 架设 Web 服务器

WWW（World Wide Web）即万维网，也称 Web 服务，是因特网上最受欢迎的服务之一。万维网是因特网上一个完全分布的信息系统，它能以超链接的方式方便地访问连接在因特网上的位于全世界范围的信息。

10.1 项 目 描 述

某公司网络管理员要以 Linux 网络操作系统为平台，建设公司的网站，公司的域名为 lnjd.com，公司网络拓扑如图 10-1 所示，Web 服务器的 IP 地址是 192.168.1.104 和 192.168.1.105。

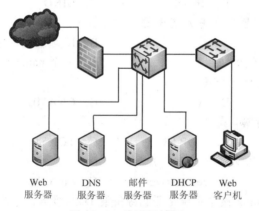

| Web
服务器 | DNS
服务器 | 邮件
服务器 | DHCP
服务器 | Web
客户机 |

图 10-1 公司局域网

作为公司的网络管理员，需要为公司建立站点，使用域名 www.lnjd.com 访问公司网站，为每位员工开通个人主页功能，设置虚拟目录的用户认证功能，实现只能由通过认证的用户访问网站，设置指定网段和指定域名不能访问网站，最后实现架设多个站点，分别使用基于不同端口技术，基于 IP 地址的技术和基于域名的技术实现。

10.2 相 关 知 识

10.2.1 WWW 概述

1. WWW 服务

WWW 服务采用客户机/服务器模式工作，使用超文本传输协议（HyperText Transfer Protocol，HTTP）和超文本置标语言（HyperText Markup Language，HTML），利用资源定位器

URL 完成一个页面到另一个页面的链接，为用户提供界面一致的信息浏览系统。

在万维网中，信息资源以页面的形式存储在服务器中，这些页面采用超文本方式对信息进行组织，通过统一资源定位符（URL）将位于不同地区、不同服务器上的页面链接在一起。用户通过浏览器向 WWW 服务器发出请求，服务器端根据客户端的请求内容将保存在服务器中某个页面返回给客户端，浏览器接收到页面后进行解释，最终将图、文、声并茂的画面，呈现给用户。

2. Apache 服务器介绍

Apache 来自"a patchy server"的读音，意思是充满补丁的服务器，经过多次修改，Apache 已经成为世界上最流行的 Web 服务器软件之一。Apache 的特点是简单、速度快、性能稳定，并可以作为代理服务器来使用。Apache 的主要特征有：可以运行在所有的计算机平台；支持最新的 HTTP 协议；支持虚拟主机；简单而强有力的基于文件的配置；支持通用网关接口 CGI；支持 Java Servlets；集成 Perl 脚本编程语言等。

3. 统一资源定位符

互联网中有无数的 WWW 服务器，每个服务器上又存放着无数的页面，用户如何能够方便地获取所需要的页面呢？这就是统一资源定位符的作用。

统一资源定位符（Uniform Resource Locators，URL）是对可以从因特网上得到的资源的位置和访问方法的一种简洁的表示。URL 给资源的位置提供一种抽象的识别方法，并用这种方法给资源定位。只要能够对资源定位，系统就可以对资源进行各种操作，如存取、更新、替换和查找等。具体地说，就是用户可以利用 URL 指明使用什么协议访问哪台服务器上的什么文件。

URL 的格式如下：

<URL 的访问方式>: //<主机>:<端口>/<路径>

URL 的访问方式即协议类型，常用的协议类型有超文本传输协议（HTTP）、文件传输协议（FTP）和新闻（NEWS）。

主机项是必需的，端口和路径有时可以省略。

例如，一个网页的 URL 为 http://www.fudan.edu.cn/student/index.html，http 为协议类型，www.fudan.edu.cn 是服务器即主机名，student/index.html 是路径即文件名。HTTP 的端口是 80，通常可以省略。如果使用非 80 端口，则需要指明端口号，如 http://www. fudan.edu.cn: 8080/student/index.html。

4. 超文本传输协议

HTTP 是面向对象的应用层协议，它是建立在 TCP 基础之上的。每个万维网网点都有一个服务器进程，它不断地监听 TCP 的端口 80，以便发现是否有客户进程向它发出连接请求。一旦监听到连接建立请求并建立了 TCP 连接以后，浏览器就向服务器发出浏览某个页面的请求，服务器返回所请求的页面作为响应，最后，TCP 连接被释放。在浏览器与服务器进行交互的过程中，必须遵守一定的规则，这个规则就是 HTTP 协议。

服务器和浏览器利用 HTTP 协议进行交互的过程如下：

（1）浏览器确定 Web 页面的 URL。

（2）浏览器请求域名服务器解析的 IP 地址。

（3）浏览器向主机的 80 端口请求一个 TCP 连接。

（4）服务器对连接请求进行确认，建立连接的过程完成。

（5）浏览器发出请求页面报文。

（6）服务器以 index.html 页面的具体内容响应浏览器。

（7）WWW 服务器关闭 TCP 连接。

（8）浏览器将页面 index.html 的文本信息显示在屏幕上。

（9）如果 index.html 页面包含图像等非文本信息，则浏览器需要为每个图像建立一个新的 TCP 连接，从服务器获得图像并显示。

5. 超文本置标语言

超文本置标语言（HTML）是制作万维网页面的标准语言，计算机的页面制作都采用标准 HTML 语言格式，这样在通信的过程中就不会有障碍。

HTML 语言的语法与格式很简单，可以使用任何文本编辑器进行编写。下面以一个例子给出几种常用的格式与标签。打开 Vi 编辑器，编写如下内容：

```
<html>
<title> homepage</title>
<body>
<h2>This is first homepage</h2>
</body>
</html>
```

其中"<"表示一个标签的开始，">"表示一个标签的结束。

<html>…</html>声明这是用 HTML 写成的文档。

<title>…</title>定义页面的标题。

<body>…</body>定义页面的主体。

该文件保存名称为 index.html，保存位置为/var/www/html，打开页面后如图 10-2 所示。

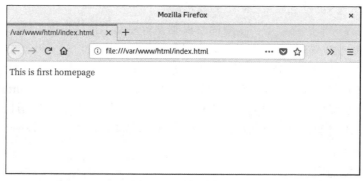

图 10-2　编写主页

10.2.2　Apache 服务器的配置文件介绍

1. 主配置文件 httpd.conf

Apache 的配置主要是通过配置文件 httpd.conf 来完成的，在配置过程中，只要根据实际网络情况修改少数的配置文件内容就完成 Apache 功能。

httpd.conf 配置文件位于/etc/httpd/conf 目录下。利用 httpd.conf，可以对 Apache 服务器进行全局环境配置、主服务器的参数定义、虚拟主机的设置。

httpd.conf 是一个文本文件，可以用 Vim、Kate 等文本编辑工具进行修改。该配置文件分为三个小节：

Section 1: Global Environment
Section 2: 'Main' server configuration
Section 3: Virtual Hosts

说明：第一小节定义全局环境；第二小节定义主服务器配置；第三小节定义虚拟主机。每个小节都有若干配置参数，每个配置参数都有详尽的英文解释，用#引导。

第一小节：全局环境设置。

（1）ServerTokens OS

当服务器响应主机头信息时，显示 Apache 的版本和操作系统名称。

（2）ServerRoot "/etc/httpd"

它指定在何处保存服务器的配置、错误及日志文件。系统默认的存放位置是文件夹 /etc/httpd。

（3）PidFile

run/httpd.pid 该参数记录 httpd 进程的进程号。httpd 进程在提供服务的时候，原始的父进程只有一个，但为了更好地给用户提供服务，httpd 父进行可以复制自己，并且可以生成多个子进程协同完成任务，提供服务。对 httpd 父进程发送信号将影响所有的 httpd 进程。PidFile 参数中就是记录了父进程的进程号。

（4）TimeOut 60

TimeOut 参数定义客户和服务器连接的超时时间。如果客户请求与服务器建立连接，超过这个时间，服务器将断开这个连接，单位一般是秒。本配置文件中 TimeOut 的时间设置为 60 s，意思就是如果在 60 s 内没有收到请求或送出页面，则切断连接。

（5）KeepAlive off

在 HTTP 1.0 中，一次连接只能作传输一次 HTTP 请求，但在 HTTP 1.1 中，参数 KeepAlive 是由客户端发送的，客户要求一次连接、多次传输功能，这样就可以在一次连接中传递多个 HTTP 请求。将参数 KeepAlive 设置为 on 状态，表示打开这项功能；设置为 off 状态，表示关闭这项功能。

（6）MaxKeepAliveRequests 100

MaxKeepAliveRequests 为一次连接可以进行的 HTTP 请求的最大请求次数。将其值设为 0 表示一次连接可以发送的 HTTP 请求的次数没有限制。但实际中客户程序在一次连接中不要求请求太多的页面，通常达不到这个上限就完成连接了。这个参数不用设置，使用默认值 100 即可。

（7）KeepAliveTimeout 15

客户端一次连接可以发送多个请求，如果请求之间时间过长，必定会造成服务器时间资源的浪费。KeepAliveTimeout 参数测试一次连接中的多次请求传输之间的时间，如果服务器已经完成了一次请求，但在 KeepAliveTimeout 规定的时间内没有接收到客户端的下一次请求，服务器就断开连接。本配置文件中 KeepAliveTimeout 的时间设置为 15 s。

（8）<IfModule prefork.c>

```
StartServers        8
MinSpareServers     5
MaxSpareServers     20
ServerLimit         256
```

项目
10

架设 Web 服务器

```
MaxClients              256
MaxRequestsPerChild     4000
```

</IfModule> 设置使用 prefork MPM 运行方式的参数。

```
StartServers  8
```

设置服务器启动时，执行 httpd 子进程的个数。

```
MinSpareServers 5
MaxSpareServers 20
```

MinSpareServers 与 MaxSpareServers 参数设置空闲的服务器进程数量。MinSpareServers 设置下限，MaxSpareServers 设置上限。

Web 服务器在为客户提供服务时，由 HTTP 进程以及产生的子进程完成相应的服务，产生子进程肯定要产生时间延迟。为了减少这个延迟，Web 服务器要预先产生多个空闲的子进程，这些子进程驻留在内存中，如果接收到了来自客户的请求，就立即使用这些空闲的子进程提供服务，这样就不会因为产生子进程而造成时间延迟。

Apache 会定期检查有多少个 HTTP 进程正在等待连接请求，如果空闲的 HTTP 守护进程多于 MaxSpareServers 参数指定的值，例如本配置文件是 20，则 Apache 会终止某些空闲进程；如果空闲 HTTP 进程少于 MinSpareServers 参数指定的值，本例中为 5，则 Apache 会产生新的 HTTP 进程。

```
ServerLimit  256
```

设置服务器 httpd 子进程的最大数量。

```
MaxClients 150
```

该参数限制 Apache 所能提供服务的最大数值。服务器的能力是有限的，不可能同时处理无限多的连接请求，因此参数 Maxclient s 就用于规定服务器支持的最多并发访问的客户数，即同一时间连接的数目不能超过这个数值。一旦连接数目达到这个限制，则 Apache 服务器不再为别的连接提供服务，以免系统性能大幅度下降。本配置文件规定最大连接数是 150 个。

这个参数限制了 MinSpareServers 和 MaxSpareServers 的设置，它们不应该大于这个参数的设置。

```
MaxRequestsPerChild 4000
```

该参数限制每个子进程在生存周期中所能处理的请求数目。使用子进程方式为客户提供服务，经常是一个子进程为一次连接服务，这样，每次连接都需要生成子进程、退出子进程的操作，使得这些操作占用了 CPU 的时间。Apache 采用一个进程可以为多次连接提供服务。一次连接结束后，子进程不是马上退出系统，而是等待下一次连接请求。

一个进程在提供服务过程中，要不断申请和释放内容空间，次数多了会造成内存碎片，降低系统的性能。所以，MaxRequestsPerChild 参数定义了每个进程所能提供的连接请求次数。一旦达到该数目，这个子进程就会被中止。

本配置文件 MaxRequestsPerChild 参数的数值是 4000,也就表示每个进程在生存周期内可以为 4000 个客户连接请求提供服务。

（9）<IfModule worker.c>

```
StartServers            4
MaxClients              300
MinSpareThreads         25
MaxSpareThreads         75
ThreadsPerChild         25
```

```
MaxRequestsPerChild    0
```
</IfModule> 设置 worker MPM 运行方式的参数。

（10）`Listen 80`

该参数用来指定 Apache 服务器的监听端口。一般来说，标准的 HTTP 服务默认端口号是80，一般使用这个数值。

（11）`LoadModule auth_basic_module modules/mod_auth_basic.so`
`LoadModule auth_digest_module modules/mod_auth_digest.so`
`LoadModule authn_file_module modules/mod_authn_file.so`
`LoadModule authn_alias_module modules/mod_authn_alias.so`
`LoadModule authn_anon_module modules/mod_authn_anon.so`
…

设置在服务器启动时动态加载模块。Apache 采用模块化结构，各种可扩展的特定功能以模块形式存在，没有静态编进内核，这些模块可以动态地载入 Apache 服务进程中，这样大大方便了 Apache 功能的丰富和完善。

（12）`Include conf.d/*.conf`

将/etc/httpd/conf.d 中所有以 .conf 为扩展名的文件包含进来，这使得 Apache 配置文件具有更好的灵活性和可扩展性。

（13）`User apache`
`Group apache`

User 和 Group 配置是 Apache 的安全保证，Apache 在打开端口之后，就将其本身设置为这两个选项设置的用户和组权限进行运行，这样就降低了服务器的危险性。在这个配置文件中，User 和 Group 设置的值均是 Apache。

第二小节：主服务器设置。

（1）`ServerAdmin root@localhost`

该参数用于设置 WWW 服务器管理员的 E-mail 地址。这将在 HTTP 服务出现错误的条件下返回给浏览器，以便让 Web 使用者和管理员联系，报告错误。

（2）`ServerName www.example.com:80`

服务器的 DNS 名称。为了方便用户，在访问 Apache 服务器时，可以用用户比较熟悉的主机名代替 Apache 服务器的实际名称，ServerName 参数使得用户可以自行设置主机名。但是这个名称必须是已经在 DNS 服务器上注册的主机名。如果当前主机没有已注册的名字，也可以指定 IP 地址。

（3）`UseCanonicalName off`

设置是否使用规范名称。当值为 off 时，表示使用由客户提供的主机名和端口号；当值为 on 时，表示使用 ServerName 指令设置的值。

（4）`DocumentRoot "/var/www/html"`

该参数定义这个服务器对外发布的超文本文件存放的路径，客户请求的 URL 被映射为这个目录下的网页文件。这个目录下的子目录，以及使用符号连接指出的文件和目录都能被浏览器访问，只是要在 URL 上使用同样的相对目录名。

（5）`AddDefaultCharset UTF-8`

设置默认返回页面的编码，默认编码是 UTF-8。使用的是简体中文，页面中如果出现汉字，在客户端看到的页面是乱码。在 IE 浏览器中，选择"查看"|"编码"中的简体中文

项目 ⑩ 架设 Web 服务器

（GB2312），就可以看到正常页面。但是，每次让客户这样操作比较麻烦，最好的解决办法是管理员在服务器端进行设置，将配置选项 AddDefaultCharset 的内容设置为 GB2312，对于有各种语言的网站来说，可以将 AddDefaultCharset 的内容注释掉，这样浏览器可以自己检测语言显示页面。

（6）`<Directory />`

```
    Options FollowSymlinks
    AllowOverride none
</Directory >
```

设置 Apache 根目录的访问权限和访问方式。

（7）`<Directory "/var/www/html">`

```
    Options Indexes FollowSymlinks
    AllowOverride none
    Order allow,deny
    Allow from all
</Directory >
```

设置 Apache 主服务器网页文件存放目录的访问权限。

（8）`DirectoryIndex index.html index.html.var`

设置预设首页，默认是 index.html。

第三小节：虚拟主机设置。

通过配置虚拟主机，可以在单个服务器上运行多个 Web 站点，对于访问量不大的站点来说，可以降低运营成本。虚拟主机可以基于 IP 地址、主机名和端口号。基于 IP 地址的虚拟主机需要计算机配置多个 IP 地址，并为每个 Web 站点分配一个唯一的 IP 地址。基于主机名的虚拟主机要求拥有多个主机名，并且为每个 Web 站点分配一个主机名。基于端口号的虚拟主机，要求不同的 Web 站点通过不用的端口号进行监听，这些端口号只要系统没有使用即可。

虚拟主机默认配置实例如下所示：

```
NameVirtualHost *: 80
<VirtualHost *: 80>
    ServerAdmin Webmaster@dummy-host.example.com
    DocumentRoot /www/docs/dummy-host.example.com
    ServerName dummy-host.example.com
    ErrorLog logs/dummy-host.example.com-error_log
    CustomLog  logs/dummy-host.example.com-access_log commom
</VirtualHost>
```

2. 子配置文件 userdir.conf

Apache 的部分配置需要通过子配置文件 httpd.conf 来完成，但部分功能需要通过子配置文件 userdir.conf 完成。userdir.conf 配置文件位于/etc/httpd/conf.d 目录下。该文件主要的模块是<IfModule mod_userdir.c>，内容如下：

```
<IfModule mod_userdir.c>
  UserDir disable
  #UserDir public_html
</IfModule >
```

设置用户是否可以在自己的目录下建立 public_html 目录来存放网页，如果设置为

UserDir public_html，则用户就可以通过命令 *http://服务器域名/~用户名* 来访问其中的内容。

10.3 项 目 实 施

10.3.1 安装 Apache 服务器

在 Linux 操作系统中，Web 服务器软件是 Apache。Apache 是世界上排名第一的 Web 服务器，它具有多种优点。如可以跨平台运行，可以运行在 Windows、Linux 和 UNIX 等多种操作系统上；源代码开放，支持很多功能模块；工作性能和稳定性高。

在安装操作系统过程中，可以选择是否安装 Apache 服务器。如果不确定是否安装了 Apache 服务器，可以使用命令进行查询。安装时使用 rpm 命令，需要先挂载光盘。安装完成后，查询安装的文件，并且启动 Web 服务器，设置 Web 服务器在下次系统登录时自动运行。

1. 安装 Apache 软件

在安装 Red Hat Enterprise Linux 8 时，会提示用户是否安装 Apache 服务器。用户可以选择在安装系统时完成 Apache 软件包的安装。如果不能确定 Apache 服务器是否已经安装，可以采取在"终端"中输入命令 *rpm –qa | grep httpd* 进行验证。如果如图 10-3 所示，说明系统已经安装 Apache 服务器。

图 10-3　检测是否安装 Apache 服务器

如果安装系统时没有选择 Apache 服务器，需要进行安装。在 Red Hat Enterprise Linux 8 安装盘中带有 Apache 服务器安装程序。

Apache 软件包主要包含以下几个软件：

（1）httpd–2.4.37–10.module+el8+2764+7127e69e.x86_64.rpm：该包是 Apache 服务的主程序包，服务器必须安装此程序包。

（2）httpd–devel–2.4.37–10.module+el8+2764+7127e69e.x86_64.rpm：Apache 开发程序包。

（3）httpd–manual–2.4.37–10.module+el8+2764+7127e69e.noarch.rpm：Apache 手册文档，包含 HTML 格式的 Apache 计划的 Apache User's Guide 说明指南。

管理员将安装光盘放入光驱后，使用命令 *mount /dev/cdrom /media* 进行挂载，然后使用命令 *ls /media/AppStream/Packages/ |grep httpd* 找到安装包 httpd–2.4.37–10.module+el8+2764+7127e69e. x86_64.rpm，如图 10-4 所示。

图 10-4　找到安装包

　　然后在"终端"命令窗口运行命令 *rpm –ivh httpd–2.4.37–10.module+el8+2764+ 7127e69e.x86_64.rpm* 开始安装程序，如果出现软件依赖性错误的提示信息，将有依赖关系的其他软件包先进行安装，或者直接运行命令 *yum–y install httpd* 进行安装，如图 10-5 所示，提示该软件包已经安装。

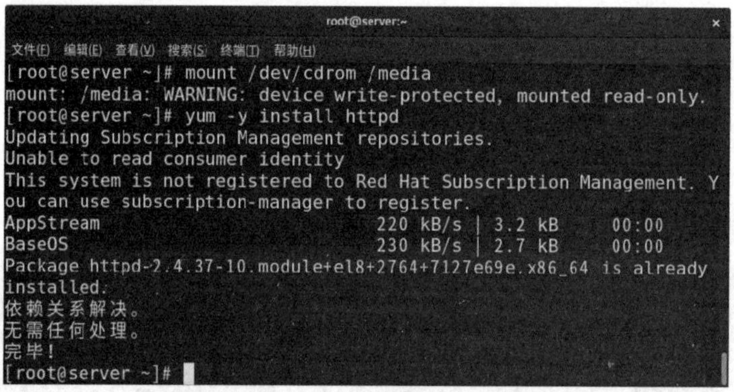

图 10-5　使用 yum 命令进行安装

　　在安装完 httpd 服务后，可以利用命令 *rpm –ql httpd* 查看安装后产生的文件，如图 10-6 所示。

图 10-6　查看安装后文件

在 RHEL 8 中安装好 Apache 2.4 后的 Web 服务器站点目录、主要配置文件和启动脚本文件如表 10-1 所示。

表 10-1　Apache Web 服务器文件和目录

类　　型	文件和目录	说　　明
Web 站点目录	/var/www	Web 站点文件的目录
	/var/www/html	Web 站点的网页文件
	/var/www/cgi-bin	CGI 程序文件
	/var/www/manual	Web 服务器手册
	/var/www/usage	webalizer 程序文件
	/var/www/error	包含多种语言的 HTTP 错误信息
配置文件	.htaccess	基于目录的配置文件。包含对它所在目录中文件的访问控制指令
	/etc/httpd/conf/	Web 服务器配置文件目录
	/etc/httpd/conf/httpd.conf	主要的 Web 服务器配置文件
	/etc/httpd/conf/srm.conf	用来处理文档规范、配置文件类型和未知的旧版配置文件。已被整合到 httpd.conf 文件中
	/etc/httpd/conf/access.conf	设计用来存放控制对 Web 站点目录和文件访问的指令的旧版本配置文件，已被整合到 httpd.conf 文件中
启动脚本	/etc/rc.d/init.d/httpd	Web 服务器守护进程的启动脚本
	/etc/rc.d/rc3.d/S85httpd	将运行级 3 目录（/etc/rc3.d）连接到目录/etc/rc.d/init.d 中的启动脚本
应用文件	/usr/sbin/	Web 服务器程序文件和实用程序的位置
	/var/log/httpd	Apache 日志文件的目录

2. 启动与关闭 Apache 服务器

Apache 的配置完成后，必须重新启动服务器。

可以在"终端"命令窗口使用命令 *systemctl start httpd* 来启动 Apache 服务器，使用命令 *systemctl stop httpd* 来关闭 Apache 服务器，使用命令 *systemctl restart httpd* 来重新启动 Apache 服务器，如图 10-7 ~ 图 10-9 所示。

图 10-7　启动 Apache 服务器

图 10-8　停止 Apache 服务器

图 10-9　重新启动 Apache 服务器

3. 查看 Apache 服务器状态

可以通过命令 *systemctl status httpd* 查看 Apache 服务器当前运行的状态，如图 10-10 所示。从图中可以看到 Apache 服务器的状态是"acitve（running）"，是活跃的状态。

```
[root@server ~]# systemctl status httpd
● httpd.service - The Apache HTTP Server
   Loaded: loaded (/usr/lib/systemd/system/httpd.service; disab>
   Active: active (running) since Fri 2020-10-16 08:24:13 CST; >
lines 1-3...skipping...
● httpd.service - The Apache HTTP Server
   Loaded: loaded (/usr/lib/systemd/system/httpd.service; disab>
   Active: active (running) since Fri 2020-10-16 08:24:13 CST; >
     Docs: man:httpd.service(8)
lines 1-4...skipping...
● httpd.service - The Apache HTTP Server
   Loaded: loaded (/usr/lib/systemd/system/httpd.service; disab>
   Active: active (running) since Fri 2020-10-16 08:24:13 CST; >
     Docs: man:httpd.service(8)
 Main PID: 11846 (httpd)
lines 1-5...skipping...
● httpd.service - The Apache HTTP Server
   Loaded: loaded (/usr/lib/systemd/system/httpd.service; disab>
   Active: active (running) since Fri 2020-10-16 08:24:13 CST; >
     Docs: man:httpd.service(8)
 Main PID: 11846 (httpd)
```

图 10-10　查看 Apache 服务器状态

4. 设置开机时自动运行 Apache 服务器

Apache 服务器非常重要，在开机时应该自动启动，来节省每次手动启动的时间，并且可以避免 Apache 服务器没有开启停止服务的情况。

在"终端"中输入命令 *systemctl enable httpd*，将 Apache 服务设置成开机自动启动，如图 10-11 所示。

```
[root@server ~]# systemctl enable httpd
Created symlink /etc/systemd/system/multi-user.target.wants/httpd.s
ervice →/usr/lib/systemd/system/httpd.service.
[root@server ~]#
```

图 10-11　设置 Apache 服务器自动启动

如果开机自动关闭 Apache 服务，使用命令 *systemctl disable httpd*，如图 10-12 所示。

图 10-12　设置 Apache 服务器自动关闭

请扫描二维码观看任务 1 安装 Apache 服务器。

任务 1
安装 Apache
服务器

10.3.2　配置 Web 服务器

使用 Apache 服务器架设公司的网站，使用域名 www.lnjd.com 访问公司网站首页，再使用别名 news 访问虚拟目录。网络管理员进行网络规划，Web 服务器的 IP 地址设置为 192.168.1.104，首先利用 Apache 服务器，使用 IP 地址 192.168.1.104 架设 Web 服务器，实现客户机访问公司网站；再在 DNS 服务器中添加主机记录 www.lnjd.com，实现使用域名 www.lnjd.com 访问公司网站，最后使用 Apache 的虚拟目录功能，使用虚拟目录 news 访问公司的新闻网页。

1. 设置 IP 地址和 DNS 服务器

使用命令 *ip address add 192.168.1.104/24 dev ens160* 将 Web 服务器的 IP 地址设置为 192.168.1.104，使用命令 *hostname dns.lnjd.com* 将主机名称设置为 dns.lnjd.com，修改配置文件/etc/resolv.conf 的 nameserver 192.168.1.104，将 DNS 服务器地址设置为 192.168.1.104。

2. 测试 Apache 服务器

Apache 服务安装并使用命令 *systemctl restart httpd* 启动后，可以在 Web 浏览器中输入 http://192.168.1.104，出现测试网页，如图 10-13 所示。

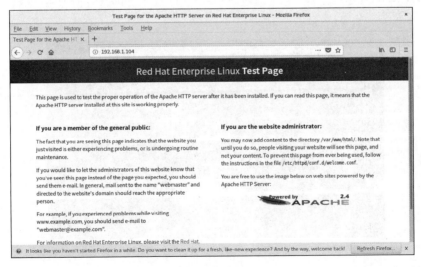

图 10-13　Apache 测试页面

项目
⑩

架设 Web 服务器

3. 利用 IP 地址访问网站

使用 HTML 语言编写网页 index.html，并存放在路径/var/www/html 下，或者使用命令 *echo This is first homepage>/var/www/html/index.html* 生成网页文件，重新启动 Apache 后，在浏览器中输入 http://192.168.1.104，出现公司网站的首页，如图 10-14 所示。

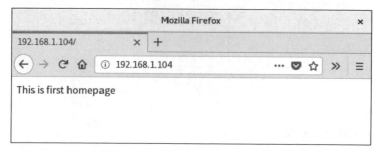

图 10-14　使用 IP 地址访问网站

4. 利用域名访问网站

如果使用域名访问站点，需要在 DNS 服务器中设置相应的记录，这部分内容已经在项目 9 中进行了详细的介绍，这里不再赘述。简单地说就是首先设置全局配置文件 named.conf，进行以下修改：

```
listen-on port 53 { 127.0.0.1; }; //修改为 listen-on port 53 { any; }
allow-query { localhost; };        //修改为 allow-query  { any; }
```

并且指定主配置文件名称为 named.zones，全局配置文件的修改详见图 9-15。

主配置文件 named.zones 具体内容如下所示：

```
zone "lnjd.com" IN {
        type master;
        file "lnjd.com.zone";
        allow-update { none; };
};
```

在该配置文件中，设定正向解析区域文件为 lnjd.com.zone，lnjd.com.zone 文件内容如图 10-15 所示。

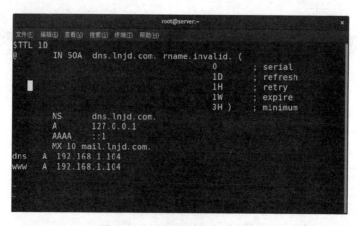

图 10-15　正向解析区域文件

使域名 www.lnjd.com 对应 IP 地址 192.168.1.104，使用 *nslookup* 命令验证域名正确。

在浏览器中输入 http://www.lnjd.com，出现公司网站的首页，如图 10-16 所示。

图 10-16　使用域名访问网站

在命令行模式下可以使用命令 curl 进行网页的验证，输入 *curl http://www.lnjd.com* 命令，显示网页内容，如图 10-17 所示。

图 10-17　命令行模式下访问网站

5.　建立虚拟目录

要从 Web 站点主目录以外的其他目录发布站点，可以使用虚拟目录实现。虚拟目录是一个位于 Apache 服务器主目录之外的目录，它不包含在 Apache 服务器的主目录中，但在客户机看来，它与位于主目录的子目录是一样的。每一个虚拟目录都有一个别名，客户端通过这个别名来访问虚拟目录。

在 Apache 服务器的主配置文件 httpd.conf 中，通过 Alias 指令设置虚拟目录是使用模块 <IfModule alias_module> 来进行设置的。

（1）使用命令 *mkdir –p /xuni* 建立物理目录，使用命令 *cd /xuni* 进入该目录，再使用命令 *echo This is news site> index.html* 创建网页，如图 10-18 所示。

图 10-18　创建物理目录和网页文件

（2）使用命令 *chmod 705 index.html* 修改默认网页文件 index.html 的权限，使其他用户具有读和执行权限，如图 10-19 所示。

图 10-19　修改并查看 index.html 权限

（3）使用 Vim 编辑器修改主配置文件 httpd.conf，添加语句 *Alias /news "/var/www/html /xuni"*，如图 10-20 所示。

图 10-20　修改 httpd.conf 文件

（4）使用命令 *systemctl restart httpd* 重启 Apache 服务器。

（5）在浏览器中输入 *http://www.lnjd.com/news* 访问虚拟目录，如图 10-21 所示。

图 10-21　访问虚拟目录

请扫描二维码观看任务 2 配置 Web 服务器。

任务 2
配置 Web 服
务器

10.3.3　配置个人主页功能

公司为每位员工建立个人主页，提供沟通平台，用户可以方便地管理自己的空间。为了实现个人主页功能，首先需要修改 Apache 服务器的主配置文件，启用个人主页功能，设置用户个人主页主目录，然后创建个人主页，再创建用户，修改用户的家目录/home/rose 权限为705，使其他用户具有访问和读取的权限，最后在浏览器中输入 http://www.lnjd.com/~rose 进行访问验证。

1. 修改 httpd 的子配置文件 userdir.conf

从 RHEL 8 开始，个人主页模块不再放在主配置文件 httpd.conf 中，而是放在了子配置文件 userdir.conf 中，这个文件的目录是/etc/httpd/conf.d ，使用命令 *vim /etc/httpd/conf.d/userdir.conf* 打开配置文件，如图 10-22 所示。

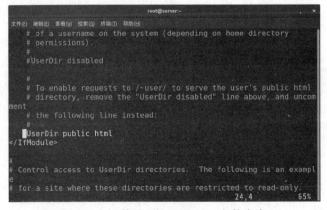

图 10-22　userdir.conf 原文件内容

默认情况下，Apache 服务器没有开启个人主页功能，由 UserDir disable 指定，在该指令前加上"#"注释符，表示开启个人主页功能，同时将指令#UserDir public_html 前的注释符去掉，指定个人主页的主目录为 public_html，该目录在用户的主目录中，本任务中是/home/rose/public_html。

修改后的配置文件如图 10-23 所示。

图 10-23　修改后 userdir.con 文件内容

2. 创建用户

使用命令 *useradd rose* 创建本任务中需要的用户 rose。用户创建后会在/home 中自动创建目录 rose。

3. 创建目录、网页文件和修改权限

使用命令 *cd /home/rose* 进入目录，再使用命令 *mkdir public_html* 创建网页主目录，然后使用命令 *echo This is rose homepage>public_html/index.html* 创建网页文件，最后使用命令 *chmod 705 /home/rose* 修改 rose 目录权限，使其他用户有读取和执行权限，如图 10–24 所示。

图 10–24　创建目录和网页文件

4. 重启 Apache 服务器

使用命令 *systemctl restart httpd* 重启 Apache 服务器。

5. 访问个人主页

在浏览器中输入 *http://www.lnjd.com/~rose* 访问个人主页，如图 10–25 所示。

图 10–25　访问个人主页

请扫描二维码观看任务 3 配置个人主页。

任务 3
配置个人主
页

10.3.4 建立基于用户认证的虚拟目录

为用户 rose 设置认证的虚拟目录，首先需要修改 Apache 服务器的主配置文件，创建虚拟目录，然后修改子配置文件 userdir.conf，再设置目录权限，然后创建密码文件，再准备网页，最后在浏览器中输入 http://www.lnjd.com/rz 进行访问验证。

1. **修改 Apache 服务器的主配置文件** httpd.conf

使用 Vim 编辑器修改主配置文件 httpd.conf，添加虚拟目录 Alias /rz "/virt/rz"，如图 10-26 所示。

图 10-26　主配置文件内容

2. **修改 Apache 服务器的子配置文件** userdir.conf

使用命令 *vim /etc/httpd/conf.d/userdir.conf* 打开子配置文件，输入以下内容，如图 10-27 所示。

```
<Directory "/virt/rz">
    AllowOverride Authconfig
    authuserfile /etc/httpd/passwd.txt
authtype basic
    authName "Input user and password"
    require user rose
</Directory>
```

图 10-27　子配置文件 userdir.conf 内容

AllowOverride 设置如何使用访问控制文件.htpasswd，该文件是一个访问控制文件，用来配置相应目录的访问方法，如果设置为 None，表示禁止使用所有指令，即忽略文件.htapasswd，如果设置为 authconfig，则表示开启认证、授权以及安全的相关指令；authtype basic 为基本身份认证；authname 表示当浏览器弹出认证对话框时出现的提示信息。

authuserfile 指定了用户密码文件，该任务中将该文件设置为目录/etc/httpd/中，并设定名称为 passwd.txt；require 设置允许访问虚拟目录的用户，如果只允许用户 rose 访问，设置为 require user rose，如果设置为密码文件中所有用户都可以访问，使用命令 require valid-user。

3. 生成认证文件

访问控制文件.htpasswd 默认不存在，使用命令 *htpasswd –c /etc/httpd/passwd.txt rose* 来创建该文件，参数–c 表示新创建一个密码文件，再添加用户时就不用加该参数了，输入密码即可成功将用户 rose 添加到该密码文件中，如图 10-28 所示。

```
root@server:/home/rose
文件(F) 编辑(E) 查看(V) 搜索(S) 终端(T) 帮助(H)
[root@server rose]# htpasswd -c /etc/httpd/passwd.txt rose
New password:
Re-type new password:
Adding password for user rose
[root@server rose]#
```

图 10-28　创建密码文件

4. 创建目录、网页文件

使用命令 *mkdir –p /virt/rz* 创建虚拟目录对应的物理目录，然后使用命令 *echo This is renzheng homepage>/virt/rz/index.html* 创建网页文件，如图 10-29 所示。

```
root@server:/home/rose
文件(F) 编辑(E) 查看(V) 搜索(S) 终端(T) 帮助(H)
[root@server rose]# mkdir -p /virt/rz
[root@server rose]# echo This is renzheng homepage > /virt/rz/index.html
[root@server rose]#
```

图 10-29　创建目录和网页文件

5. 重启 Apache 服务器

使用命令 *systemctl restart httpd* 重启 Apache 服务器。

6. 访问虚拟目录

在浏览器中输入 *http://www.lnjd.com/rz* 访问虚拟目录，如图 10-30 所示，需要输入用户名和密码，输入用户 rose 和密码，成功访问网页，如图 10-31 所示。

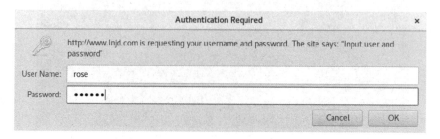

图 10-30　提示输入用户名和密码窗口

图 10-31 认证成功访问网页

如果用户密码输入错误，不会获得访问权限，一直停留在验证的界面，如果不知道用户名和密码，单击"取消"按钮，出现图 10-32 所示提示，表示验证是必需的。

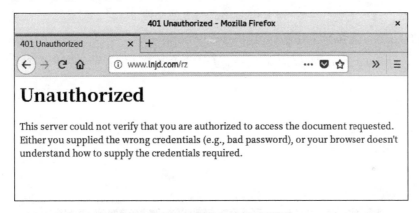

图 10-32 认证失败提示网页

请扫描二维码观看任务 4 建立基于用户认证的虚拟目录。

任务 4
建立基于用户认证的虚拟目录

10.3.5　建立访问控制的虚拟目录

禁止域名 lnjd.com 和网段 192.168.1.0 访问 Web 站点。首先需要修改 Apache 服务器的主配置文件，然后修改子配置文件 userdir.conf，创建访问列表，再设置目录和网页，进行验证，出现拒绝访问页面，说明基于访问控制的虚拟目录成功。

最后在浏览器中输入 http://www.lnjd.com/jj 进行访问验证。

1. 修改 Apache 服务器的主配置文件 httpd.conf

使用 Vim 编辑器修改主配置文件 httpd.conf，添加虚拟目录 Alias /jj "/virt/jj"，如图 10-33 所示。

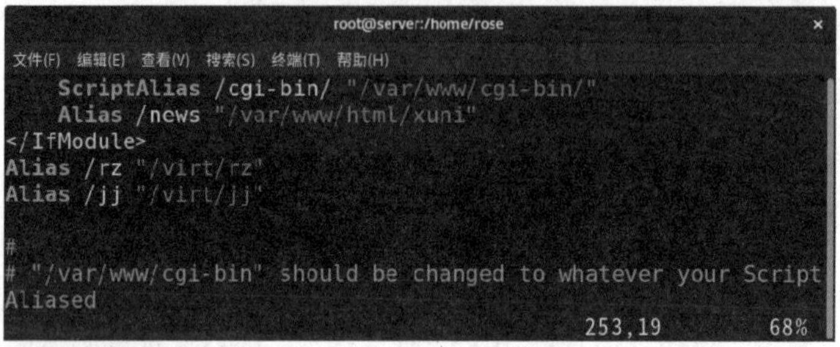

图 10-33　编写主配置文件

2. 修改 Apache 服务器的子配置文件 userdir.conf

使用命令 *vim /etc/httpd/conf.d/userdir.conf* 打开子配置文件，输入以下内容，如图 10-34 所示。

```
<Directory "/virt/jj">
    Options Indexes
    AllowOverride none
    Order deny,allow
    Deny from lnjd.com
    Deny from 192.168.1.0/24
</Directory>
```

图 10-34　子配置文件 userdir.conf 内容

Order 用于指定 Apache 默认的访问权限及 Allow 和 Deny 语句的处理顺序；Deny 定义拒绝访问控制列表；Allow 定义允许访问控制列表。

指令有两种形式：

（1）Order Allow,Deny：在执行拒绝访问规则之前先执行允许访问规则，默认情况下将会拒绝所有没有明确被允许的客户。

（2）Order Deny,Allow：在执行允许访问规则之前先执行拒绝访问规则，默认情况下将会允许所有没有明确被允许的客户。

Deny 和 Allow 指令后面需要写访问控制列表，访问控制列表可以使用如下几种形式：

（1）All：表示所有客户。

（2）域名：表示域内所有客户，如 lnjd.com。

220

（3）IP 地址：可以指定完整的 IP 地址或部分 IP 地址。

（4）网络/子网掩码：如 192.168.1.0/255.255.255.0。

（5）CIDR 规范：如 192.168.1.0/24。

本任务默认规则是允许除域名 lnjd.com 和 192.168.1.0 网段客户外的所有客户访问。

3. 创建目录、网页文件

使用命令 *mkdir /virt/jj* 创建虚拟目录对应的物理目录，然后使用命令 *echo This is jujue homepage>/virt/jj/index.html* 创建网页文件，如图 10-35 所示。

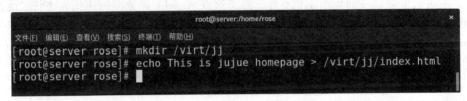

图 10-35　创建目录和网页文件

4. 重启 Apache 服务器

使用命令 *systemctl restart httpd* 重启 Apache 服务器。

5. 访问虚拟目录

在浏览器中输入 *http://www.lnjd.com/jj* 访问虚拟目录，如图 10-36 所示，拒绝访问。

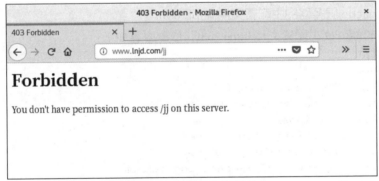

图 10-36　拒绝访问网站

请扫描二维码观看任务 5 建立访问控制的虚拟目录。

任务 5
建立访问控制制的虚拟目录

10.3.6 配置基于不同端口的虚拟主机

基于端口号的虚拟主机技术可以在一个 IP 地址上建立多个站点，只需要服务器有一个 IP 地址即可，所有的虚拟主机共享同一个 IP，各虚拟主机之间通过不同的端口号进行区分。在设置基于端口号的虚拟主机的配置时，需要利用 Listen 语句设置所监听的接口。

为了实现基于端口号的虚拟主机，首先需要修改 Apache 服务器的主配置文件，设置不同端口 8080 和 8000，再创建存放网页的目录，两个站点的目录分别是/var/www/port8000 和 /var/www/port8080，然后准备网页，最后在浏览器中输入 http://192.168.1.104:8000 和 http://192.168.1.104:8080 进行访问验证。

1. 虚拟主机概述

虚拟主机是在网络服务器上上划分出一定的磁盘空间供用户放置站点、应用组件等，提供必要的站点功能、数据存放和传输功能。虚拟主机，也称网站空间，就是把一台运行在互联网上的服务器划分成多个虚拟服务器，每一个虚拟服务器都有独立的域名和完整的 Internet 服务器功能，如提供 WWW、FTP 和 E-mail 等功能。

使用虚拟主机技术架设多个站点有三种方法，分别是基于端口的虚拟主机技术、基于 IP 地址的虚拟主机技术和基于名称的虚拟主机技术。

2. 修改 Apache 服务器的主配置文件 httpd.conf

使用 Vi 编辑器修改主配置文件 httpd.conf，修改内容如下：

```
 Listen 8000
 Listen 8080
<VirtualHost 192.168.1.104:8000>
   DocumentRoot /var/www/port8000
   DirectoryIndex index.html
   Serveradmin root@lnjd.com
   ErrorLog  logs/port8000-error_log
   CustomLog logs/port8000-access_log commom
</VirtualHost>
<VirtualHost 192.168.1.104:8080>
   DocumentRoot /var/www/port8080
   DirectoryIndex index.html
   Serveradmin root@lnjd.com
   ErrorLog  logs/port8080-error_log
   CustomLog logs/port8080-access_log commom
</VirtualHost>
```

设置两个监听端口 Listen 8000 和 Listen 8080，在 VirtualHost 中设置端口号、网站主目录位置和默认文件。

3. 创建目录、网页文件

使用命令 *mkdir –p /var/www/port8000* 和命令 *mkdir –p /var/www/port8080* 创建网站主目录，然后使用命令 *echo This is site of port 8000>/var/www/port8000/index.html* 和命令 *echo This is site of port 8080>/var/www/port8080/index.html* 创建网页文件，如图 10-37 所示。

图 10-37　创建目录和网页文件

4. 重启 Apache 服务器

使用命令 *systemctl restart httpd* 重启 Apache 服务器。

5. 访问网站

在浏览器中输入 *http://www.lnjd.com:8000* 访问端口为 8000 的网站，如图 10-38 所示；输入 *http://www.lnjd.com:8080* 访问端口为 8080 的网站，如图 10-39 所示。也可以使用 IP 地址进行访问。

图 10-38　基于端口 8000 的网站

图 10-39　基于端口 8080 的网站

请扫描二维码观看任务 6 配置基于不同端口的虚拟主机。

任务 6
配置基于不
同端口的虚
拟主机

10.3.7 配置基于 IP 地址的虚拟主机

基于 IP 地址的虚拟主机技术可以在不同 IP 地址上建立多个站点，需要为服务器配置多个 IP 地址，各虚拟主机之间通过不同的 IP 地址进行区分。首先需要为服务器设置两个 IP 地址，分别是 192.168.1.104 和 192.168.1.105，然后修改 Apache 服务器的主配置文件，设置不同 IP 地址的虚拟主机选项，再创建存放网页的目录，两个站点的目录分别是/var/www/ip1 和/var/www/ip2，然后准备网页，最后在浏览器中输入 http://192.168.1.104 和 http://192.168.1.105进行访问验证。

1. 设置服务器的 IP 地址

Apache 服务器已经有一个 IP 地址 192.168.1.104，可以使用命令 *ip a* 查看 IP 地址，如图 10–40 所示。

图 10–40　查看网卡地址

再使用命令 *ip address add 192.168.1.105 dev ens160* 设置另外一个 IP 地址 192.168.1.105，设置完成后使用命令 *ip address show ens160* 查看有两个 IP 地址，如图 10–41 所示。

图 10–41　为网卡 ens160 设置多个 IP 地址

2. 修改 Apache 服务器的主配置文件 httpd.conf

使用 Vi 编辑器修改主配置文件 httpd.conf，修改内容如下：

```
 Listen 80
<VirtualHost 192.168.1.104>
    DocumentRoot /var/www/ip1
    DirectoryIndex index.html
    Serveradmin root@lnjd.com
    ErrorLog  logs/ip1-error_log
    CustomLog logs/ip1-access_log commom
</VirtualHost>
<VirtualHost 192.168.1.105>
    DocumentRoot /var/www/ip2
    DirectoryIndex index.html
    Serveradmin root@lnjd.com
    ErrorLog  logs/ip2-error_log
    CustomLog logs/ip2-access_log commom
</VirtualHost>
```

设置监听端口为 80，在 VirtualHost 中设置 IP 地址、网站主目录位置和默认文件。

3. 创建目录、网页文件

使用命令 *mkdir /var/www/ip1* 和命令 *mkdir/var/www/ip2* 创建网站主目录，然后使用命令 *echo This is site of ip1>/var/www/ip1/index.html* 和命令 *echo This is site of ip2>/var/www/ip2/index.html* 创建网页文件，如图 10-42 所示。

图 10-42　创建目录和网页文件

4. 重启 Apache 服务器

使用命令 *systemctl restart httpd* 重启 Apache 服务器。

5. 访问站点

在浏览器中输入 *http://192.168.1.104* 访问站点，如图 10-43 所示；输入 *http://192.168.1.105* 访问站点，如图 10-44 所示。

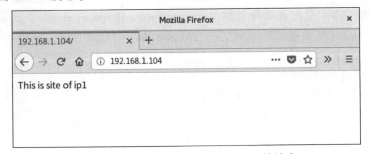

图 10-43　访问基于 192.168.1.104 的站点

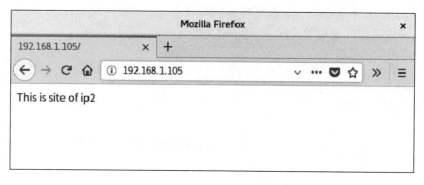

图 10-44　访问基于 192.168.1.105 的站点

请扫描二维码观看任务 7 配置基于 IP 地址的虚拟主机。

任务 7
配置基于 IP
地址的虚拟
主机

10.3.8　配置基于名称的虚拟主机

基于名称的虚拟主机技术可以在不同域名上建立多个站点，服务器只有一个 IP 地址即可，需要为服务器配置多个域名，各虚拟主机之间通过不同的域名进行区分。首先需要为服务器设置两个域名，分别是 web1.lnjd.com 和 web2.lnjd.com，两个域名对应的 IP 地址都是 192.168.1.104，然后修改 Apache 服务器的主配置文件，设置不同虚拟主机选项，再创建存放网页的目录，两个站点的目录分别是/var/www/web1 和/var/www/web2，准备网页，最后在浏览器中输入 http://web1.lnjd.com 和 http://web2.lnjd.com 进行访问验证。

1.　设置域名

设置基于名称的虚拟主机，需要在 DNS 服务器中设置域名 web1.lnjd.com 和 web2.lnjd.com，这部分内容已经在项目 9 中进行了详细介绍，这里不再赘述。简单地说就是首先设置全局配置文件 named.conf，指定主配置文件名称为 named.zones，在 named.zones 中设定正向解析区域文件为 lnjd.com.zone，在正向解析区域文件 lnjd.com.zone 中必须有主机记录：

```
web1 A   192.168.1.104
web2 A   192.168.1.104
```

DNS 配置文件具体内容如图 10-45 所示。

```
root@server:~
文件(F) 编辑(E) 查看(V) 搜索(S) 终端(T) 帮助(H)
$TTL 1D
@       IN SOA  dns.lnjd.com. rname.invalid. (
                                        0       ; serial
                                        1D      ; refresh
                                        1H      ; retry
                                        1W      ; expire
                                        3H )    ; minimum
        NS      dns.lnjd.com.
        A       127.0.0.1
        AAAA    ::1
        MX 10 mail.lnjd.com.
dns     A  192.168.1.104
www     A  192.168.1.104
web1    A  192.168.1.104
web2    A  192.168.1.104
```

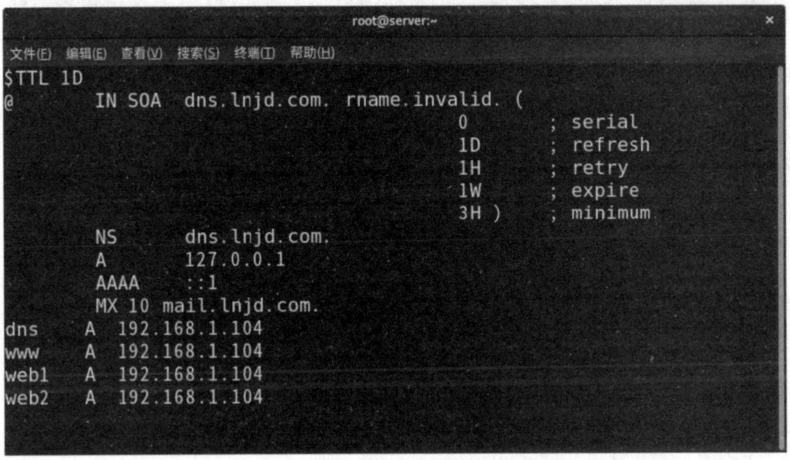

图 10-45　正向解析区域文件 lnjd.com.zone 内容

修改配置文件/etc/resolv.conf，指定 DNS 服务器地址为 192.168.1.104，即 nameserver 192.168.1.104。最后利用 nslookup 命令解析域名 web1.lnjd.com 和 web2.lnjd.com，必须保证解析正确，否则基于名称的虚拟主机无法成功。

2. **修改 Apache 服务器的主配置文件 httpd.conf**

使用 Vi 编辑器修改主配置文件 httpd.conf，修改内容如下：

```
NameVirtualHost 192.168.1.104:80
<VirtualHost 192.168.1.104>
  DocumentRoot /var/www/web1
  DirectoryIndex index.html
  ServerName web1.lnjd.com
  Serveradmin root@lnjd.com
  ErrorLog  logs/web1-error_log
  CustomLog logs/web1-access_log commom
</VirtualHost>
<VirtualHost 192.168.1.104>
  DocumentRoot /var/www/web2
  DirectoryIndex index.html
  ServerName web2.lnjd.com
  Serveradmin root@lnjd.com
  ErrorLog  logs/ipweb2-error_log
  CustomLog logs/web2-access_log commom
</VirtualHost>
```

设置 NameVirtualHost 为 192.168.1.104，在 VirtualHost 中设置域名、网站主目录位置和默认文件。

3. **创建目录、网页文件**

使用命令 *mkdir -p /var/www/web1* 和命令 *mkdir -p /var/www/web2* 创建网站主目录，然后使用命令 *echo This is site of web1 >/var/www/web1/index.html* 和命令 *echo This is site of web2>/var/www/web2/index.html* 创建网页文件，如图 10-46 所示。

图 10-46　创建目录和网页文件

4. 重启 Apache 服务器

使用命令 *systemctl restart httpd* 重启 Apache 服务器。

5. 访问网站

在浏览器中输入 *http://web1.lnjd.com* 访问第一个网站，如图 10-47 所示；输入 *http://web2.lnjd.com* 访问第二个网站，如图 10-48 所示。

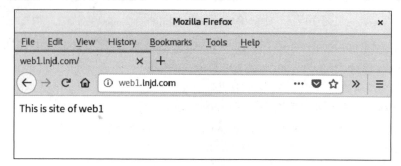

图 10-47　使用域名访问第一个网站

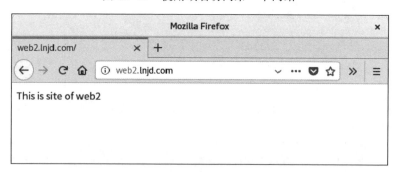

图 10-48　使用域名访问第二个网站

请扫描二维码观看任务 8 配置基于名称的虚拟主机。

任务 8
配置基于名
称的虚拟
主机

10.4　项　目　总　结

本项目学习了 Web 服务器的建立与管理。Web 服务器主要通过 Apache 软件进行配置，要求掌握服务器安装、配置 Web 服务器，使用域名 www.lnjd.com 访问公司网站、配置个人主页功能、建立基于用户认证的虚拟目录、建立访问控制的虚拟目录、建立基于不同端口的虚拟主机、建立基于 IP 的虚拟主机和建立基于名称的虚拟主机。

10.5　项　目　实　训

1. 实训目的
（1）掌握 Web 服务器的基本知识。
（2）能够配置 Web 服务器。
（3）能够进行客户端验证。

2. 实训环境
（1）Linux 服务器。
（2）Windows 客户机。
（3）查看网卡的 IP 地址是否设置正确，检测 Linux 服务器和 Windows 客户机是否连通，查看 Apache 服务程序是否安装，查看防火墙是否允许 Web 服务。

3. 实训内容
（1）规划 Web 服务器资源和访问资源的用户权限，并画出网络拓扑图。
（2）配置 Web 服务器。
① 启动 Web 服务。
② 使用域名 www.lnjd.com 访问公司网站。
③ 配置个人主页功能。
④ 建立基于用户认证的虚拟目录。
⑤ 建立访问控制的虚拟目录。
⑥ 建立基于不同端口的虚拟主机。
⑦ 建立基于 IP 的虚拟主机。
⑧ 建立基于名称的虚拟主机。
（3）在客户端进行上传和下载。
在客户端分别使用浏览器和命令方式访问 Web 服务器。
（4）设置 Web 服务器自动运行。

4. 实训要求
实训分组进行，可以两人一组，小组讨论，确定方案后进行讲解；教师给予指导，全体学生参与评价。方案实施过程中，一台计算机作为 Web 服务器，另一台计算机作为客户机，要轮流进行角色转换。

5. 实训总结
完成实训报告，总结项目实施中出现的问题。

10.6 项 目 练 习

一、选择题

1. 在 Apache 基于用户名的访问控制中，生成用户密码文件的命令是（　　）。
   A. smbpasswd　　　　B. htpasswd　　　　C. passwd　　　　D. password

2. 下面（　　）不是 Apache 基于主机的访问控制命令。
   A. allow　　　　B. deny　　　　C. all　　　　D. order

3. Web 服务器的主配置文件是（　　）。
   A. smb.conf　　　　B. vsftpd.conf　　　　C. dhcpd.conf　　　　D. httpd.conf

4. Web 服务器采用的端口是（　　）。
   A. 53　　　　B. 80　　　　C. 21　　　　D. 69

5. 访问 Web 服务器采用的协议是（　　）。
   A. HTTP　　　　B. FTP　　　　C. DNS　　　　D. Web

6. 以下关于 Apache 的描述（　　）是错误的。
   A. 不能改变服务端口　　　　　　　　B. 只能为一个域名提供服务
   C. 可以给目录设定密码　　　　　　　D. 默认端口是 8080

7. 若要设置站点的默认主页，可在配置文件中通过（　　）配置项来实现。
   A. RootIndex　　　B. ErrorDocument　　　C. DocumentRoot　　　D. DirectoryIndex

二、填空题

1. Apache 服务器的主配置文件包含的三个部分是_____、_____和_____。

2. 启动 Web 服务器使用命令_____。

3. Web 就是_____，Web 的英文全称是_____。

4. Apache 服务器存放文件的默认根目录是_____。

5. 设置 Web 服务开机自动运行的命令是_____。

项目⑪

➡ 架设 FTP 服务器

文件传输协议（File Transfer Protocol，FTP）用于实现文件在远端服务器和本地主机之间的传送。本项目将介绍以 Linux 操作系统为平台，使用 vsftpd 服务器软件架设 FTP 服务器，实现文件上传和下载等功能。

11.1 项 目 描 述

某公司拓扑如图 11-1 所示。该公司以 Linux 网络操作系统为平台，建设公司 FTP 站点，实现各部门之间的文件传送功能，并实现用户隔离的 FTP 站点。FTP 服务器的 IP 地址是 192.168.1.104。

公司的网络管理员为了完成该项目，需要首先安装 FTP 服务器软件；安装 FTP 服务器后，进行服务器配置，使匿名用户能够上传和下载文件；设置 ftpusers 文件，即设置黑名单，禁止特定用户访问 FTP 服务器；然后将本地用户锁定在用户的主目录中，提高安全性；最后实现只有特定用户访问 FTP 服务器，即设置白名单。

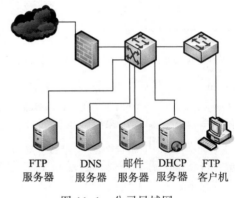

图 11-1 公司局域网

11.2 相 关 知 识

11.2.1 FTP 概述

因特网服务器中存有大量的共享软件和免费资源，要想从服务器中把文件传送到客户机或者将客户机上的资源传送至服务器，就必须在两台机器中进行文件传送，此时双方要遵循一定的规则，如传送文件的类型与格式。基于 TCP 的文件传输协议 FTP 和基于 UDP 的简单文件传输协议 TFTP 都是文件传送时使用的协议。它们的特点是复制整个文件，即若要存取一个文件，就必须先获得一个本地的文件副本。如果要修改文件，只能对文件的副本进行修改，然后将修改后的副本传回到原结点。

FTP 用于实现文件在远端服务器和本地主机之间的传送。FTP 采用的传输层协议是面向连接的 TCP 协议，使用端口 20 和 21。其中 20 端口用于数据传输，21 端口用于控制信息的传输。控制信息和数据信息能够同时传输，这是 FTP 的特殊之处。

FTP 的另一个特点是，假如用户处于不活跃的状态，服务器会自动断开连接，强迫用户在需要时重新建立连接。

FTP 使用客户机/服务器模式。一个 FTP 服务器进程可同时为多个客户进程提供服务。FTP 的服务器进程由两大部分组成：一个主进程，负责接收新的请求；若干从属进程，负责处理单个请求。

主进程的工作步骤如下：

（1）打开端口 21，使客户进程能够连接上。

（2）等待客户进程发出连接请求。

（3）启动从属进程来处理客户进程发来的请求。从属进程对客户进程的请求处理完毕后即终止，但从属进程在运行期间根据需要还可以创建其他一些子进程。

（4）回到等待状态，继续接收其他客户进程发来的请求。主进程和从属进程的处理是并发地进行。

11.2.2　vsftpd 的用户类型

用户必须经过身份验证才能登录到 FTP 服务器，然后才可以访问和传输 FTP 服务器上的文件。vsftpd 的用户主要分为三类：匿名用户、本地系统用户和虚拟用户。

匿名用户是在 vsftpd 服务器上没有用户账号的用户。如果 vsftpd 服务器提供匿名用户功能，那么当客户端访问 FTP 服务器时，就可以输入匿名用户名，匿名用户名是 ftp 或者 amonymous，然后输入用户的 E-mail 地址作为密码进行登录，也可以不输入密码直接登录，这是 vsftpd 默认允许的方式，vsftpd 服务器默认是允许匿名用户下载数据，不能上传数据。当匿名用户登录到服务器后，进入的目录是/var/ftp。

本地系统用户是在安装 vsftpd 服务的 Linux 操作系统上拥有的用户账号，本地系统用户输入自己的名称和密码可登录到 FTP 服务器上，并且直接进入该用户的主目录。vsftpd 在默认情况下，允许本地系统用户访问，并且允许该用户进入系统中其他目录，这存在安全隐患。

相对于本地系统用户来说，虚拟用户只是 FTP 服务的专有用户，虚拟用户只能访问 FTP 服务器所提供的资源，不能访问 FTP 服务器所在主机的其他目录。对于需要提供下载，但又不希望所有用户都可以匿名下载并且又考虑到主机的安全和管理方便的 FTP 站点来说，虚拟用户是一种很好的解决方案。虚拟用户需要在 vsftpd 服务器中进行相应配置才可以使用。

11.2.3　主配置文件 vsftpd.conf 介绍

FTP 服务器的配置主要是通过配置文件 vsftpd.conf 来完成的。使用 Vim 编辑器打开配置文件 vim /etc/vsftpd/vsftpd.conf，这是 FTP 服务器安装后的默认设置，主要内容如图 11-2 所示。

在该配置文件中，没有显示注释行的内容，即以"#"开头的配置语句行。下面逐一介绍配置文件中的内容和作用。

（1）anonymous_enable=NO

不允许匿名登录。

（2）local_enable=YES

允许本地用户登录。

（3）write_enable=YES

开放本地用户的写权限。

（4）local_umask=022

设置本地用户的文件生成掩码为022，默认值为077。

```
anonymous_enable=NO
local_enable=YES
write_enable=YES
local_umask=022
dirmessage_enable=YES
xferlog_enable=YES
connect_from_port_20=YES
xferlog_std_format=YES
listen=NO
pam_service_name=vsftpd
userlist_enable=YES
```

图 11-2　配置文件 vsftpd.conf 内容

（5）dirmessage_enable=YES

当切换到目录时，显示该目录下的.message 隐含文件的内容，这是由于默认情况下有
message_file = .message 的设置。

（6）xferlog_enable=YES

激活上传和下载日志。

（7）connect_from_port_20=YES

启用 FTP 数据端口的连接请求。

（8）xferlog_std_format=YES

使用标准的 ftpd xferlog 日志格式

（9）listen=NO

使 vsftpd 处于非独立启动模式。

（10）pam_service_name=vsftpd

设置 PAM 认证服务的配置文件名称，该文件存放在/etc/pam.d 目录下。

（11）userlist_enable=YES

激活 vsftpd 检查 userlist_file 指定的用户是否可以访问 vsftpd 服务器， userlist_file 的默
认值是/etc/vsftpd.user_list，由于默认情况下 userlist_deny = YES，所以/etc/vsftpd.user_list 文件
中所列的用户均不能访问此 vsftpd 服务器。

11.3　项　目　实　施

11.3.1　安装 FTP 服务器

在 Linux 操作系统中，FTP 服务器软件众多，比较流行的是 vsftpd（Very Secure）。vsftpd
具有安全、高速和稳定等性能。在安装操作系统过程中，可以选择是否安装 FTP 服务器。如
果不确定是否安装了 FTP 服务，使用命令进行查询。安装时使用 rpm 命令，需要先挂载光盘。
安装完成后，查询安装的文件，并且启动 FTP 服务器，设置 FTP 服务器在下次系统登录时自

项目 11 架设 FTP 服务器

动运行。

1. 安装 vsftpd 软件

在安装 Red Hat Enterprise Linux 8 时，会提示用户是否安装 FTP 服务器。用户可以选择在安装系统时完成 FTP 软件包的安装。如果不能确定 FTP 服务器是否已经安装，可以采取在"终端"中输入命令 *rpm –qa | grep vsftpd* 进行验证。如果出现图 11-3 所示的界面，说明系统已经安装 FTP 服务器。

图 11-3　检测是否安装 FTP 服务器

如果安装系统时没有选择 FTP 服务器，需要进行安装。在 Red Hat Enterprise Linux 8 安装盘中带有 FTP 服务器安装程序，用户也可以到网站 http://vsftpd.beasts.org 下载 FTP 服务器的最新版本安装软件包。

管理员将安装光盘放入光驱后，使用命令 *mount /dev/cdrom /media* 进行光盘挂载，然后使用命令 *cd /media/AppStream/Packages* 进入安装包所在目录，再使用命令 *ls | grep vsftpd* 找到安装包 vsftpd–3.0.3-28.el8.x86_64.rpm，如图 11-4 所示。

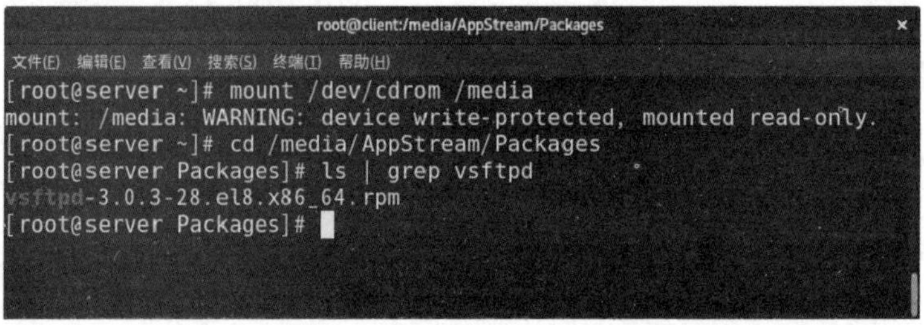

图 11-4　找到安装包

然后运行命令 *rpm –ivh vsftpd–3.0.3–28.el8.x86_64.rpm* 即可开始安装程序，如图 11-5 所示。

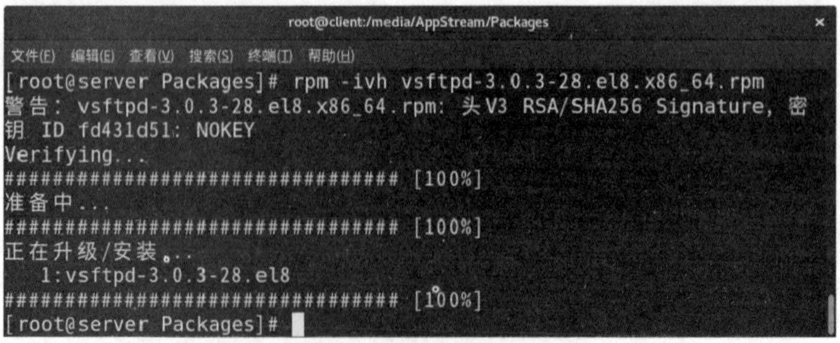

图 11-5　安装 FTP 服务器

在安装完 vsftpd 服务器后，可以利用以下的指令来查看安装后产生的文件，如图 11-6 所示。

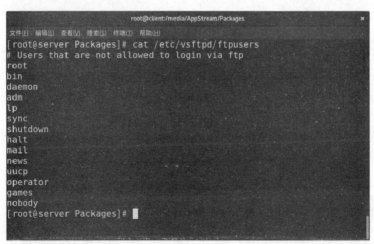

图 11-6　查看安装 FTP 后产生的文件

在上述的文件中，最重要的文件有三个：

第一个是/etc/vsftpd/vsftpd.conf，它是主配置文件。vsftpd 几乎提供了 FTP 服务器所应该具有的所有功能，为了实现这些功能，都是通过修改配置文件 vsftpd.conf 实现的。

第二个是/etc/vsftpd/ftpusers，它指定了哪些用户不能访问 FTP 服务器。通常是 Linux 操作系统的超级用户和系统用户。

可以使用命令 *cat /etc/vsftpd/ftpusers* 查看文件的默认内容，如图 11-7 所示。

图 11-7　文件 ftpusers 内容

第三个是/etc/vsftpd/user_list，它指定的用户在/etc/vsftpd/vsftpd.conf 中设置了 userlist_enable=YES，且 userlist_deny=YES 时不能访问 FTP 服务器。

在/etc/vsftpd/vsftpd.conf 中设置了 userlist_enable=YES，且 userlist_deny=NO 时，仅仅允许/etc/vsftpd.user_list 中指定的用户访问 FTP 服务器。

2. 启动与关闭 FTP 服务器

FTP 的配置完成后，必须重新启动服务。

可以在"终端"命令窗口运行命令 *systemctl start vsftpd* 来启动 FTP 服务器，命令 *systemct stop vsftpd* 来关闭 FTP 服务器，命令 *systemctl restart vsftpd* 来重新启动 FTP 服务器，如图 11–8 ~ 图 11–10 所示。

图 11–8 启动 FTP 服务器

图 11–9 停止 FTP 服务器

图 11–10 重新启动 FTP 服务器

3. 查看 FTP 服务器状态

可以通过 *systemctl status vsftpd* 查看 FTP 服务器当前运行的状态，如图 11–11 所示。从图中可以看到 FTP 服务器的状态是"acitve（running）"，是活跃的状态。

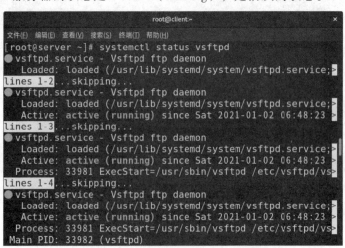

图 11–11 查看 FTP 服务器状态

4. 设置开机时自动运行 FTP 服务器

FTP 服务器是非常重要的服务，在开机时应该自动启动，来节省每次手动启动的时间，并且可以避免 FTP 服务器没有开启停止服务的情况。

在"终端"中输入命令 *systemctl enable vsftpd*，将 FTP 服务设置成开机自动启动，如图 11-12 所示。

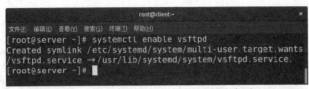

图 11-12　设置 FTP 服务器自动启动

如果开机自动关闭 FTP 服务，使用命令 *systemctl disable vsftpd*，如图 11-13 所示。

图 11-13　设置 FTP 服务器自动关闭

请扫描二维码观看任务 1 安装 FTP 服务器。

任务 1
安装 FTP 服
务器

11.3.2　配置匿名用户访问 FTP 服务器

匿名用户默认不可以下载文件，也不能上传文件，本节任务是进行服务器配置后，使匿名用户能够上传和下载文件，并且能够创建目录。

1. 实现匿名账号下载功能

（1）在默认情况下，匿名服务器下载目录/var/ftp/pub 中没有任何内容，管理员将网络中共享的一些图片和软件复制到此目录中，如图 11-14 所示，共享的文件有 data.txt 和 share.txt。

图 11-14　FTP 服务器下载文件

（2）使用 FTP 客户端连接到 FTP 服务器失败。

在"运行"中输入 *cmd*，或者右击【Windows】图标 并选择"命令提示符"命令，出现命令窗口，输入 *ftp 192.168.1.104* 命令，结果如图 11-15 所示，表示登录失败，这是因为 RHEL 8 默认不允许匿名用户登录。

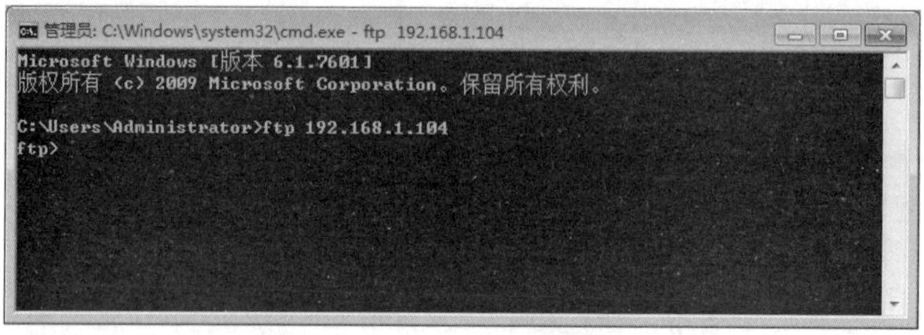

图 11-15 登录 FTP 服务器失败

（3）修改配置文件，使匿名用户可以下载文件。

使用命令 *vim /etc/vsftpd/vsftpd.conf* 打开配置文件，将以下行前的"＃"删除：

`#anonymous_enable=YES`

这一行的作用是允许匿名用户下载，如图 11-16 所示。

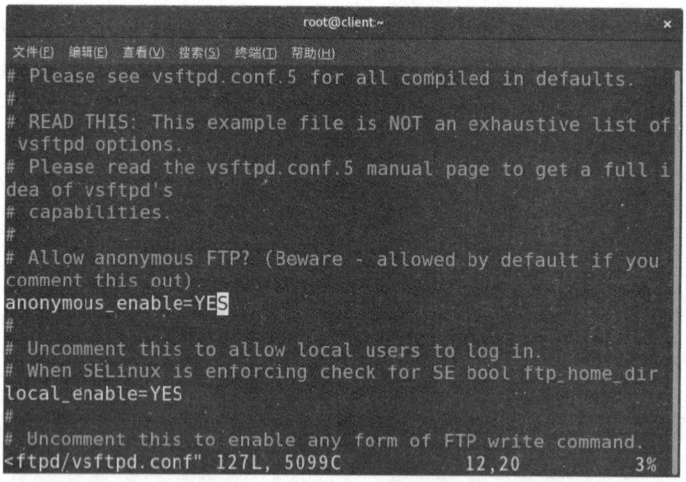

图 11-16 设置允许匿名用户下载

（4）为了保证客户机有权限访问服务器，必须确保防火墙允许 FTP 服务。在讲解防火墙具体操作之前，可以将防火墙先关闭，使用命令 *systemctl stop firewalld* 关闭防火墙，如图 11-17 所示，再使用命令 *systemctl disable firewalld* 将防火墙设置为开启关闭状态。否则不能访问 FTP 服务器。

图 11-17 关闭防火墙并设置开机关闭

（5）关闭 selinux 服务，使用命令 *vi /etc/selinux/config*，打开 selinux 的配置文件，将 SELINUX=enforcing 修改为 SELINUX=disable，关闭 selinux 服务，如图 11-18 所示。然后使用命令 *setenforce 0* 临时关闭 selinux，使用命令 *getenforce* 查看 selinux 的状态已经变为 Permissive，为禁止状态，如图 11-19 所示。

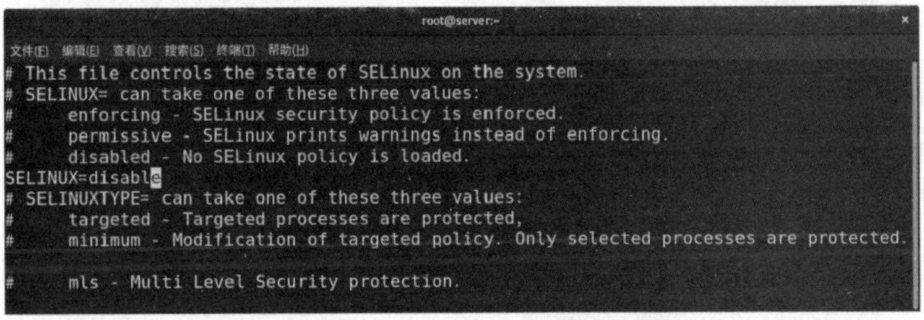

图 11-18　使用配置文件关闭 selinux

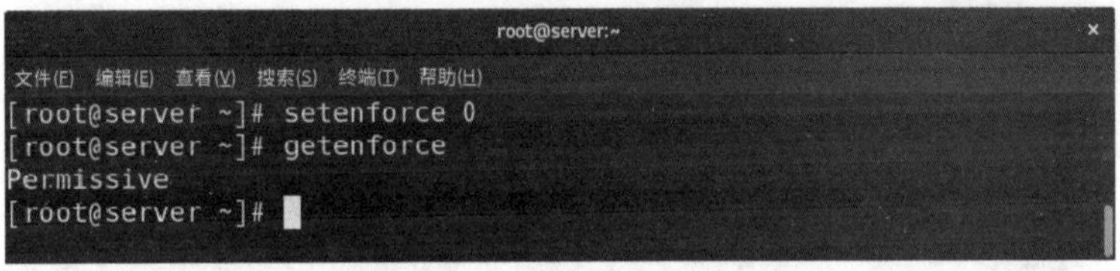

图 11-19　查看 selinux 状态

（6）使用匿名账号 anonymous 或者 ftp 登录，密码可以输入 E-mail 地址，也可以不输入，出现 Login successful 成功登录提示，如图 11-20 所示。

图 11-20　成功登录 FTP 服务器

（7）在 ftp>提示符下，输入命令 *ls* 查看匿名 FTP 服务器目录，看到目录下有一个目录 pub，如图 11-21 所示。

图 11-21　显示匿名 FTP 服务器目录

（8）使用命令 *cd pub* 进入匿名 FTP 服务器目录，然后使用命令 *ls* 查看 pub 目录下的内容，查看结果如图 11-22 所示。

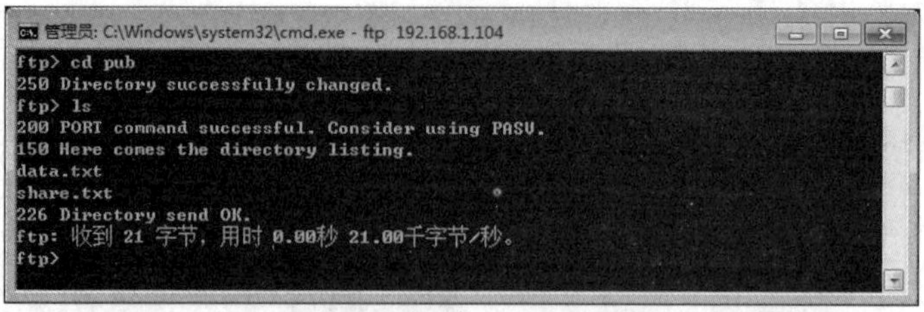

图 11-22　显示 pub 目录内容

（9）使用命令 *get data.txt* 将文件下载到客户端本地目录，本地目录是 C:\Users\Administrator，使用命令 *!dir* 查看本地文件，在命令前加 "!" 号表示在客户端进行操作。结果如图 11-23 所示，可以看到文件 data.txt 显示在本地目录中。

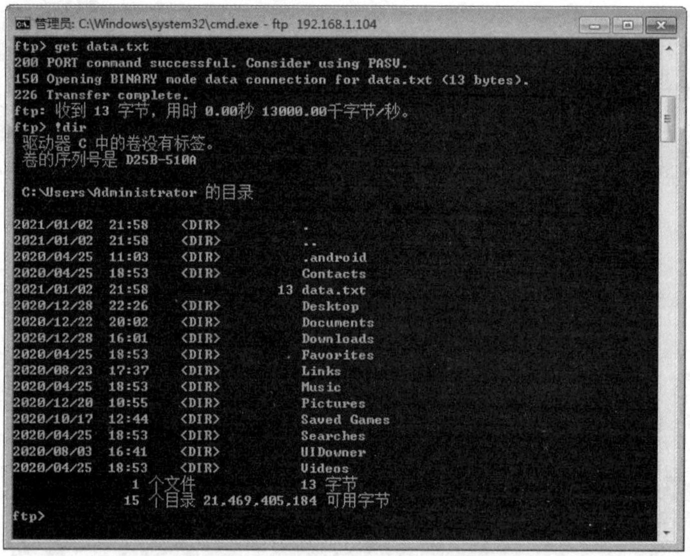

图 11-23　下载文件 data

在 ftp>提示符下可以执行很多操作，可以使用命令 *help* 或者?进行查看，如图 11-24 所示。

图 11-24　查看 ftp>下可以使用的命令

在 Windows 操作系统中，也可以使用图形化桌面进行查看下载的文件 data.txt，如图 11-25 所示。

图 11-25　查看下载文件 data.txt

（10）在 Windows 客户端，也可以利用 IE 浏览器进行连接，打开 IE 浏览器，在地址栏中输入 *ftp://192.168.1.104* 命令，出现图 11-26 所示窗口。

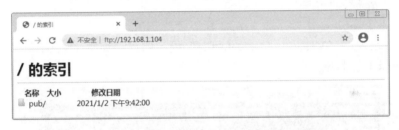

图 11-26　使用 IE 浏览器进行 FTP 服务器连接

2. 实现匿名账号上传功能

（1）将本地目录中的文件 mark.txt 上传到 pub 目录中，执行命令 *put mark.txt*，如图 11-27 所示。

图 11-27　上传文件失败

从图 11-27 中可以看出，上传文件失败，这是因为 FTP 服务器默认情况下不允许匿名客户端向服务器传输文件。

（2）修改配置文件，使匿名客户可以上传文件。

使用命令 *vim /etc/vsftpd/vsftpd.conf* 打开配置文件，将以下两行前的"#"删除，如图 11-28 所示。

```
#anon_upload_enable=YES
#anon_mkdir_write_enable=YES
```

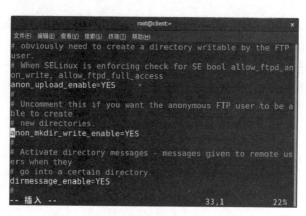

图 11-28　设置允许匿名用户上传

第一行的作用是允许匿名用户上传，第二行的作用是开启匿名用户的写和创建目录的权限。若要使这两行设置生效，同时还要求

```
anonymous_enable=YES
write_enable=YES
```

这两行命令默认情况下已经开启。

（3）使用命令 *systemctl restart vsftpd* 重新启动 vsftpd 服务器。然后再次使用命令 *put mark.txt* 上传，出现 "553 Could not create file" 提示错误，如图 11-29 所示，这是因为目录/var/ftp/pub 没有写权限。

图 11-29　因为没有写权限上传失败

（4）为了实现上传功能，还要保证系统中文件系统有写入权限，使用命令 *ll /var/ftp* 查看 pub 文件夹的权限，如图 11-30 所示。pub 的权限为 drwxr-xr-x，即其他用户没有写入权限。使用命令 *chmod o+w /var/ftp/pub* 为其他用户增加写入权限。

图 11-30　设置 FTP 属性

（5）重新测试匿名用户上传，重新连接到 FTP 服务器，执行 put 命令。首先使用命令 *cd pub* 进入 pub 目录，执行命令 *put mark.txt*，最后使用命令 *ls* 进行查看，如图 11-31 所示，已经成功将图片上传到 FTP 服务器中。创建目录也可以成功。

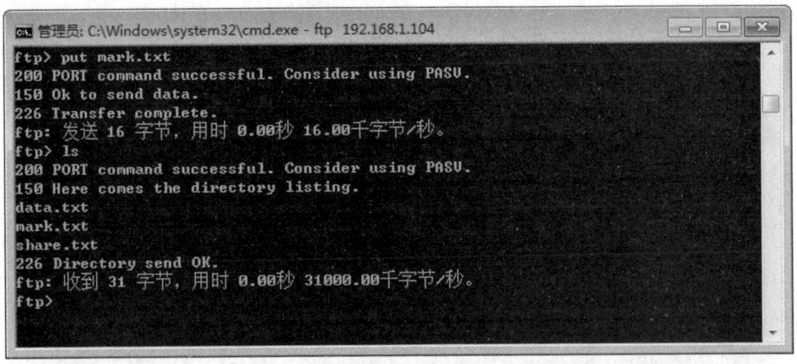

图 11-31　上传文件成功

请扫描二维码观看任务 2 配置匿名用户访问 FTP 服务器。

任务 2
配置匿名用户
访问 FTP 服务
器

11.3.3　配置本地用户访问 FTP 服务器

本地用户登录 FTP 服务器时，登录名为本地用户名，密码为本地用户的密码，本地用户可以离开自己的/home 目录切换至有权访问的其他目录，并在权限允许的情况下进行上传和下载。创建访问 FTP 服务器需要的本地用户 rose、mark 和 john，并设置密码，使用用户 rose 登录 FTP 服务器，实现上传和下载文件，然后将用户 rose 添加到文件 ftpusers 中，实现拒绝 rose 用户登录服务器，文件 ftpusers 中列举的用户名单相当于黑名单。

1. 测试本地账户

（1）创建系统用户 rose、mark 和 john，并设置密码，如图 11-32 所示。

图 11-32　添加用户

（2）登录 FTP 服务器，使用新建立的用户名 rose 和密码。如图 11-33 所示，使用命令 *pwd* 显示账户工作目录是/home/rose。

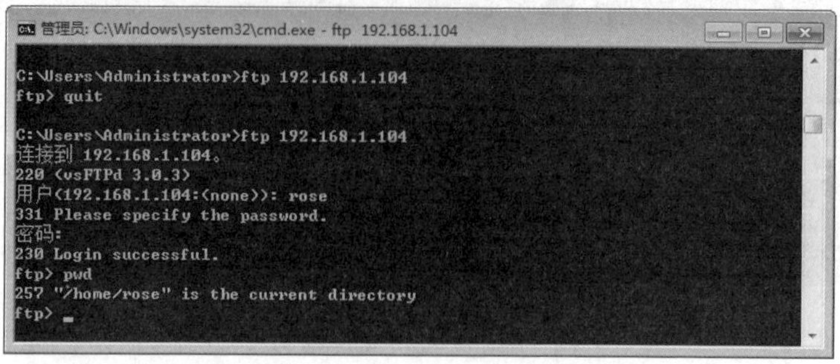

图 11-33　使用账户 rose 登录 FTP 服务器

（3）测试下载文件，首先使用命令 *ls* 查看目录中的内容，然后使用命令 *get 2.png* 下载文件到本地目录中，如图 11-34 所示。

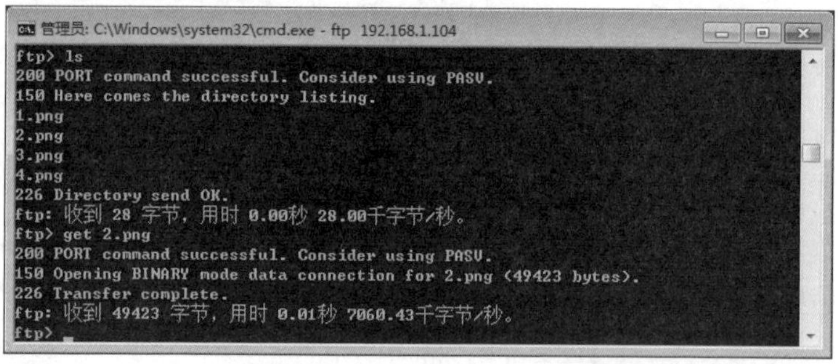

图 11-34　使用账户 rose 下载文件

（4）测试上传文件，首先使用命令 *!dir* 查看目录中的内容，或者新建一个文件 rose.txt，然后使用命令 *put rose.txt* 将本地目录中的 rose.txt 上传到 FTP 服务器的/home/rose 中，文件名仍然为 rose.txt，如图 11-35 所示，成功上传。

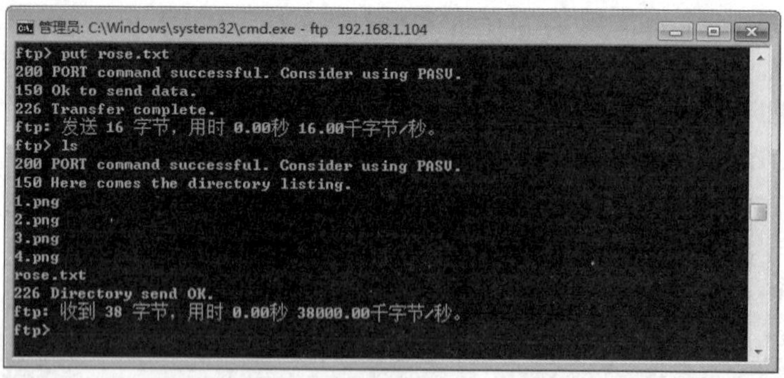

图 11-35　使用账户 rose 上传文件

2. 拒绝用户 rose 访问 FTP 服务器

使用 *vim /etc/vsftpd/ftpusers* 打开*/etc/vsftpd/ftpusers* 文件，将用户 rose 写在文件的末尾，如图 11-36 所示。

图 11-36　添加 rose 用户

使用同样方法用 rose 进行登录服务，出现"登录失败"提示，如图 11-37 所示。

图 11-37　登录失败提示

使用账号 mark 和 john 进行登录，能成功登录，说明只限制了用户 rose 登录到 FTP 服务器上。

请扫描二维码观看任务 3 配置本地用户访问 FTP 服务器。

任务 3
配置本地用户
访问 FTP 服
务器

11.3.4　将所有的本地用户都锁定在宿主目录中

vsftpd 服务默认允许本地用户登录系统后切换到其他系统目录，包括根目录等系统目录，这样存在安全隐患。为了系统安全，本节任务实现当本地用户登录时，不能切换到系统中其他目录，只能在宿主目录"/home/用户名"目录中。先使用用户 mark 登录到 FTP 服务器上，进行目录切换，可以发现该用户能切换到任意目录，然后进行设置，修改配置文件，实现本地用户只能访问自己的家目录，无法切换到其他目录，提高系统的安全性。

（1）使用本地用户 mark 登录 FTP 服务器，验证用户可以切换到其他系统目录，如图 11-38 所示。使用命令 *pwd* 可以查看用户登录时进入的用户的主目录/home/mark，然后使用命令 *cd* /可以成功切换到根目录，使用命令 *pwd* 可以查看根目录内容。

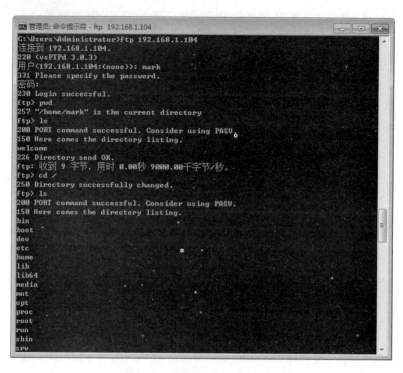

图 11-38　用户可以切换目录

（2）修改配置文件 vim /etc/vsftpd/vsftpd.conf，在#chroot_list_enable 语句上方增加一条语句 *chroot_local_user=YES*，重启 vsftpd 服务器，如图 11-39 所示。

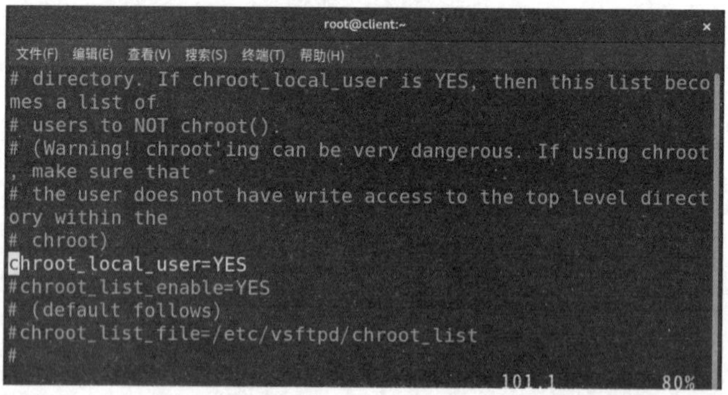

图 11-39　修改配置文件锁定宿主目录

（3）更改后，使用用户 mark 登录，出现 500 错误，如图 11-40 所示。

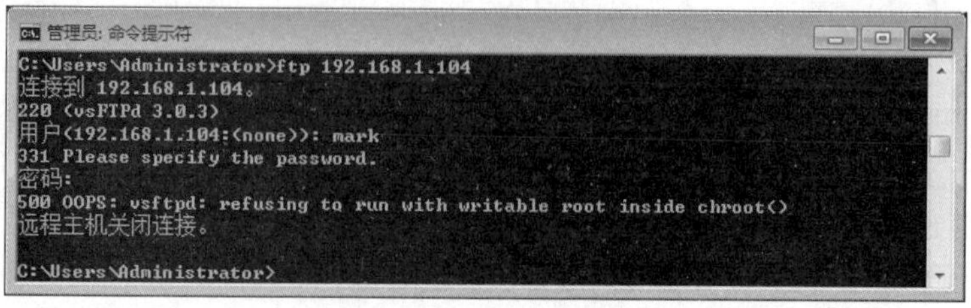

图 11-40　mark 登录出错

（4）使用命令 *chmod u-w /home/** 更改目录/home 的权限，如图 11-41 所示。

图 11-41　修改目录 home 权限

（5）重新使用 mark 用户登录，使用命令 *cd /* 执行切换目录后，使用 *ls* 查看当前目录文件，看到了 welcome 目录，说明用户还在主目录中，无法切换到系统其他目录，即锁定在主目录/home/mark 中，增强了系统安全性，如图 11-42 所示。

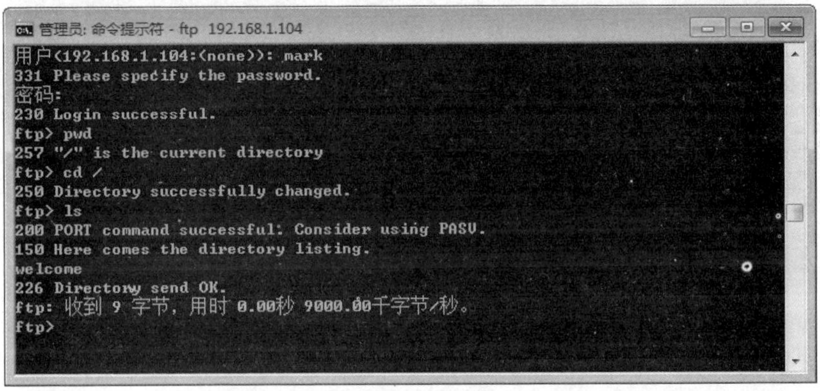

图 11-42　用户锁定在主目录中

请扫描二维码观看任务 4 将所有用户都锁定在宿主目录。

任务 4
将所有用户
都锁定在宿
主目录

11.3.5　设置只有特定用户才可以访问 FTP 服务器

FTP 服务器默认允许所有本地用户访问，这样安全性不高。为了提高 FTP 服务器安全性，可以禁止所有用户访问，然后允许特定的用户访问，即设置白名单。本节任务实现只有特定用户才能访问 FTP 服务器。实现特定用户访问 FTP 服务器，需要修改文件 user_list，在此任务中，只有用户 rose 和 mark 可以访问服务器，而其他用户如 john 等都不可以访问 FTP 服务器。

（1）在 11.4.3 节中，已经将 rose 用户设置拒绝登录到 FTP 服务器，要将此设置还原，即修改配置文件/etc/vsftpd/ftpusers，将 rose 从该文件中删除，允许 rose 登录到服务器上。

（2）编辑配置文件 vsftpd.conf，userlist_enable=YES 选项默认开启，再增加一行内容

userlist_deny=NO，即表示在用户列表中的用户允许访问 FTP 服务器，其他用户不允许访问，如图 11-43 所示。

```
root@client:~
文件(F) 编辑(E) 查看(V) 搜索(S) 终端(T) 帮助(H)
# You may activate the "-R" option to the builtin ls. This is disabled by
# default to avoid remote users being able to cause excessive I/O on large
# sites. However, some broken FTP clients such as "ncftp" and "mirror" assume
# the presence of the "-R" option, so there is a strong case for enabling it.
#ls_recurse_enable=YES
#
# When "listen" directive is enabled, vsftpd runs in standalone mode and
# listens on IPv4 sockets. This directive cannot be used in conjunction
# with the listen_ipv6 directive.
listen=NO
#
# This directive enables listening on IPv6 sockets. By default, listening
# on the IPv6 "any" address (::) will accept connections from both IPv6
# and IPv4 clients. It is not necessary to listen on *both* IPv4 and IPv6
# sockets. If you want that (perhaps because you want to listen on specific
# addresses) then you must run two copies of vsftpd with two configuration
# files.
# Make sure, that one of the listen options is commented !!
listen_ipv6=YES

pam_service_name=vsftpd
userlist_enable=YES
userlist_deny=NO
                                                        128,16        底端
```

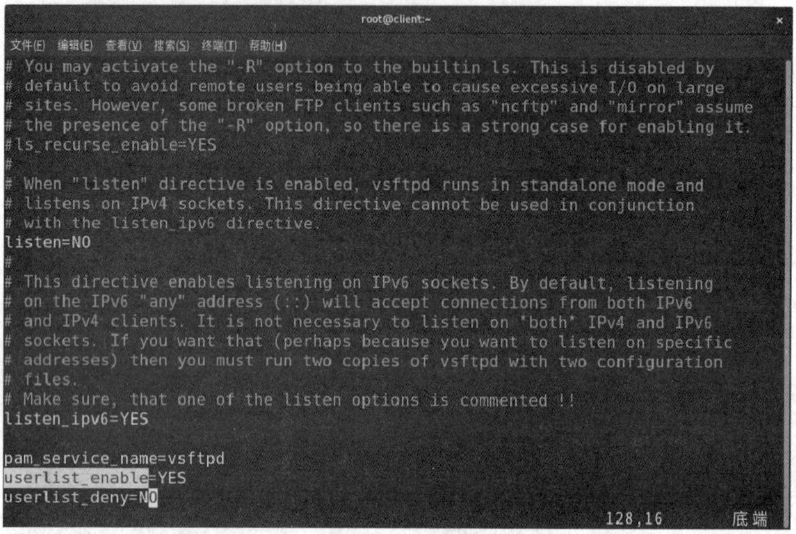

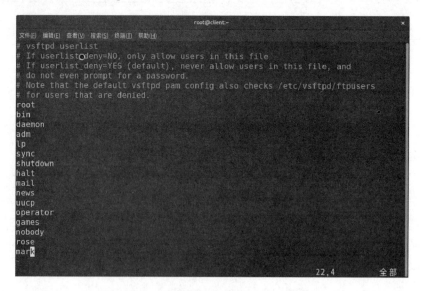

图 11-43　修改配置文件启用白名单

（3）编辑配置文件/etc/vsftpd/user_list，将用户 rose 和 mark 添加在末尾，如图 11-44 所示。

```
root@client:~
文件(F) 编辑(E) 查看(V) 搜索(S) 终端(T) 帮助(H)
# vsftpd userlist
# If userlist_deny=NO, only allow users in this file
# If userlist_deny=YES (default), never allow users in this file, and
# do not even prompt for a password.
# Note that the default vsftpd pam config also checks /etc/vsftpd/ftpusers
# for users that are denied.
root
bin
daemon
adm
lp
sync
shutdown
halt
mail
news
uucp
operator
games
nobody
rose
mark
~
                                                        22,4          全部
```

图 11-44　将用户添加到 user_list 文件中

该文件中还有很多其他用户，是不是也可以登录到 FTP 服务器中呢？是不可以登录的，因为这些用户也存在于文件 ftpusers 中，是不允许登录到 FTP 服务器中的。

（4）重启服务后，使用 mark 和 rose 能成功登录，但是使用用户 john 登录时登录失败，如图 11-45 所示。

图 11-45 rose、mark 登录成功，john 登录失败

请扫描二维码观看任务 5 设置特定用户访问 FTP 服务器。

任务 5
设置特定用户
访问 FTP 服务
器

11.4 项目总结

本项目学习了 FTP 服务器的建立与管理。FTP 服务器主要通过 vsftpd 软件进行配置，要求掌握服务器安装，配置匿名用户访问 FTP 服务器，配置本地用户访问 FTP 服务器，将所有的本地用户锁定在宿主目录中，设置只有特定用户才可以访问 FTP 服务器，这些任务的完成需要配置的文件包括 vsftpd.conf、ftpusers 和 user_list，要求熟练掌握。

11.5 项目实训

1. 实训目的
（1）掌握 FTP 服务器的基本知识。
（2）能够配置 FTP 服务器。
（3）能够进行客户端验证。

2．实训环境

（1）Linux 服务器。

（2）Windows 客户机。

（3）查看网卡的 IP 地址是否设置正确，检测 Linux 服务器和 Windows 客户机是否连通，查看 vsftpd 服务程序是否安装，查看防火墙是否允许 FTP 服务。

3．实训内容

（1）规划 FTP 服务器资源和访问资源的用户权限，并画出网络拓扑图。

（2）配置 FTP 服务器。

① 启动 FTP 服务。

② 实现匿名用户上传文件。

③ 创建本地用户，实现上传和下载。

④ 将用户锁定在自己的主目录中。

⑤ 拒绝某些本地用户访问 FTP 服务器。

（3）在客户端进行上传和下载。

在客户端分别使用浏览器和命令方式访问 FTP 服务器。

（4）设置 FTP 服务器自动运行。

4．实训要求

实训分组进行，可以两人一组，小组讨论，确定方案后进行讲解；教师给予指导，全体学生参与评价。方案实施过程中，一台计算机作为 FTP 服务器，另一台计算机作为客户机，要轮流进行角色转换。

5．实训总结

完成实训报告，总结项目实施中出现的问题。

11.6 项 目 练 习

一、选择题

1. 客户机从 FTP 服务器下载文件使用（ ）命令。

    A．put   B．get   C．mput   D．mget

2. 将用户加入以下（ ）文件中可能会阻止用户访问 FTP 服务器。

    A．ftpusers   B．user_list   C．vsftpd.conf   D．dhcpd.conf

3. FTP 服务器的主配置文件是（ ）。

    A．smb.conf   B．vsftpd.conf   C．dhcpd.conf   D．httpd.conf

4. FTP 服务器采用的端口是（ ）。

    A．53   B．80   C．21   D．69

5. FTP 服务器采用的协议是（ ）。

    A．http   B．ftp   C．dns   D．web

6. 向 FTP 服务器上传文件使用命令（ ）。

    A．put   B．get   C．mput   D．mget

二、填空题

1. vsftpd 的用户主要分为三类：_____、_____和_____。

2. 启动 FTP 服务器的命令是_____。
3. FTP 服务就是_____，FTP 的英文全称是_____。
4. 匿名用户登录到 FTP 服务器上，默认的路径是_____。
5. 设置 FTP 服务开机自动运行的命令是_____。

项目⑫

➡ 架设邮件服务器

电子邮件是 Internet 上应用很广泛的服务，通过电子邮件系统，用户可以用非常低廉的价格、以非常快速的方式，在几秒之内与世界各地的网络用户联系。这些电子邮件可以是文字、图像、声音等各种方式。很多企业经常使用免费电子邮件系统搭建公司的邮件服务器，使员工之间便利地进行通信。

12.1 项 目 描 述

某公司拓扑如图 12-1 所示。该公司以 Linux 网络操作系统为平台，建设公司邮件服务器站点，实现用户之间发送和接收邮件功能。邮件服务器的 IP 地址是 192.168.1.106，域名是 mail.lnjd.com。

公司的网络管理员为了完成该项目，需要首先进行项目分析，安装邮件服务器，安装 Postfix 相关软件和 Dovecot 软件。安装后，首先设置 DNS 服务器，DNS 服务器的 IP 地址是 192.168.1.104，域名是 dns.lnjd.com，设置邮件服务器的域名为 mail.lnjd.com，然后配置邮件服务器，利用 Postfix 相关软件和 Dovecot 软件构建邮件服务器，完成发送邮件和接收邮件功能，最后在客户端进行邮件发送和接收测试。

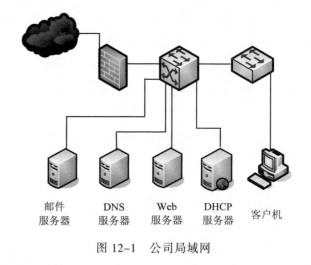

图 12-1 公司局域网

邮件服务器   DNS 服务器   Web 服务器   DHCP 服务器   客户机

12.2 相 关 知 识

12.2.1 电子邮件系统概述

1. 电子邮件的特点

电子邮件使用客户机/服务器工作模式。欲使用电子邮件的人员可到 ISP 网站注册申请邮箱，获得电子邮件账号（电子邮件地址）及密码，即可通过专用的邮件处理程序接发电子邮件。邮件发送者将邮件发送到邮件接收者的 ISP 邮件服务器的邮箱中，接收者可在任何时刻查看或下载邮件。电子邮件可以在两个用户间交换，也可以向多个用户发送同一封邮件，或将收到的邮件转发给其他用户。电子邮件不仅包含文本信息，还可包含声音、图像、视频、应用程序等各类文件。

与其他通信方式相比，电子邮件具有以下特点：

（1）电子邮件比人工邮件传递迅速，可达到的范围广，而且比较可靠。

（2）电子邮件与电话系统相比，它不要求通信双方都在场，而且不需要知道通信对方在网络中的具体位置。

（3）电子邮件可以实现一对多的邮件传送，这样可以使一位用户向多人发出通知的过程变得容易。

（4）电子邮件可以将文字、图像、语音等多种类型的信息集成在一个邮件中传送，因此它是多媒体信息传送的重要手段。

2．电子邮件系统的基本构成

一个电子邮件系统的组成如图 12-2 所示。

图 12-2　电子邮件系统结构

邮件的发送协议为 SMTP，即简单电子邮件发送协议。邮件下载协议为 POP，即邮局协议，目前经常使用的是第 3 个版本，称为 POP3 协议。用户通过 POP3 协议将邮件下载到本地 PC 进行处理，ISP 邮件服务器上的邮件会自动删除。IMAP 因特网报文存取协议，也是邮件下载协议，但它与 POP 协议不同，它支持在线对邮件的处理，邮件的检索与存储等操作不必先下载到本地。用户不发送删除命令，邮件一直保存在邮件服务器上。常用的收发电子邮件的软件 Windows 操作系统有 Exchange、Outlook Express、Foxmail 等，Linux 操作系统有 Postfix、Sendmail 等，这些软件提供邮件的接收、编辑、发送及管理功能。

3．电子邮件的组成

电子邮件由信封（envelope）和内容（content）两部分组成。电子邮件的传输程序根据邮件信封上的信息来传送邮件。用户在从自己的邮箱中读取邮件时才能见到邮件的内容。在邮件的信封上，最重要的就是收信人的地址。

4．电子邮件地址的格式

传统的邮政系统要求发信人在信封上写清楚收信人的姓名和地址，这样，邮递员才能投递信件。互联网上的电子邮件系统也要求用户有一个电子邮件地址。TCP/IP 体系的电子邮件系统规定电子邮件地址的格式如下：

收信人邮箱名@邮箱所在主机的域名

符号"@"读作"at"，表示"在"的意思。

例如，电子邮件地址 cpl@sina.com，cpl 这个用户名在该域名的范围内是唯一的，邮箱所在的主机的域名 sina.com 在全世界必须是唯一的。

5．工作过程

（1）用户通过用户代理程序撰写、编辑邮件。在发送栏填入收件人的邮件地址。

（2）撰写完邮件后，单击"发送"按钮，准备将邮件通过 SMTP 协议传送到发送邮件服务器。

（3）发送邮件服务器将邮件放入邮件发送缓存队列中，等待发送。

（4）接收邮件服务器将收到的邮件保存到用户的邮箱中，等待收件人提取邮件。

（5）收件人在方便的时候，使用 POP3 协议从接收邮件服务器中提取电子邮件，通过用户代理程序进行阅览、保存及其他处理。

6. SMTP 协议

简单邮件传输协议 SMTP 是电子邮件系统中的一个重要协议，它负责将邮件从一个"邮局"传送给另一个"邮局"。SMTP 的最大特点是简单和直观，它不规定邮件的接收程序如何存储邮件，也不规定邮件发送程序多长时间发送一次邮件，它只规定发送程序和接收程序之间的命令和应答。

协议实现的过程是双方信息交换的过程。SMTP 协议正是规定了进行通信的两个 SMTP 进程间是如何交换信息的。SMTP 使用 C/S 模式工作，因此发送方为客户端（Client 端），接收方为服务器端（Server 端）。

SMTP 规定了 14 条命令和 21 种响应信息。每条命令由 4 个字母组成，而响应信息一般由一个 3 位数字代码开始，后面附上简单的说明。

SMTP 协议的工作过程可分为如下三个过程。

（1）建立连接：在这一阶段，SMTP 客户请求与服务器的 25 端口建立一个 TCP 连接。一旦连接建立，SMTP 服务器和客户就开始相互通告自己的域名，同时确认对方的域名。

（2）邮件传送：利用命令，SMTP 客户将邮件的源地址、目的地址和邮件的具体内容传递给 SMTP 服务器，SMTP 服务器进行相应的响应并接收邮件。

（3）连接释放：SMTP 客户发出退出命令，服务器在处理命令后进行响应，随后关闭 TCP 连接。

SMTP 具有以下缺点：

（1）SMTP 不能传送可执行文件或其他二进制对象。

（2）SMTP 限于传送 7 位的 ASCII。许多其他非英语国家的文字（如中文、俄文，甚至带重音符号的法文或德文）都无法传送。

（3）SMTP 服务器会拒绝超过一定长度的邮件。

某些 SMTP 的实现并没有完全按照 SMTP 标准。

7. POP3 协议

当邮件到来后，首先存储在邮件服务器的电子邮箱中。如果用户希望查看和管理这些邮件，则可以通过 POP3 协议将邮件下载到用户所在的主机。邮局协议 POP 是一个非常简单、但功能有限的邮件读取协议，现在使用的是它的第 3 个版本 POP3。POP 也使用客户服务器的工作方式。在接收邮件的用户 PC 中必须运行 POP 客户程序，而在用户所连接的 ISP 的邮件服务器中则运行 POP 服务器程序。

12.2.2　Postfix 服务器的主配置文件 main.cf 介绍

/etc/postfix/main.cf 是 Postfix 服务器的主配置文件，基本上所有的配置都需要在此配置文件上进行修改，如域名、主机名、本地网络、启动接口和虚拟域名的配置等。默认情况下，该配置文件的主要配置参数如下：

（1）`queue_directory = /var/spool/postfix`

设定邮件队列的路径。

（2）`command_directory = /usr/sbin`

设定 Postfix 相关命令的工作目录。

（3）`daemon_directory = /usr/libexec/postfix`

设定 Postfix 相关的守护程序的路径。

（4）`data_directory = /var/lib/postfix`

设定 Postfix 可擦写数据的存放位置。

（5）`mail_owner = postfix`

设定邮件队列的所有者。

（6）`default_privs = nobody`

设定本地发件代理的默认权限。

（7）`myhostname = host.domain.tld`

设定主机名称，需要使用完全主机名称。

（8）`mydomain = domain.tld`

设定本地域名。如果不做设定，则该参数的值等于 myhostname 参数值减去主机名称。

（9）`myorigin = $myhostname`

设定邮件头中的 Mail from 的值。

（10）`inet_interfaces = localhost`

设定监听地址。如果设定为 localhost，那么 Postfix 监听 127.0.0.1，如果需要 Postfix 监听所有的地址，那么可以将值 localhost 修改为 all。

（11）`inet_protocols = all`

设定 Postfix 支持 IPv4 和 IPv6。

（12）`proxy_interfaces = 1.2.3.4`

设定需要监听的邮件代理服务器地址。

（13）`mydestination = $myhostname, localhost.$mydomain, localhost`

设定本机可用于收信的主机名称。

（14）`unknown_local_recipient_reject_code = 550`

如果收件人不存在于邮件系统中，那么返回 550 错误代码。

（15）`mynetworks_style = host`

设定可信任的主机范围。参数可以为 class、subnet 和 host。class 表示与本机同网段的所有主机，subnet 表示与本机相同子网的所有主机，host 表示仅信任本机。由于该参数值会被 mynetworks 的参数值覆盖，所以 mynetworks _style 可以不作设定。

（16）`mynetworks = 168.100.189.0/28,127.0.0.0/8`

设定可信任的 IP 范围。

（17）`relay_domains = $mydestination`

设定可信任域，在该信任域中的主机可以通过本机 postfix 转发邮件。

（18）`relayhost = $mydomain`

设定邮件转发主机，本机将通过该转发主机中转邮件。

（19）`alias_maps = hash:/etc/aliases`
　　　`alias_database = hash:/etc/aliases`

设定邮件别名。邮件别名功能可实现邮件转递和分发。

（20）`recipient_delimiter = +`

设定邮件分隔符。

（21）home_mailbox = Mailbox

设定用户邮件的存储路径，该路径与用户主目录有关。

（22）mail_spool_directory = /var/mail

制定邮件队列的存储目录。

（23）mailbox_command = /some/where/procmail

使用指定的外部命令来寄送邮件。

（24）smtpd_banner = $myhostname ESMTP $mail_name

显示 SMTP 相关信息。

（25）default_destination_concurrency_limit = 20

设定同一封信可以发送给多少个收件人。

（26）debug_peer_level = 2

设定日志级别增量。

（27）debugger_command =

    PATH=/bin:/usr/bin:/usr/local/bin:/usr/X11R6/bin

    ddd $daemon_directory/$process_name $process_id & sleep 5

指定调试器。

（28）mailq_path = /usr/bin/mailq.postfix

指定 Postfix mailq 命令的路径，该命令兼容于 Sendmail。

（29）setgid_group = postdrop

设定邮件提交和队列管理的所属组。

（30）html_directory = no

指定 Postfix 的 HTML 文档路径。

（31）manpage_directory = /usr/share/man

指定 MAN 文档路径。

（32）sample_directory = /usr/share/doc/postfix-2.6.6/samples

指定样例文件路径。

12.3　项目实施

12.3.1　安装邮件服务器

现在常用的邮件服务器有很多，在 Windows 平台下，常用 Exchange、Mdaemon 等软件搭建 SMTP、POP3 服务的邮件服务器。在 Linux 平台下，常用邮件服务器软件有 Postfix、Sendmail、Dovecot 等。Sendmail 软件是一款成熟度较高、应用广泛的邮件程序，它主要运行于 RHEL 5 以前版本；Postfix 与 Sendmail 兼容，可以作为 Sendmail 的替代产品，它采用模块化设计，比 Sendmail 运行速度更快、安全性更高，是 RHEL 8 系统默认安装的邮件程序。安装了 Postfix 软件，提供 SMTP 服务，用户就可以登录到服务器上读信或写信，而且信件也保留在该服务器上，即发送邮件服务器功能；如果需要将电子邮件从服务器上下载到本地计算机进行阅读或保存，还必须安装 POP 或 IMAP 服务器软件，经常使用 Dovecot 提供 POP3 服务，搭建接收邮件服务器。

在安装操作系统过程中，可以选择是否安装邮件服务器。如果不确定是否安装了邮件服务，可以使用命令进行查询。安装时使用 rpm 命令，需要先挂载光盘。安装完成后，查询安装的文件，并且启动邮件服务器，设置邮件服务器在下次系统登录时自动运行。

1. 安装 Postfix 软件

在安装 Red Hat Enterprise Linux 8 时，会提示用户是否安装邮件服务器。用户可以选择在安装系统时完成邮件软件包的安装。如果不能确定邮件服务器是否已经安装，可以在"终端"中输入命令 *rpm –qa | grep postfix* 进行验证。如果如图 12-3 所示，说明系统已经安装邮件服务器。

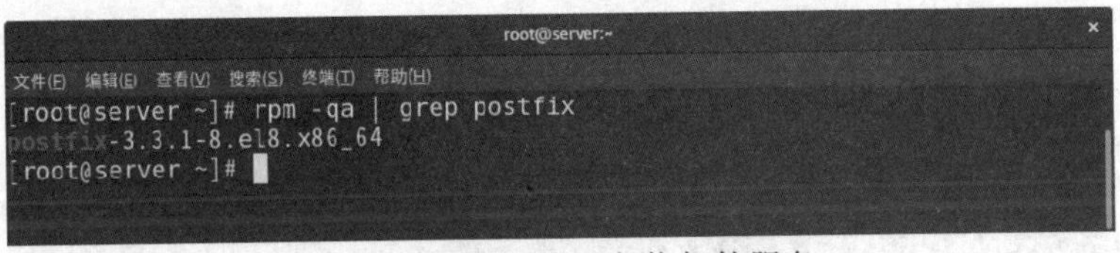

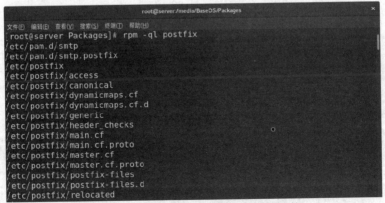

图 12-3　检测是否安装邮件服务

如果安装系统时没有选择 Postfix 服务器，需要进行安装。

管理员将安装光盘放入光驱后，使用命令 *mount /dev/cdrom /media* 进行挂载，然后使用命令 *cd /media/BaseOS/Packages* 进入目录，使用命令 *ls | grep postfix* 找到安装包 postfix-3.3.1-8.el8.x86_64.rpm 安装包，如图 12-4 所示。

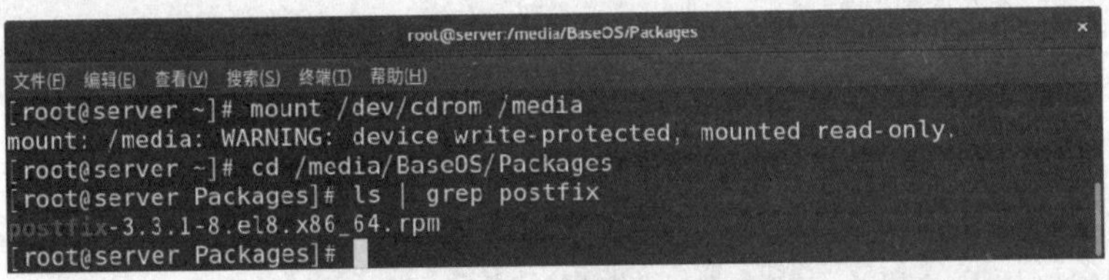

图 12-4　找到安装包

"终端"命令窗口运行命令 *rpm –ivh　postfix–3.3.1–8.el8.x86_64.rpm* 即可开始安装程序，或者配置好 yum 源后，执行 *yum –y install postfix* 命令进行安装。

在安装完邮件服务器之后，可以利用命令 *rpm –ql postfix* 来查看安装后产生的文件，如图 12-5 所示。

图 12-5　查看安装 postfix 后产生的文件

在上述的文件中，最重要的文件有以下几个：

/etc/postfix/mail.cf：Postfix 的主配置文件。

/etc/postfix/master.cf：Postfix 的控制配置文件。

/etc/postfix/ access：Postfix 访问控制文件，其数据库文件是 access.db。

/etc/aliases：用于定义 Postfix 邮箱别名，其数据库文件是 access.db。

/etc/mail/virtual：虚拟域名配置文件。

2. 启动与关闭邮件服务器

Postfix 的配置完成后，必须重新启动服务。

可以在"终端"命令窗口运行命令 *systemctl start Postfix* 来启动 Postfix 服务器，命令 *systemct stop Postfix* 来关闭服务器，命令 *systemctl restart Postfix* 来重新启动 Postfix 服务器，如图 12-6 ~ 图 12-8 所示。

图 12-6　启动 Postfix 服务器

图 12-7　停止 Postfix 服务器

图 12-8　重新启动 Postfix 服务器

3. 查看 Postfix 服务器状态

可以通过命令 *systemctl status postfix* 查看 Postfix 服务器当前运行的状态，如图 12-9 所示。从图中可以看到 Postfix 服务器的状态是"acitve（running）"，是活跃的状态。

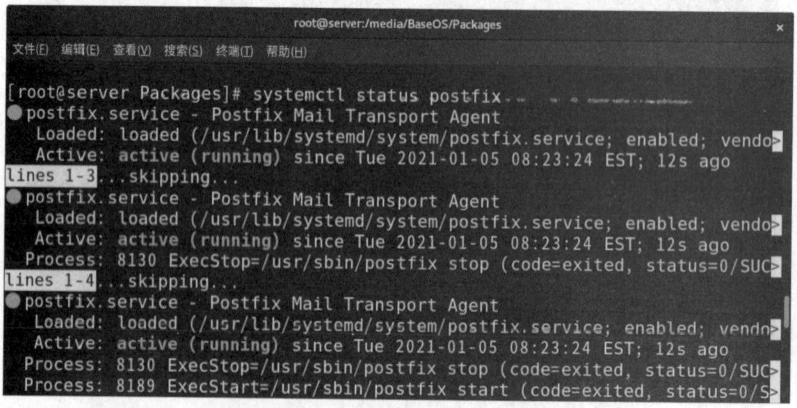

图 12-9　查看 Postfix 服务器状态

4. 设置开机时自动运行 Postfix 服务器

Postfix 服务器非常重要，在开机时应该自动启动，来节省每次手动启动的时间，并且可以避免 Postfix 服务器没有开启停止服务的情况。

在"终端"中输入命令 *systemctl enable postfix*，将 Postfix 服务设置成开机自动启动，如图 12-10 所示。

```
root@server:/media/BaseOS/Packages                                    ×
文件(F) 编辑(E) 查看(V) 搜索(S) 终端(T) 帮助(H)
[root@server Packages]# systemctl enable postfix
Created symlink /etc/systemd/system/multi-user.target.wants/postfix.service
→/usr/lib/systemd/system/postfix.service.
[root@server Packages]#
```

图 12-10 设置 Postfix 服务器自动启动

如果开机自动关闭 FTP 服务，使用命令 *systemctl disable postfix*，如图 12-11 所示。

```
root@server:/media/BaseOS/Packages                                    ×
文件(F) 编辑(E) 查看(V) 搜索(S) 终端(T) 帮助(H)
[root@server Packages]# systemctl disable postfix
Removed /etc/systemd/system/multi-user.target.wants/postfix.service.
[root@server Packages]#
```

图 12-11 设置 Postfix 服务器自动关闭

请扫描二维码观看任务 1 安装邮件服务器。

任务 1
安装邮件服务器

12.3.2 配置邮件服务器

邮件服务器是企业中最常使用的一种服务，利用此服务，员工可以方便地进行通信和传输数据。此项目先配置 DNS 服务器，然后配置 SMTP，即邮件发送服务器，主要配置主配置文件 /etc/postfix/main.cf；然后配置 POP3 协议来连接邮件服务器，使用 Dovecot 软件来架设 POP 邮件服务器。

1. 配置 DNS 服务器

为了在网络中正确定位邮件服务器的位置，首先为 lnjd.com 区域设置邮件转发器，即 MX 资源记录。

按照 9.4.2 节的方式设置全局配置文件和主配置文件，在主配置文件 named.zone 中设定正向解析区域文件为 lnjd.com.zone，该正向解析区域文件内容如图 12-12 所示。

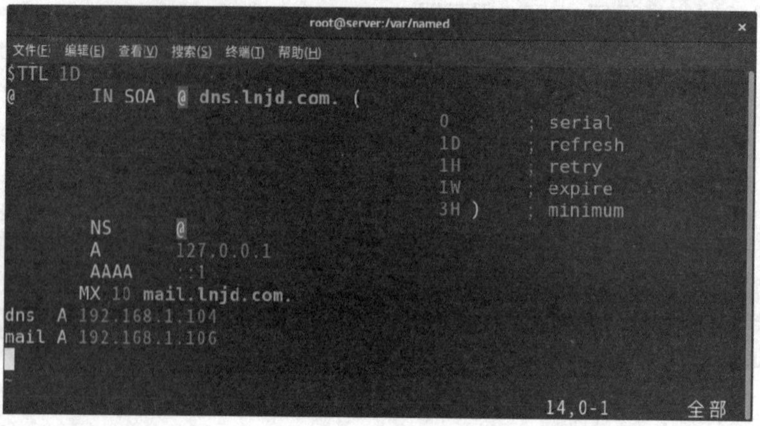

图 12-12　正向解析区域文件

设置邮件服务器地址为 192.168.1.106，域名为 mail.lnjd.com，邮件转发器 MX 的优先级为 10。

保存后使用命令 *systemctl restart named* 重启 DNS 服务，使用命令 *nslookup* 进行域名验证，如图 12-13 所示。

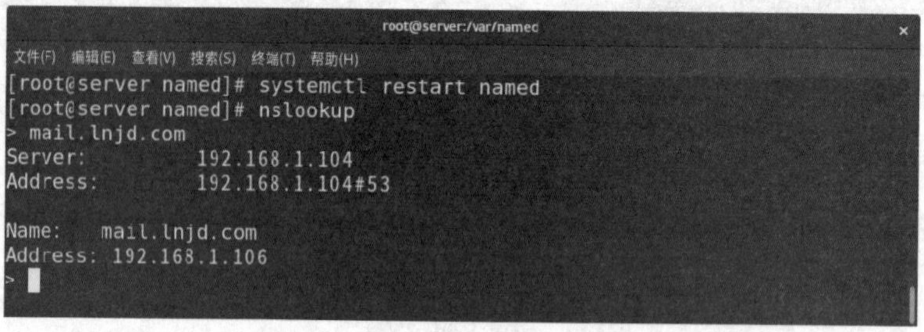

图 12-13　验证邮件服务器域名

2. 配置主配置文件 Postfix

（1）使用命令 *cd /etc/postfix* 目录，使用命令 *vi main.cf* 打开配置文件，该文件内容非常庞大，按照任务要求，管理员只需修改如下内容：

94 行修改为 *myhostname = mail.lnjd.com*，将主机名称修改为 mail.lnjd.com，如图 12-14 所示。

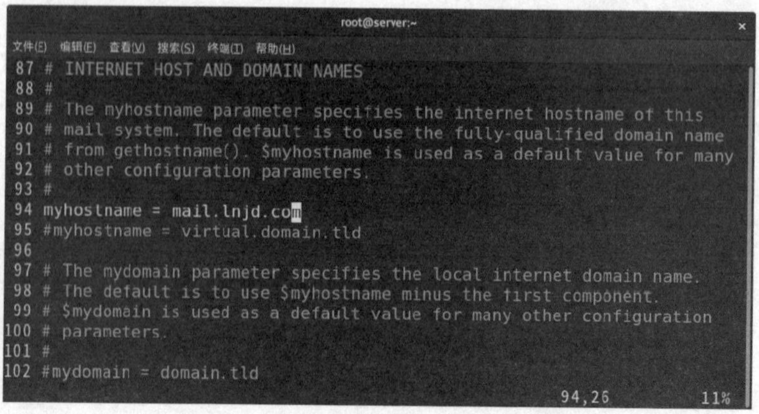

图 12-14　修改主配置文件 *main.cf*

102 行修改为 *mydomain = lnjd.com*，指定域名是 lnjd.com。

118 行修改为 *myorigin = $myhostname*，将该行之前的 "#" 去掉，设置本机寄出邮件的主机名或域名。

135 行修改为 *inet_interfaces = all*，将监听的接口由本机修改为所有端口。

183 行注释掉，也就是在 mydestination= $ myhostname, localhost. $mydomain, localhost 内容前加上#。

184 行启用，就是在 183 行的基础上增加$mydomain，设置可接收邮件的主机名或域名，其他主机名和域名的邮件将拒绝转发。

283 行修改为 *mynetworks = 192.168.1.0/24*，设置来自子网 192.168.1.0 的邮件进行转发，其他子网邮件将拒绝转发。

315 行修改为 *relay_domains = $mydestination*，将该行之前的 "#" 去掉，设置可转发来自哪些主机名或域名的邮件。

438 行修改为 *home_mailbox = Mailbox*，将该行之前的 "#" 去掉，设置邮件存储位置和格式。

（2）使用命令 *postfix check* 对配置文件进行检查，如果没有语法错误直接显示提示符，如图 12-15 所示。

图 12-15　检查配置文件

（3）使用命令 *systemctl restart postfix* 重新启动服务器，如图 12-16 所示。

图 12-16　重启 Postfix 服务器

（4）使用命令 *groupadd gmail* 创建一个组 gmail，再使用命令 *useradd* 创建三个账号：mail1、mail2 和 mail3，进行邮件发送和接收，将这三个用户加入到组 gmail 中，并且不允许在本地登录，设置密码，如图 12-17 所示。

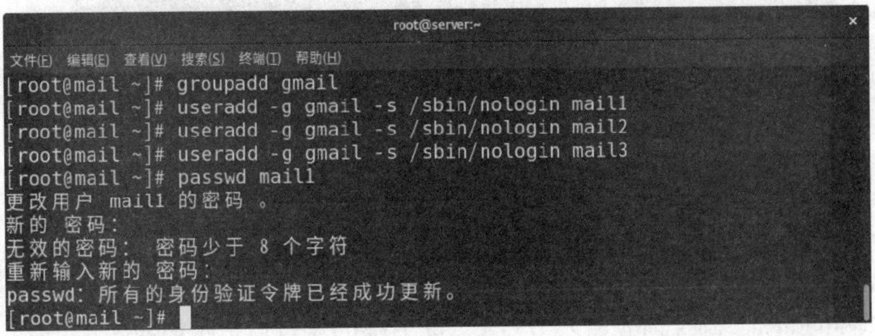

图 12-17　创建邮件账户

项目 12　架设邮件服务器

（5）安装 telnet 服务，进行测试使用。

使用命令 *yum −y install telnet**安装 telnet 服务，如图 12−18 所示，并使用命令 *systemctl start telnet.socket* 启动服务，如图 12−19 所示。

图 12−18　安装 telnet 服务

图 12−19　启动 telnet 服务

（6）发信的测试。

使用命令 *telnet mail.lnjd.com 25* 登录到邮件服务器上，如图 12−20 所示，表示已经成功登录，SMTP 协议使用的端口号是 25。

图 12−20　使用 telnet 登录

使用命令 *helo localhost* 查看邮件服务器域名，如图 12−21 所示，可以看到查到的邮件服务器的域名是 mail.lnjd.com。

图 12−21　查看域名

接着书写邮件的发信人地址，使用命令 *mail from:mail1@lnjd.com*，收件人的地址格式是 rcpt to:mail2@lnjd.com，邮件内容输入 DATA，按【Enter】键后提示输入"."表示内容结束，邮件内容是 "This is a mail to mail2."，然后输入"."，如图 12−22 所示，提示发送成功。

图 12-22　撰写邮件

邮件发送成功后，使用命令 *quit* 退出 telnet 登录状态，如图 12-23 所示。

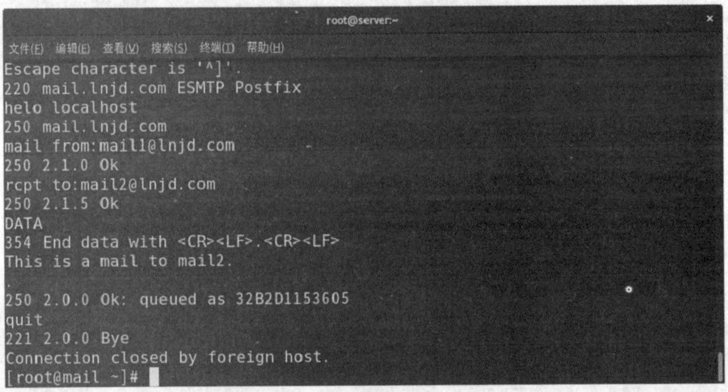

图 12-23　退出 telnet 登录

最后，查看邮件，邮件发送给用户 mail2 后，会自动保存在目录/home/mail2/Maildir/new 目录中，首先使用命令 *ls /home/mail2/Maildir/new* 查看该目录下有一封邮件，如图 12-24 所示，再使用命令 *cat   /home/mail2/Maildir/new/1609857211.Vfd00I21ce2c2M919790.mail.lnjd.com* 查看邮件内容，可以看到这是一封来自 mail1 的邮件，邮件的内容是 This is a mail to mail2.，说明邮件已经成功发送给用户 mail2。

图 12-24　查看邮件

3. 配置 Dovecot POP3 服务

Postfix 只能实现 SMTP 服务，也就是邮件的发送服务，如果客户端使用 Outlook 或 Foxmail 接收邮件，必须使用 POP3 协议来接收邮件服务器。所以，在服务器上还需要安装并启用支持 POP3 协议的服务器软件。

Dovecot 是一个开源的 IMAP4 和 POP3 邮件服务器，支持 Linux/UNIX 系统。Dovecot 所支持的 POP3 和 IMAP4 协议能够使客户端从服务器接收邮件。

（1）安装 Dovecot 服务。使用命令 *yum –y install dovecot* 安装软件，如图 12-25 所示，说明软件已经安装。

图 12-25　安装 dovecot 软件

（2）使用命令 *vim /etc/ dovecot/dovecot.conf* 打开配置文件，修改如下内容：

将 24 行#protocols = imap imaps pop3 pop3s 前的注释符号去掉，支持 IMAP4 和 POP3 等协议，如图 12-26 所示。

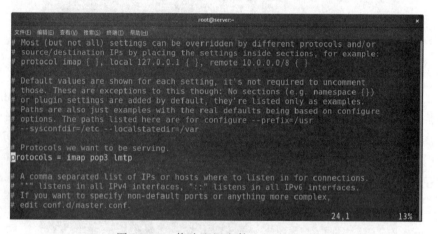

图 12-26　修改配置文件 dovecot.conf

将 30 行修改为 *listen = **，设置监听本地所有网络接口。

将 48 行修改为 *login_trusted_networks = 192.168.1.0/24*，设置允许登录的网段地址，如图 12-19 所示。

（3）使用命令 *vi /etc/dovecot/conf.d/10-mail.conf* 打开配置文件，将 mail_location = maildir:~/Maildir 前的 "#" 号去掉，指定邮件存储格式和路径，如图 12-27 所示。

（4）使用命令 *systemctl start dovecot* 启动服务器，如图 12-28 所示。

（5）使用命令 *netstat –an | grep 110* 和 *netstat –an | grep 143* 测试是否开启 POP3 的 110 端口和 IMAP4 的 143 端口，如图 12-29 和图 12-30 所示，显示 110 和 143 端口已经开启，表

示 POP3 服务和 IMAP4 服务已经可以正常工作。

```
# See doc/wiki/Variables.txt for full list. Some examples:
#
#   mail_location = maildir:~/Maildir
#   mail_location = mbox:~/mail:INBOX=/var/mail/%u
#   mail_location = mbox:/var/mail/%d/%1n/%n:INDEX=/var/indexes/%d/%1n/%n
#
# <doc/wiki/MailLocation.txt>

mail_location = maildir:~/Maildir

# If you need to set multiple mailbox locations or want to change default
# namespace settings, you can do it by defining namespace sections.

# You can have private, shared and public namespaces. Private namespaces
# are for user's personal mails. Shared namespaces are for accessing other
# users' mailboxes that have been shared. Public namespaces are for shared
# mailboxes that are managed by sysadmin. If you create any shared or public
# namespaces you'll typically want to enable ACL plugin also, otherwise all
                                                          30,33            5%
```

图 12-27　修改配置文件 10-mail.conf

```
[root@mail ~]# systemctl start dovecot
[root@mail ~]#
```

图 12-28　启动 dovecot 服务器

```
[root@mail ~]# netstat -an | grep 110
tcp        0      0 0.0.0.0:110              0.0.0.0:*               LISTEN

unix  2      [ ACC ]     STREAM     LISTENING     101102   public/pickup
unix  2      [ ACC ]     STREAM     LISTENING     101106   public/cleanup
unix  2      [ ACC ]     STREAM     LISTENING     101109   public/qmgr
unix  3      [ ]         STREAM     CONNECTED     101103
unix  3      [ ]         STREAM     CONNECTED     101100
unix  3      [ ]         STREAM     CONNECTED     101108
unix  3      [ ]         STREAM     CONNECTED     101104
unix  3      [ ]         STREAM     CONNECTED     101107
unix  3      [ ]         STREAM     CONNECTED     101101
unix  3      [ ]         STREAM     CONNECTED     41105
unix  3      [ ]         STREAM     CONNECTED     48110
unix  3      [ ]         STREAM     CONNECTED     101110
[root@mail ~]#
```

图 12-29　查看开启 POP3 服务

```
[root@mail ~]# netstat -an | grep 143
tcp        0      0 0.0.0.0:143              0.0.0.0:*               LISTEN

unix  2      [ ACC ]     STREAM     LISTENING     101143   private/relay
[root@mail ~]#
```

图 12-30　查看开启 IMAP 服务

（6）利用 Windows 客户端进行邮件收发测试，使用用户 mail1@lnjd.com 和用户 mail2@lnjd.com 互相发送邮件，发送成功则说明邮件服务器架设成功。

　请扫描二维码观看任务 2 配置邮件服务器。

项目 12 架设邮件服务器

任务 2
配置邮件服务器

12.3.3 邮件收发测试

邮件服务器架设完成后，使用 Outlook 进行邮件发送和接收测试，用户 mail1 给用户 mail2 发送一封邮件。

（1）启动 Outlook 软件，如图 12-31 所示，单击"下一步"按钮。

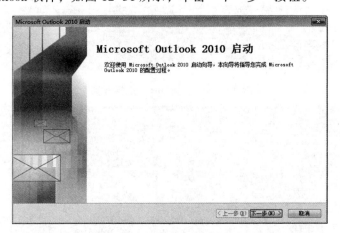

图 12-31 启动 Outlook 软件

（2）在"账户配置"界面，询问是否配置电子邮件账户，选择"否"单选按钮，不进行配置电子邮件账户，如图 12-32 所示，单击"下一步"按钮。

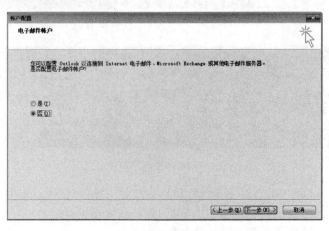

图 12-32 询问是否创建电子邮件账户

（3）出现"取消配置"界面，如图 12-33 所示，提示不配置电子邮件账户将无法发送或接收电子邮件，可以稍后再添加电子邮件账户，选择"继续（没有电子邮件支持）"复选框，单击"完成"按钮，进入 Outlook 收发邮件界面，如图 12-34 所示。

图 12-33　确认不创建电子邮件账户

图 12-34　进入 Outlook 收发邮件界面

（4）创建需要的账户 mail1 和 mail2，单击"文件"|"信息"|"添加账户"，如图 12-35 所示。

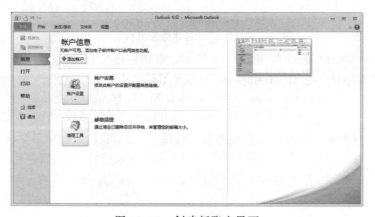

图 12-35　创建新账户界面

（5）在"自动账户设置"界面选择"手动配置服务器设置或其他服务器类型"，如图 12-36 所示，单击"下一步"按钮。

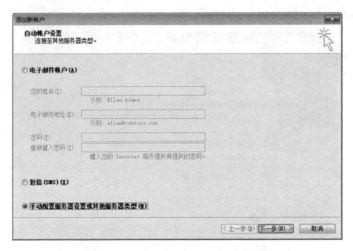

图 12-36　选择账户创建方式界面

（6）在"选择服务"界面选中"Internet 电子邮件"单选按钮，如图 12-37 所示，单击"下一步"按钮。

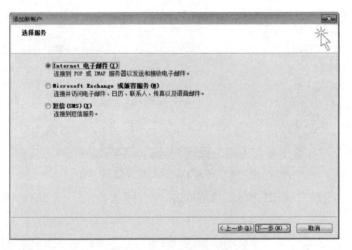

图 12-37　选择服务界面

（7.）设置电子邮件信息，如图 12-38 所示，在用户信息中，"您的姓名"文本框中输入 mail1，"电子邮件地址"是 mail1@lnjd.com；服务器信息中，"账户类型"使用默认的 POP3，"接收邮件服务器"是 mail.lnjd.com，"发送邮件服务器"是 mail.lnjd.com；登录信息中，"用户名"是 mail1，设置 mail1 的登录密码。单击右下角的"其他设置"按钮，查看发送服务器和接收服务器的设置状态，在"发送服务器"选项卡中，"我的发送服务器（SMTP）要求验证"选项一定不能选中，如图 12-39 所示，在"高级"选项卡中，"在服务器上保留邮件的副本"一定要选中，如图 12-40 所示。完成后单击"下一步"按钮。

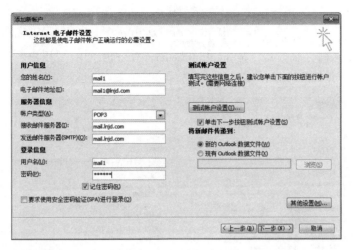

图 12-38 设置账户信息

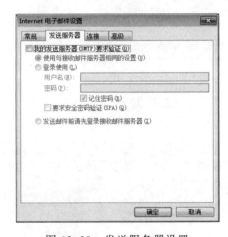

图 12-39 发送服务器设置

图 12-40 接收服务器设置

（8）测试账户，如图 12-41 所示，提示登录到接收邮件服务器正常，发送测试电子邮件消息正常。

（9）单击"关闭"按钮，出现"祝贺您"界面，提示账户创建成功，如图 12-42 所示。

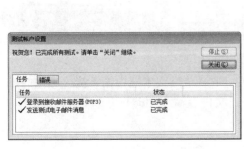

图 12-41 测试账户

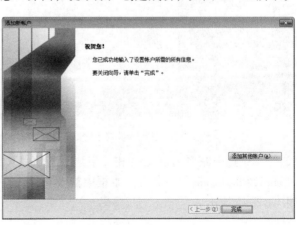

图 12-42 完成账户创建

（10）使用同样的方法创建账户 mail2。"您的姓名"文本框中输入 mail2，"电子邮件地址"是 mail2@lnjd.com；服务器信息中，"账户类型"使用默认的 POP3，"接收邮件服务器"是 mail.lnjd.com，"发送邮件服务器"是 mail.lnjd.com；登录信息中，"用户名"是 mai12，设置 mail2 的登录密码，如图 12-43 所示。

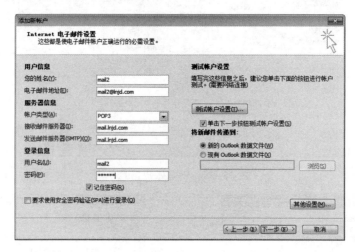

图 12-43　添加账户 mail2

（11）账户创建完成后，回到邮件发送窗口，可以看到，在左侧出现了新创建的账户 mail1 和 mail2，如图 12-44 所示。

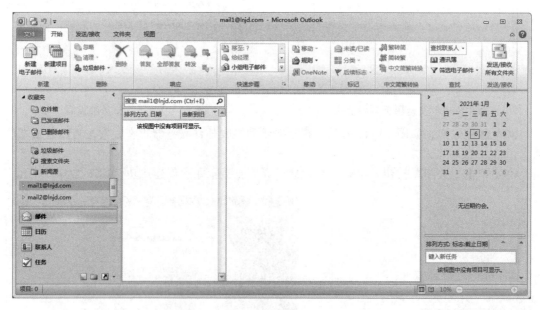

图 12-44　账户创建完成窗口

（12）选中账户 mail1，单击"新建电子邮件"，在"收件人"文本框中输入接收邮件的账户 mail2@lnjd.com，"主题"文本框中输入 test，邮件正文内容输入 This is a mail from mail1!，如图 12-45 所示。

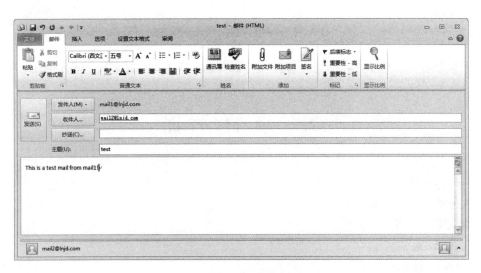

图 12-45　撰写邮件内容

（13）单击"发送"按钮，然后进入 mail2 账户，如图 12-46 所示，可以看到 mail2 收到了三封电子邮件，第一封邮件是 mail1 刚发送的邮件 test，第二封是系统发送的测试消息，还有一封邮件是配置发送邮件服务器时发送的测试邮件。

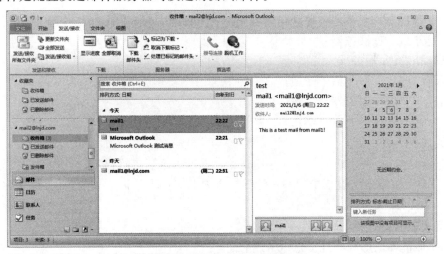

图 12-46　mail2 账户收到的邮件

扫描二维码观看任务 3 邮件收发测试。

任务 3
邮件收发测试

12.4　项　目　总　结

本项目学习了邮件服务器的建立与管理。邮件服务器主要通过 Postfix 软件架设 SMTP 邮件服务器发送邮件，利用 dovecot 软件架设 POP3 服务器接收邮件。

12.5　项　目　实　训

1.　实训目的

（1）掌握邮件服务器的基本知识。

（2）能够配置邮件服务器。

（3）能够进行客户端验证。

2.　实训环境

（1）Linux 服务器。

（2）Linux 客户机。

（3）查看网卡的 IP 地址是否设置正确，检测 Linux 服务器和 Linux 客户机是否连通，查看 Postfix 服务程序是否安装，查看防火墙是否允许 Postfix 服务。

3.　实训内容

（1）规划 Postfix 服务器资源和访问资源的用户权限，并画出网络拓扑图。

（2）配置 Postfix 服务器。

①　启动 Postfix 服务器。

②　配置 Dovecot 服务器。

③　启动 Dovecot 服务器。

（3）设置 Postfix 服务器自动运行。

4.　实训要求

实训分组进行，可以两人一组，小组讨论，确定方案后进行讲解；教师给予指导，全体学生参与评价。方案实施过程中，一台计算机作为 Linux 服务器，另一台计算机作为客户机，要轮流进行角色转换。

5.　实训总结

完成实训报告，总结项目实施中出现的问题。

12.6　项　目　练　习

一、选择题

1. 客户机从邮件服务器下载文件使用（　　　）协议。

　　A. SMTP　　　　　　　B. POP3　　　　　　　C. MIME　　　　　　　D. HTTP

2. 安装 Dovecot 服务器后，若要启动该服务，正确的命令是（　　　）。

　　A. sevice dovecot start　　　　　　　B. sevice dovecot stop

　　C. sevice postfix start　　　　　　　D. sevice postfix stop

3. Postfix 服务器的主配置文件是（　　　）。

　　A. mail.cf　　　　　　B. mail.mc　　　　　　C. access　　　　　　D. local-host-name

4. SMTP 协议采用的端口是（　　　）。

    A. 143   B. 110   C. 21   D. 25

5. POP3 协议使用的端口是（　　　）。

    A. 25   B. 80   C. 110   D. 143

二、填空题

1. 配置邮件服务器，需要安装的软件包主要有＿＿＿＿＿＿＿＿、＿＿＿＿＿＿＿＿、＿＿＿＿＿＿＿＿、和＿＿＿＿＿＿＿＿。

2. 启动 Postfix 服务器使用命令＿＿＿＿＿＿＿＿。

3. SMTP 工作在 TCP 协议上默认端口是＿＿＿＿＿＿＿＿，POP3 工作在 TCP 协议上默认端口是＿＿＿＿＿＿＿＿。

4. 常用的与电子邮件相关的协议是＿＿＿＿＿＿＿＿、＿＿＿＿＿＿＿＿和＿＿＿＿＿＿＿＿。

5. 设置 Postfix 服务开机自动运行的命令是＿＿＿＿＿＿＿＿。

项目⑬

➡ **架设防火墙**

防火墙是一种非常重要的网络安全工具。利用防火墙可以保护企业内部网络免受外网的威胁，作为网络管理员，掌握防火墙的安装和配置非常重要。

13.1 项 目 描 述

某公司网络管理员要以 Linux 网络操作系统为平台，配置包过滤防火墙，保护公司的服务器，公司网络拓扑如图 13-1 所示。

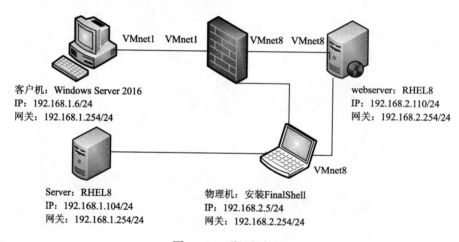

图 13-1 项目拓扑图

项目要求：

（1）firewall 防火墙要求安装 Red Hat Enterprise Linux 8 操作系统，安装两块网卡，VMnet1 与客户机相连，VMnet8 与 webserver 相连。

（2）webserver 要求安装 Red Hat Enterprise Linux 8 操作系统，并安装 HTTP 和 FTP 服务，通过 VMnet8 与 firewall 相连。

（3）客户机安装 Windows Server 2016，通过 VMnet1 与 firewall 相连。

（4）server 上安装 Red Hat Enterprise Linux 8 操作系统。

（5）物理机上安装 FinalShell 软件，远程管理 firewall 和 webserer。

公司的网络管理员为了完成该项目，首先安装 FinalShell 软件，使用 FinalShell 远程连接多个服务器，然后实现全网互通，WebServer 服务器上安装 httpd 和 vsftpd 服务，并启动服务，

FTP 服务配置匿名用户可以访问。在 Windows Server 2016 上测试 webserver 的 HTTP 和 FTP 服务是否可以正常访问。再安装防火墙软件包，启动防火墙，配置防火墙规则，允许服务通过，并进行验证。最后配置防火墙规则，添加富规则，实现把从 192.168.2.0/24 网段进入的数据流的目标 80 端口转换为 8080 端口，再实现拒绝 192 168.3.0/24 网段的用户访问 HTTP 服务。

13.2　相　关　知　识

13.2.1　防火墙概述

防火墙是指隔离在本地网络与外界网络之间的一道防御系统，是此类防范措施的总称。防火墙的工作原理如图 13-2 所示。

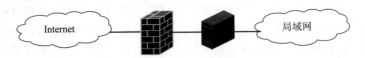

图 13-2　防火墙工作原理

从图 13-2 中可以看出，防火墙的主要功能是过滤两个网络的数据包，一般保护的是局域网。一般公司局域网都通过拨号或专线接入互联网，局域网内部使用私有地址，为了保护公司局域网免遭互联网攻击者的入侵，需要在局域网和互联网的接入点上放置防火墙。

防火墙可以使用硬件来实现，也可以使用软件来实现。本任务采用 Linux 内核即软件来实现防火墙技术。

防火墙通常具备以下几个特点：

（1）位置权威性。网络规划中，防火墙必须位于网络的主干线路。只有当防火墙是内、外部网络之间通信的唯一通道时，才可以全面、有效地保护企业内部的网络安全。

（2）检测合法性。防火墙最基本的功能是确保网络流量的合法性，只有满足防火墙策略的数据包才能够进行相应转发。

（3）稳定性。防火墙处于网络边缘，它是连接网络的唯一通道，时刻都会经受网络入侵的考验，所以其稳定性对于网络安全而言至关重要。

13.2.2　防火墙的功能

（1）过滤进出网络的数据包，封堵某些禁止的访问行为。

（2）对进出网络的访问行为作出日志记录，并提供网络使用情况的统计数据，实现对网络存取和访问的监控审计。

（3）对网络攻击进行检测和告警。

（4）防火墙可以保护网络免受基于路由的攻击，如 IP 选项中的源路由攻击和 ICMP 重定向中的重定向路径，并通知防火墙管理员。

（5）提供数据包的路由选择和网络地址转换（NAT），从而解决局域网中主机使用内部 IP 地址也能够顺利访问外部网络的应用需求。

13.2.3 防火墙的种类

防火墙的分类方法多种多样,从传统意义上讲,防火墙大致可以分为三大类,分别是"包过滤""应用代理""状态检测"。无论防火墙的功能多么强大,性能多么完善,归根结底都是在这三种技术的基础之上进行功能扩展的。

1. 包过滤防火墙

包过滤是最早使用的一种防火墙技术,它检查每一个接收的数据包,查看其中可用的基本信息,如源地址和目的地址、端口号、协议等。然后,将这些信息与设立的规则相比较,符合规则的数据包通过,不符合规则的数据包将被拒绝和丢弃。

现在防火墙所使用的包过滤技术基本上都属于"动态包过滤"技术。其前身是"静态包过滤"技术,也是包过滤防火墙的第一代模型,虽然适当地调整和设置过滤规格可以使防火墙更加安全有效,但是这种技术只能根据预计的过滤规格进行判断,显得有些笨拙。后来人们对包过滤技术进行了改进,并把这种改进后的技术称为"动态包过滤"。在保持"静态包过滤"技术所有优点的基础上,动态包过滤功能还会对已经成功与计算机连接的报文传输进行跟踪,并且判断该连接所发送的数据包是否会对系统构成威胁,从而有效地阻止有害的数据继续传输。虽然与静态包过滤技术相比,动态包过滤技术需要消耗更多的系统资源和时间来完成包过滤工作,但是当前市场上几乎已经见不到静态包过滤技术的防火墙了,能选择的大部分是动态包过滤技术的防火墙。

包过滤防火墙根据建立的一套规则,检查每一个通过的网络包,或者丢弃,或者通过。它需要配置多个地址,表明它有两个或两个以上网络连接接口。例如,作为防火墙的设备可能有两块网卡(NIC):一块连到内部网络,另一块连到公共的 Internet。

2. 代理防火墙

随着网络技术的不断发展,包过滤防火墙的不足不断明显,人们发现一些特殊的报文攻击可以轻松突破包过滤防火墙的保护,例如,SYN 攻击、ICMP 洪水等。因此,人们需要一种更为安全的防火墙保护技术,在这种需求下,"应用代理"技术防火墙诞生了。一时间,以代理服务器作为专门为用户保密或者突破访问限制的数据转发通道,在网络当中被广泛使用。

代理防火墙接收来自内部网络用户的通信请求,然后建立与外部网络服务器单独的连接,其采用的是一种代理机制,可以为每个应用服务建立一个专门的代理,所以内外部网络之间的通信不是直接的,而都需先经过代理服务器审核,通过审核后再由代理服务器代为连接,内外部网络主机没有任何直接会话的机会,从而加强了网络的安全性。应用代理技术并不是单纯的,在代理设备中嵌入包过滤技术,而是一种称为"应用协议分析"的新技术。

"应用协议分析"技术工作在 OSI 模型的最高层即应用层上,也就是说防火墙所接触到的所有数据形式和用户所看到的是一样的,而不是带着 IP 地址和端口号等的数据形式。对于应用层的数据过滤要比包过滤更为烦琐和严格。它可以更有效地检查数据是否存在危害。而且,由于"应用代理"防火墙是工作在应用层,防火墙还可以实现双向限制,在过滤外部网络有害数据的同时监控内部网络的数据,管理员可以配置防火墙实现身份验证和连接现实功能,进一步防止内部网络信息泄露所带来的隐患。

代理防火墙通常支持的一些常见的应用服务有 HTTP、HTTPS/SSL、SMTP、POP3、IMAP、NNTP、TELNET、FTP、IRC。

虽然"应用代理"技术比包过滤技术更加完善,但是"应用代理"防火墙也存在问题,当用户对网速要求较高时，代理防火墙就会成为网络出口的瓶颈。防火墙需要为不同的网络服务建立专门的代理服务，而代理程序为内、外部网络建立连接时需要时间，所以会增加网络延时，但对于性能可靠的防火墙可以忽略该影响。

3. 状态检测技术

状态检测技术是继"包过滤"和"应用代理"技术之后发展的防火墙技术，它是基于"动态包过滤"技术之上发展而来的新技术。这种防火墙加入了一种被称为"状态检测"的模块，它会在不影响网络正常工作的情况下，采用抽取相关数据的方法对网络通信的各个层进行监测，并根据各种过滤规则做出安全决策。

"状态检测"技术保留了"包过滤"技术中对数据包的头部、协议、地址、端口等信息进行分析的功能，并进一步发展"会话过滤"功能，在每个连接建立时，防火墙会为这个连接构造一个会话状态，里面包含了这个连接数据包的所有信息，以后这个连接都基于这个状态信息进行。这种检测方法的优点是能对每个数据包的内容进行监控，一旦建立了一个会话状态，则此后的数据传输都要以这个会话状态作为依据。例如，一个连接的数据包源端口号为8080，那么在这以后的数据传输过程中防火墙都会审核这个包的源端口是不是8080，如果不是就拦截这个数据包。而且，会话状态的保留是有时间限制的，在限制的范围内如果没有再进行数据传输，这个会话状态就会被丢弃。状态检测可以对包的内容进行分析，从而摆脱了传统防火墙仅局限于过滤包头信息的弱点，而且这个防火墙可以不必开放过多的端口，从而进一步杜绝了可能因开放过多端口而带来的安全隐患。

13.2.4 Linux 内核的 Netfilter 架构

从 1.1 内核开始，Linux 就具有了包过滤功能，管理员可以根据自己的需要定制其工具、行为和外观，无须昂贵的第三方工具。

虽然 Netfilter/iptables IP 信息包过滤系统被称为单个实体，但它实际上由 Netfilter 和 iptables 两个组件组成。

（1）Netfilter 组件也称内核空间，是内核的一部分，由一些"表"（table）组成，每个表由若干"链"（chains）组成，而每条链中可以有一条或数条规则（rule）。

（2）iptables 组件是一种工具，也称用户空间，它使插入、修改和移去信息包过滤表中的规则变得容易。

13.2.5 Netfilter 的工作原理

Netfilter 的工作过程是：

（1）用户使用 iptables 命令在用户空间设置过滤规则，这些规则存储在内核空间的信息包过滤表中，而在信息包过滤表中，规则被分组放在链中。这些规则具有目标，它们告诉内核对来自某些源地址、前往某些目的地或具有某些协议类型的信息包做些什么。如果某个信息包与规则匹配，就使用目标 ACCEPT 允许该包通过。还可以使用 DROP 或 REJECT 来阻塞并杀死信息包。

根据规则所处理的信息包的类型，可以将规则分组在以下三个链中：

① 处理入站信息包的规则被添加到 INPUT 链中。

② 处理出站信息包的规则被添加到 OUTPUT 链中。

③ 处理正在转发的信息包的规则被添加到 FORWARD 链中。

INPUT 链、OUTPUT 链和 FORWARD 链是系统默认的 filter 表中的三个默认主链。

（2）内核空间接管过滤工作。当规则建立并将链放在 filter 表之后，就可以进行真正的信息包过滤工作了，这时内核空间从用户空间接管工作。

Netfilter/iptables 系统对数据包进行过滤的流程如图 13-3 所示。

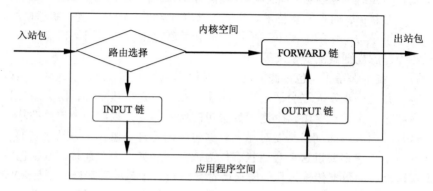

图 13-3　数据包过滤过程

包过滤工作要经过如下步骤：

（1）路由。当信息包到达防火墙时，内核先检查信息包的头信息，尤其是信息包的目的地，这个过程称为路由。

（2）根据情况将数据包送往包过滤表的不同的链。

① 如果信息包来源于外界并且数据包的目的地址是本机，而且防火墙是打开的，那么内核将它传递到内核空间信息包过滤表的 INPUT 链。

② 如果信息包来源于系统本机或系统所连接的内部网上的其他源，并且此信息包要前往另一个外部系统，那么信息包将被传递到 OUTPUT 链。

③ 信息包来源于外部系统并前往外部系统的信息包被传递到 FORWARD 链。

（3）规则检查。将信息包的头信息与它所传递到的链中的每天规则进行比较，看它是否与某个规则完全匹配。

① 如果信息包与某条规则匹配，那么内核就对该信息包执行由该规则的目标指定的操作。如果目标为 ACCEPT，则允许该信息包通过，并将该包发给相应的本地进程处理；如果目标为 DROP 或 REJECT，则不允许该包通过，并将该包阻塞并杀死。

② 如果信息包与这条规则不匹配，那么它将与链中的下一条规则进行比较。

③ 如果信息包与链中的任何规则都不匹配，那么内核将参考该链的策略来决定如何处理该信息包。理解的策略应该告诉内核 DROP 该信息包。

13.2.6　防火墙原理

1. firewalld 防火墙体系结构

RHEL 8 中引入了一种与 netfilter 交互的新的中间层服务程序 firewalld（旧版中的 iptables、ip6tables 和 ebtables 等仍保留）。firewalld 是一个可以配置和监控系统防火墙规则的系统服务程序或守护进程，该守护进程具备了对 IPv4、IPv6 和 ebtables 等多种规则的监控功能，不过 firewalld 底层调用的命令仍然是 iptables 等。

firewalld 防火墙体系结构如图 13-4 所示。

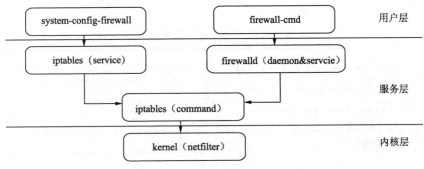

图 13-4 firewalld 防火墙体系结构

2. firewalld 区域

为了简化防火墙管理，firewalld 将所有网络流量划分为多个区域。根据数据包源 IP 地址或传入网络接口等条件，流量将转入相应区域的防火墙规则，firewalld 提供的几种预定义的区域及防火墙初始规则如表 13-1 所示。

表 13-1 firewalld 预定义的区域及防火墙初始规则

区域（zone）	区域中包含的初始规则
Trusted（受信任的）	允许所有流入的数据包
Home（家庭）	拒绝流入的数据包，允许外出及服务 ssh、mdns、ipp-client、samba-client 与 dbcpv6-client
Internal（内部）	拒绝流入的数据包，允许外出及服务 ssh、mdns、ipp-client、samba-client 与 dbcpv6-client
Work（工作）	拒绝流入的数据包，除非与输出流量数据包相关或是 ssh、ipp-client 与 dhcpv6-client 服务则允许
Public（公开）	拒绝流入的数据包，允许外出及服务 ssh、dhepv6-client，新添加的网络接口默认的默认区域
Extermnal（外部）	拒绝流入的数据包除非与输出流量数据包相关，允许外出及服务 ssh、mdns、ipp-client、samba-client、dhcpv6 client，默认启用了伪装
Dmz（隔离区）	拒绝流入的数据包，除非与输出流量数据包相关，允许外出及服务 ssh
Block（阻塞）	拒绝流入的数据包，除非与输出流量数据包相关
Drop（丢弃）	任何流入网络的包都被丢弃不作出任何响应，除非与输出流量数据包相关。只允许流出的网络连接

3. firewalld 规则

数据包要进入到内核必须要通过这些区域中的一个，不同的区域里预定义的防火墙规则不一样，管理员可以根据计算机所处的不同网络环境和安全需求将网卡连接到相应区域（默认区域是 public），并对区域中现有规则进行补充完善，进而制定出更为精细的防火墙规则来满足网络安全的要求。一块物理网卡可以有多个网络连接，一个网络连接只能连接一个区域，而一个区域可以接收多个网络连接。

根据不同的语法来源，firewalld 包含的规则有以下三种：

（1）标准规则：利用 firewalld 的基本语法规范所制定或添加的防火墙规则。

（2）直接规则：当 firewalld 的基本语法表达不够用时，通过手动编码的方式直接利用其底层的 iptables 或 ebtables 的语法规则所制定的防火墙规则。

（3）富规则：firewalld 的基本语法未能涵盖的，通过富规则语法制定的复杂防火墙规则。

项目 13 架设防火墙

4. firewall 命令

（1）systemctl 命令列表如表 13-2 所示。

表 13-2　systemctl 命令列表

命　　令	功　　能
systemctl unmask firewalld	执行命令，即可实现取消服务的锁定
systemctl mask firewalld	下次需要锁定该服务时执行
systemctl start firewalld.service	启动防火墙
systemctl stop firewalld.service	停止防火墙
systemctl restart firewalld.service	重启服务
systemctl reload firewalld.service	重载配置
systemctl status firewalld.service	显示服务的状态
systemctl enable firewalld.service	在开机时启用服务
systemctl disable firewalld.service	在开机时禁用服务
systemctl is-enabled firewalld.service	查看服务是否开机启动
systemctl list-unit-files|grep enabled	查看已启动的服务列表
systemctl --failed	查看启动失败的服务列表

（2）firewall-cmd 命令列表如表 13-3 所示。

表 13-3　firewall-cmd 命令列表

命　　令	功　　能
firewall-cmd --state	查看防火墙状态
firewall-cmd --reload	更新防火墙规则
firewall-cmd --state	查看防火墙状态
firewall-cmd --reload	重载防火墙规则
firewall-cmd --list-ports	查看所有打开的端口
firewall-cmd --list-services	查看所有允许的服务
firewall-cmd --get-services	获取所有支持的服务

（3）区域相关命令列表如表 13-4 所示。

表 13-4　区域相关命令列表

命　　令	功　　能
firewall-cmd --list-all-zones	查看所有区域信息
firewall-cmd --get-active-zones	查看活动区域信息
firewall-cmd --set-default-zone=public	设置 public 为默认区域
firewall-cmd --get-default-zone	查看默认区域信息
firewall-cmd --zone=public --add-interface=ens160	将接口 ens160 加入区域 public

（4）接口相关命令列表如表 13-5 所示。

表 13-5　接口相关命令列表

命　　　令	功　　　能
firewall-cmd --zone=public --remove-interface=ens160	从区域 public 中删除接口 ens160
firewall-cmd --zone=default --change-interface=ens160	修改接口 ens160 所属区域为 default
firewall-cmd --get-zone-of-interface=ens160	查看接口 ens160 所属区域

（5）端口控制命令列表如表 13-6 所示。

表 13-6　端口控制命令列表

命　　　令	功　　　能
firewall-cmd --add-port=80/tcp --permanent	永久添加 80 端口例外（全局）
firewall-cmd --remove-port=80/tcp --permanent	永久删除 80 端口例外（全局）
firewall-cmd --add-port=65001-65010/tcp --permanent	永久增加 65001～65010 例外（全局）
firewall-cmd --zone=public --add-port=80/tcp --permanent	永久添加 80 端口例外（区域 public）
firewall-cmd --zone=public --remove-port=80/tcp --permanent	永久删除 80 端口例外（区域 public）
firewall-cmd --zone=public --add-port=65001-65010/tcp --permanent	永久增加 65001～65010 例外（区域 public）
firewall-cmd --query-port=8080/tcp	查询端口是否开放
firewall-cmd --permanent --add-port=80/tcp	开放 80 端口
firewall-cmd --permanent --remove-port=8080/tcp	移除端口
firewall-cmd --reload	重启防火墙（修改配置后要重启防火墙）

13.3　项　目　实　施

13.3.1　使用 FinalShell 工具远程连接实验主机

系统安全始终是信息网络安全的一个重要方面，攻击者往往通过控制操作系统来破坏系统和信息，或扩大已有的破坏。对操作系统进行安全加固就可以减少攻击者的攻击机会。

FinalShell 是一体化的服务器连接软件和网络管理软件，不仅是 SSH 客户端，还是功能强大的开发、运维工具，充分满足开发、运维需求。Linux 自带有 SSH 服务，开启 SSH 服务后就可以使用 FinalShell 远程控制。本次实验中远程登录方式采用的都是 SSH 方式，下面将不再特别说明。

1. 设置 IP 地址

首先设置 RHEL 8 服务器的 IP 地址为 192.168.1.104，如图 13-5 所示，与物理机 ping 通。

2. 安装 FinalShell 程序

（1）在 Windows 物理机中，双击打开 FinalShell 安装程序，接受"许可证协议"，如图 13-6 所示，单击"下一步"按钮，出现选择安装的组件，默认选中 FinalShell，如图 13-7 所示，不用进行修改，单击"下一步"按钮。

项目 13

架设防火墙

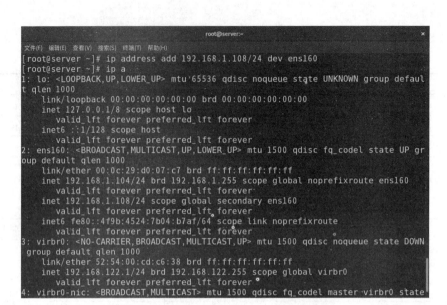

图 13-5　server 配置 IP 地址，ping 通网络

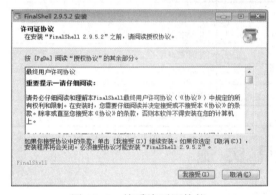

图 13-6　接受许可证协议

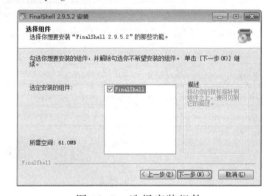

图 13-7　选择安装组件

（2）选择安装位置，将软件安装在已经规划的位置上，如图 13-8 所示，单击"下一步"按钮，提示需要安装 Winpcap 软件，如图 13-9 所示。

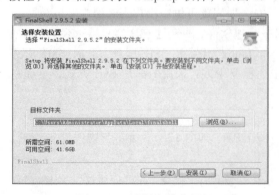

图 13-8　选择安装位置

图 13-9　提示安装 Winpcap

（3）单击"确定"按钮后开始安装 Winpcap，出现欢迎界面，如图 13-10 所示，单击"Next"按钮后，出现"License Agreement"界面，单击"I Agree"按钮，如图 13-11 所示。

图 13-10 欢迎界面

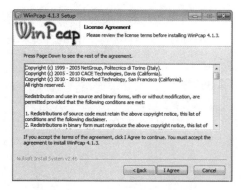

图 13-11 接受安装许可协议

（4）在"Installation options"界面单击"Install"按钮，开始安装，如图 13-12 所示，安装完成界面如图 13-13 所示，单击"Finish"按钮完成 Winpcap 软件安装。

图 13-12 安装选项

图 13-13 完成 Winpcap 安装

（5）安装程序自动进行 FinalShell 程序安装，如图 13-14 所示，安装完成后如图 13-15 所示。

图 13-14 开始安装 FinalShell 软件

图 13-15 完成 FinalShell 软件安装

（6）FinalShell 安装完成后，第一次打开界面如图 13-16 所示，可以查看系统 CPU、内存和交换分区等资源使用情况，单击窗口中间部分的文件夹图标，出现连接管理器窗口，如图 13-17 所示。

（7）在连接管理器中单击 🗅 图标，新建一个 SSH 连接，如图 13-18 所示，在"名称"文本框中输入要连接的操作系统名称，如 rhel8，在"主机"文本框中输入 RHEL8 的 IP 地址 192.168.1.104，端口默认使用 22，不用进行修改，认证方法使用密码方式，登录的用户名是

root，密码是 root 登录的密码。单击"确定"按钮后，出现了一个连接，如图 13-19 所示。

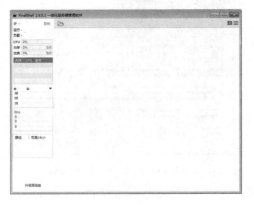

图 13-16　FinalShell 启动界面

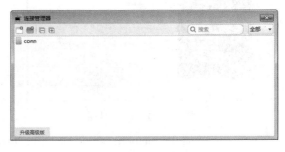

图 13-17　连接管理器界面

图 13-18　新建连接

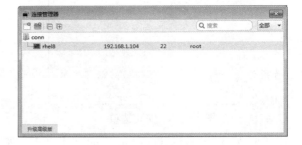

图 13-19　连接建立完成

（8）双击这个连接，出现图 13-20 所示对话框，单击"接受并保存"按钮，成功登录到 Linux 操作系统中，如图 13-21 所示。

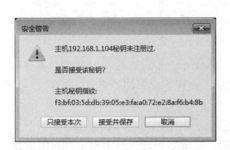

图 13-20　接受密钥

图 13-21　连接成功

（9）使用命令 useradd test 添加一个账号 test，并使用命令 passwd test 为这个账号设置密码，密码可以随意设置，如图 13-22 所示。

图 13-22　添加 test 账户

（10）使用新建立的用户 test，通过 FinalShell 软件，成功登录到 Linux 服务器，如图 13-23 所示。

图 13-23　使用 test 登录 Linux 服务器

请扫描二维码观看任务 1 使用 FinalShell 工具远程连接实验主机。

任务 1
使用 FinalShell
工具远程连
接实验主机

13.3.2　实现全网互通

管理员为了实现防火墙保护网络功能，首先需要实现全网互通，这样才能进行网站访问和 FTP 访问。本任务要配置 IP 地址，设置网卡类型，关闭防护墙功能，WebServer 服务器上安装 httpd 和 vsftpd 服务，并启动服务，ftp 服务配置匿名用户可以访问。在 Windows Server 2016 上测试 webserver 的 http 和 ftp 服务是否可以正常访问。

1. 实验环境准备

（1）启动虚拟机 Windows Server 2016，根据任务规划修改网卡 IP 地址，网络连接类型修改为 VMnet1。

（2）准备 firewall 和 webserver，安装 RHEL 8 操作系统。

① webserver 网卡改为 VMNet8 类型，IP 地址为 192.168.2.110/24，网关地址为 192.168.2.254。

② firewall 的第一个网卡类型修改为 VMnet1，设置 IP 地址为 192.168.1.254。

③ firewall 增加一块 VMNet8 的网卡，设置 IP 地址为 192.168.2.254。

（3）测试 Firewalld 到 Windows Server 2016 和 webserver 的连通性。

（4）WebServer 安装 httpd 和 vsftpd 服务，并启动服务，ftp 服务配置匿名用户可以访问。

（5）Windows Server 2016 上测试 webserver 的 http 和 ftp 服务是否可以正常访问。

2. Windows Server 2016 客户端配置 IP 地址

（1）打开 Windows Server 2016 的虚拟机设置，将网络适配器类型设置为 VMnet1（仅主机模式），如图 13-24 所示。

图 13-24　设置网络连接方式为 VMnet1

（2）设置 Windows Server 2016 的 IP 地址为 192.168.1.6，使用命令 *ipconfig* 查看 IP 地址正确，如图 13-25 所示。

图 13-25　查看 IP 地址

3．webserver 设置

使用一台 RHEL 8 作为 webserver，架设 Web 服务器和 FTP 服务器，设置 IP 地址为 192.168.2.110，具体设置过程如下：

（1）打开图形化设置 IP 地址界面，如图 13-26 所示，将 IP 地址设置为 192.168.2.110，子网掩码为 255.255.255.0，网关设置为 192.168.2.254，如图 13-27 所示。

图 13-26　有线网络设置界面

图 13-27　设置 IP 地址

（2）使用命令 *hostnamectl set–hostname webserver* 将 RHEL 8 的主机设置修改为 webserver，使用命令 *systemctl stop firewalld* 停止防火墙功能，再使用命令 *sentenforce 0* 临时关闭 selinux 功能，如图 13–28 所示。

图 13–28　设置主机名，关闭防火墙

（3）如果要永久关闭 selinux，使用命令 *vim /etc/selinux/config* 打开 selinux 配置文件，默认内容如图 13–29 所示，将 SELINUX=enforcing 修改为 SELINUX=disable，如图 13–30 所示。

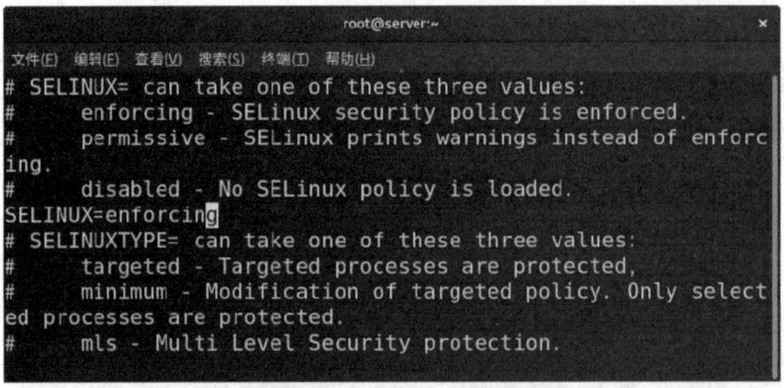

图 13–29　selinux 默认内容

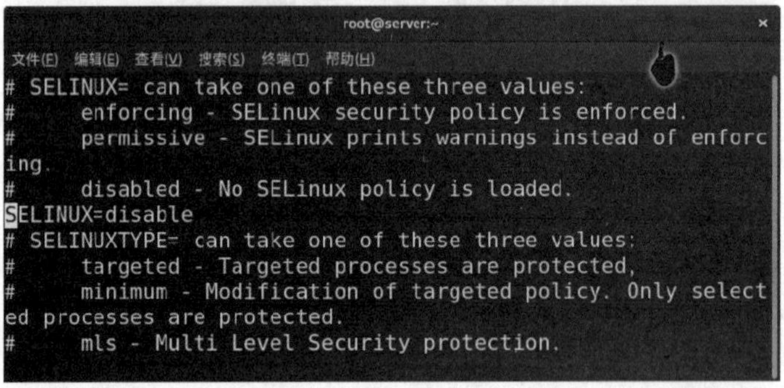

图 13–30　修改 selinux 关闭功能

（4）开启 FTP 服务，RHEL 8 默认不开启 FTP 匿名用户功能，使用命令 *vim /etc/vsftpd/vsftpd.conf* 打开 FTP 配置文件，默认设置如图 13–31 所示，匿名用户访问服务器的功能项 anonymous_enable=NO 没有开启，所以客户端不能使用匿名用户访问 FTP 服务器，将 anonymous_enable=NO 修改为 anonymous_enable=YES，如图 13–32 所示。

（5）使用命令 *systemctl start httpd* 开启 Web 服务器，使用命令 *systemctl start vsftpd* 开启 FTP 服务器，如图 13–33 所示。

（6）使用命令 *systemctl enable httpd* 设置 Web 服务器开机自启，使用命令 *systemctl enable vsftpd* 设置 FTP 服务器开机自启，如图 13–34 所示。

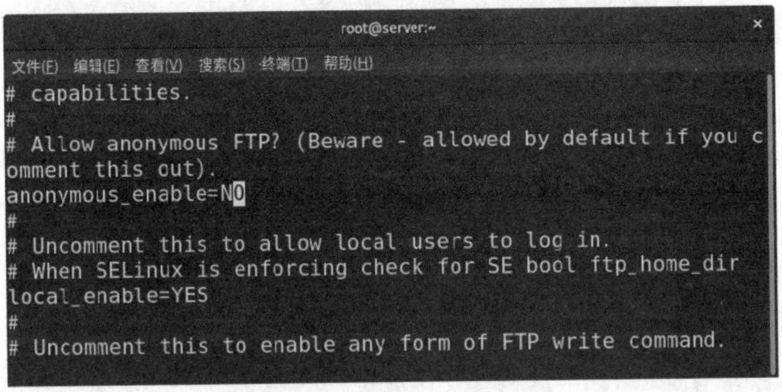

图 13-31　vsftpd 文件默认内容

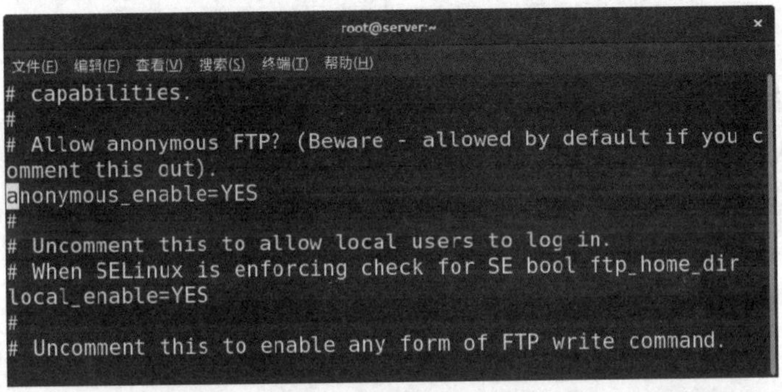

图 13-32　修改 vsftpd 文件内容开启匿名用户权限

图 13-33　启动 HTTP 和 FTP 服务

图 13-34　设置 HTTP 和 FTP 服务开机自启

4. firewall 防火墙设置

将 RHEL 8 作为 firewall 防火墙，设置两块网卡，VMnet1 连接 Windows Server 2016 客户机，VMnet8 连接 webserver，VMnet1 的 IP 地址设置为 192.168.1.254，VMnet8 的 IP 地址设置为 192.168.2.254，关闭防火墙功能。

（1）为 firewall 计算机添加一块网卡，打开虚拟机设置，单击"添加"按钮，出现"添加硬件向导"界面，如图 13-35 所示。

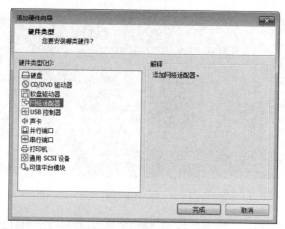

图 13-35　添加硬件向导界面

（2）选择网络适配器，单击"完成"按钮，将新添加的网络适配器 2 的网络连接类型设置为 VMnet8（NAT 模式），如图 13-36 所示。

图 13-36　添加了一块网卡

（3）将第一个网络适配器的网络连接类型选择为 VMnet1（仅主机模式），如图 13-37 所示。

（4）使用命令 *hostnamectl set-hostname firewall* 将 RHEL 8 的主机设置修改为 firewall，使用命令 *systemctl stop firewalld* 停止防火墙功能，再使用命令 *sentenforce 0* 临时关闭 selinux 功能，如图 13-38 所示。

（5）打开 firewall 计算机的网络设置，可以看到有两块网卡，名称分别是 ens160 和 ens224，如图 13-39 所示。

图 13-37　修改第一块网络类型为仅主机模式

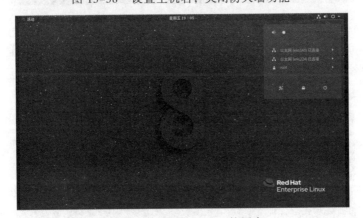

图 13-38　设置主机名，关闭防火墙功能

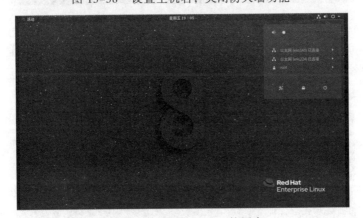

图 13-39　查看 firewall 的网卡

（6）将 ens160 的 IP 地址设置为 192.168.1.254，子网掩码设置为 255.255.255.0，网关因为就是本身，所以不用设置，ens224 的 IP 地址设置为 192.168.2.254，子网掩码设置为 255.255.255.0，网关因为就是本身，所以不用设置，如图 13-40 和图 13-41 所示。

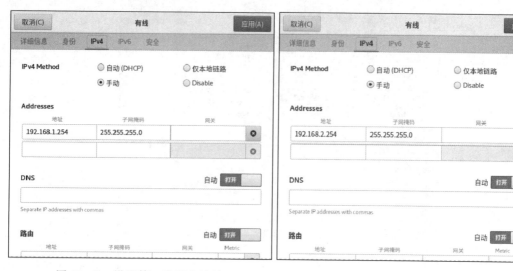

图 13-40　设置第一块网卡地址　　　　图 13-41　设置第二块网卡地址

（7）设置完成后，使用命令 *ifconfig* 查看，可以看到 IP 地址已经设置成功，如图 13-42 所示。

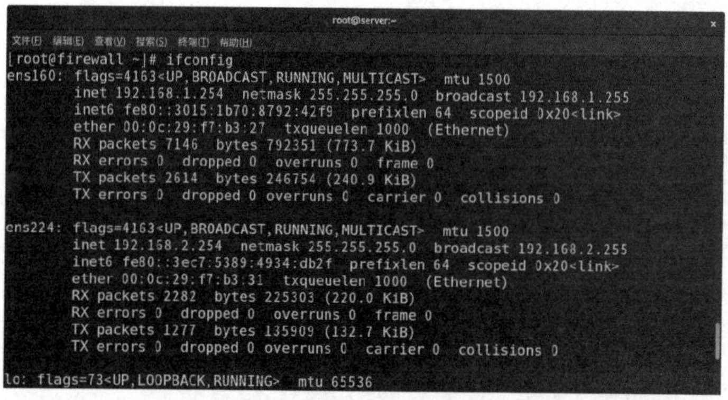

图 13-42　查看 IP 地址

（8）在 firewall 上验证和客户机 Windows Server 2016 和 webserver 是否连通，使用命令 *ping 192.168.1.6*，*ping 192.168.2.110*，都能够连通，如图 13-43 所示。

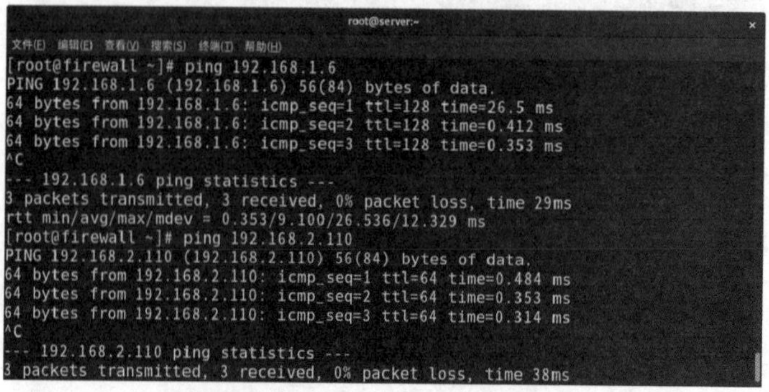

图 13-43　检测 firewall 连通性

5. Windows Server 2016 客户端验证服务

（1）在客户机 Windows Server 2016 上验证到 firewall 和 webserver 服务器的连通性，使用命令 *ping 192.168.2.254*，*ping192.168.2.110*，可以看到都能够连通，到 webserver 的 TTL 值是 63，说明经过了一次路由转发，如图 13-44 所示。

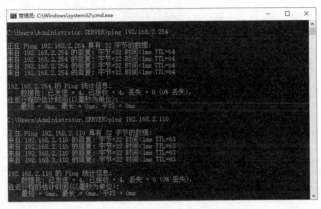

图 13-44　客户机能够连通 webserver

（2）在客户机 Windows Server 2016 上验证 Web 服务器和 FTP 服务器，在 IE 浏览器中输入 *http://192.168.2.110*，如图 13-45 所示，成功访问 webserver 上的 Apache 服务器，输入 *ftp://192.168.2.110*，成功访问 FTP 站点，如图 13-46 所示。

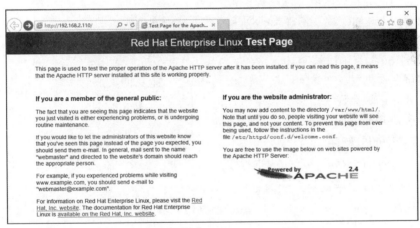

图 13-45　客户机成功访问 Web 服务器

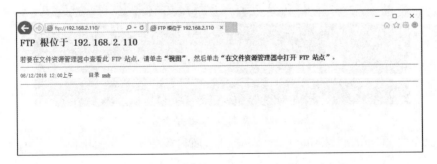

图 13-46　客户机成功访问 FTP 服务器

请扫描二维码观看任务 2 实现全网互通。

任务 2
实现全网互通

13.3.3 配置防火墙实现允许服务通过

本任务中管理员要安装防火墙软件包，启动防火墙，查看防火墙默认规则，然后配置防火墙规则，允许服务通过，并进行验证。

1. 任务规划

（1）安装 firewalld 软件包。

（2）查看 firewalld 是否安装。

（3）启动防火墙，并设置为开机自启，查看运行状态。

（4）查看当前的默认区域并修改为 DMZ 区域。

① 查询 ens160 网卡（不同虚拟机网卡名称可能不同）所属的区域。

② 设置默认区域为 dmz。

③ 将 ens160 网卡临时移至 dmz 区域。

（5）测试在本机可成功访问网站，在 firewalld 主机上访问失败。

（6）在 dmz 区域允许 http 服务流量通过，要求立即生效。

（7）再次在 firewalld 主机上访问 web 网站。

2. 安装 firewalld 软件包

使用命令 *yum –y install firewalld* 进行安装。

3. 在 webserver 上启动防火墙功能

（1）使用命令 *rpm –qa | grep firewalld* 查看防火墙安装状态，可以看到已经安装，如图 13–47 所示。

图 13–47　查询 firewall 是否安装

（2）使用命令 *systemctl start firewalld* 开启防火墙功能，并使用命令 *systemctl enable firewalld* 将防火墙设置为开机自启，再使用命令 *ps –ef | grep firewalld* 查看防火墙状态，可以看到防火墙运行正常，如图 13–48 所示。

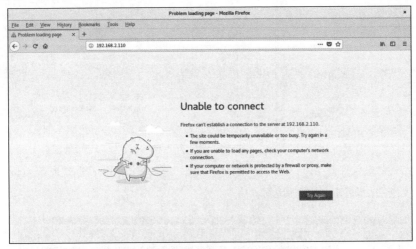

图 13-48 启动防火墙并查看状态

（3）webserver 启动防火墙后，没有添加规则，默认是不允许访问 http 服务，在 firewall 和 Windows Server 2016 客户机上再次访问网站，失败，提示不能连接，如图 13-49 和图 13-50 所示，说明防火墙功能已经生效。

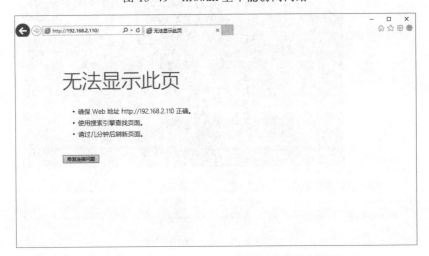

图 13-49　firewall 上不能访问网站

图 13-50　Windows Server 2016 上不能访问网站

4. 连接 webserver

在物理机上修改 IP 地址，使用 finalShell 登录到 webserver 上，进行防火墙设置，实现允许客户机访问 Web 站点。

（1）将物理机的 VMNet8 虚拟机网卡的 IP 地址修改为 192.168.2.6，子网掩码为

255.255.255.0，网关设置为192.168.2.254，如图13-51所示。

（2）打开FinalShell，名称输入webserver，主机输入192.168.2.110，用户名输入root，再输入root账户的密码，如图13-52所示，然后单击"确定"按钮，连接到webserver服务器上。

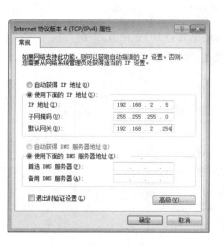

图13-51　物理机设置IP地址

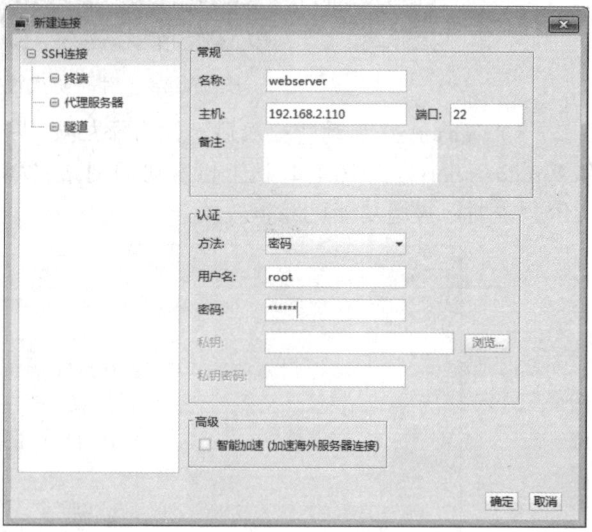

图13-52　使用FinalShell连接webserver

（3）连接成功后如图13-53所示。

图13-53　成功连接webserver

5. 查看防火墙配置

（1）使用命令 *firewall-cmd --list-all* 命令查看当前防火墙配置，如图13-54所示，可以看到当前有一块网卡ens160，位于public区域，开启的服务只有ssh。

图 13-54　查看 webserver 防火墙

（2）查看当前防火墙默认区域并修改为 DMZ，使用命令 *firewall-cmd --get-default-zone*，查看当前默认区域是 public，再使用命令 *firewall-cmd --get-zone-of-interface=ens160* 查看接口 ens160 属于的区域，也是 public，如图 13-55 所示。

图 13-55　查看默认区域类型和默认接口

（3）使用命令 *firewall-cmd --set-default-zone=DMZ*，将区域设置为 DMZ，再使用命令 *firewall-cmd --zone=dmz --zone=dmz-change-interface=ens160* 临时将接口 ens160 移到 DMZ 区域，如图 13-56 所示。

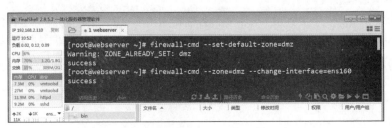

图 13-56　设置 DMZ 区域并移动接口

（4）使用命令 *firewall-cmd --list-all* 命令查看防火墙配置，如图 13-57 所示，可以看到区域已经转变为 DMZ，接口是 ens160。

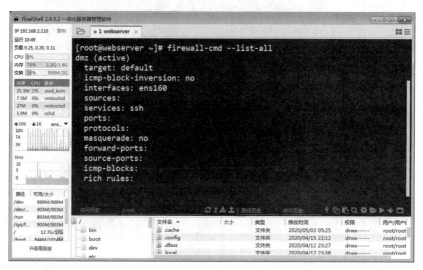

图 13-57　查看区域类型和接口

6. 本机上验证服务

在本机 webserver 上验证网站是否好用，使用命令 *curl http://192.168.2.110*，出现图 13-58 所示的代码，说明网站正常。

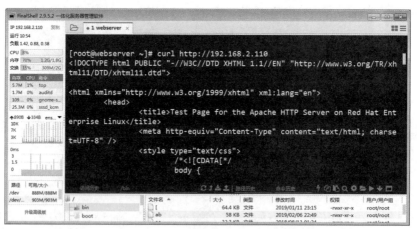

图 13-58　webserver 上验证服务

7. firewall 上验证服务

（1）使用 FinalShell 连接到 firewall 上，名称输入 firewall，主机输入 192.168.2.254，用户名输入 root，再输入 root 账户的密码，如图 13-59 所示，然后单击"确定"按钮，连接到 firewall 防火墙上。连接成功后如图 13-60 所示。

图 13-59　使用 FinalShell 连接 firewall

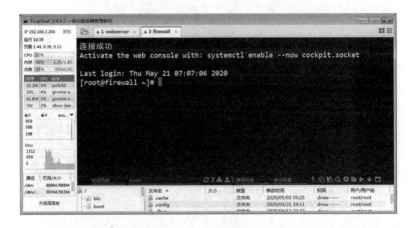

图 13-60　连接成功

（2）在 firewall 上输入命令 *curl http://192.168.2.110* 访问网站，如图 13-61 所示，提示没有到主机的路由，这是因为在 webserver 上没有设置访问规则，所以拒绝客户机访问。

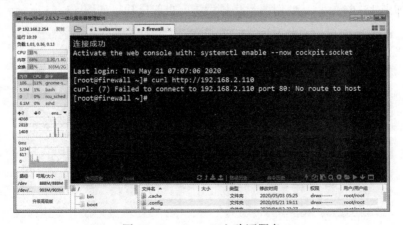

图 13-61　firewall 上验证服务

8. 在 webserver 上添加规则，允许访问 http

在 webserver 服务器上，添加规则，允许客户机访问 Web 站点，使用命令 *firewall-cmd --zone=dmz --add-service=http*，将 http 协议添加到防火墙中，如图 13-62 所示。使用命令 *firewall-cmd --list-all* 查看添加的规则，如图 13-63 所示，可以看到，允许的服务有 ssh 和 http。

图 13-62　添加 http 服务通过防火墙

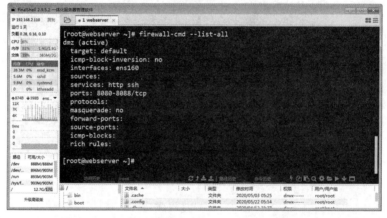

图 13-63　查看规则

再次在 firewall 上使用命令 *curl http://192.168.2.110* 访问网站，已经成功弹出代码，说明访问成功，如图 13-64 所示。使用图形化界面访问也能成功，如图 13-65 所示。

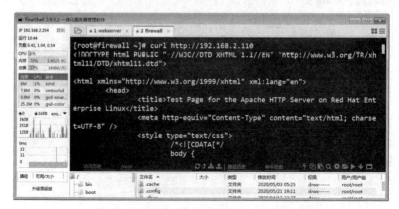

图 13-64　firewall 上成功访问 Web 站点

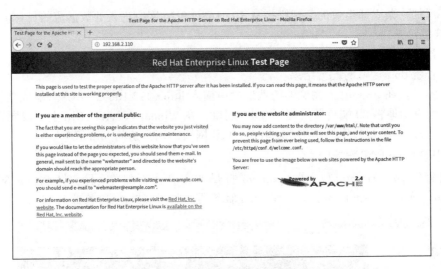

图 13-65　使用浏览器成功访问

请扫描二维码观看任务 3 配置防火墙实现允许服务通过。

任务 3
配置防火墙实
现允许服务通
过

13.3.4　配置防火墙实现端口转换

本任务管理员要配置 httpd 服务，使其工作在 8080 端口，配置防火墙规则，允许 8080
与 8088 端流量通过 dmz 区域且立即生效，测试成功，然后添加一条立即生效的富规则，把从
192.168.2.0/24 网段进入的数据流的目标 80 端口转换为 8080 端口，测试端口转换成功，最后
添加一条富规则，拒绝 192 168.3.0/24 网段的用户访问 http 服务。

1. 任务规划

为了安全起见，将 Web 服务器工作在 8080 端口，现要求通过端口转换，让用户能通过
"http:// 192.168.2.110" 的地址格式访问。

（1）配置 httpd 服务使其工作在 8080 端口。

（2）重启 httpd 服务。

（3）允许 8080 与 8088 端流量通过 dmz 区域且立即生效。

（4）查看对端口的操作是否成功。

（5）初步测试。在本机和其他主机上使用 http://192.168.2.110:8080 格式访问均能成功，
而使用 http://192.168.2.110 格式访问均失败。

（6）添加一条立即生效的富规则把从 192.168.2.0/24 网段进入的数据流的目标 80 端口转换为 8080 端口。

（7）让以上配置立即生效。

（8）查看 dmz 区域的配置结果。

（9）测试。在 firewall 上浏览器的地址栏中输入 http://192.168 2.110，若能成功访问，则表明防火墙成功地将 80 端口转换到了 8080 端口，在 Windows Server 2016 上完成同样测试。

（10）添加一条富规则，拒绝 192.168.3.0/24 网段的用户访问 http 服务。

2. 修改 Web 服务器端口

使用命令 *vim /etc/httpd/conf/httpd.conf* 打开 Web 服务器配置文件，将 Listen 80 修改为 Listen 8080，如图 13-66 所示，表示将 Web 服务器的监听端口由 80 修改为 8080。

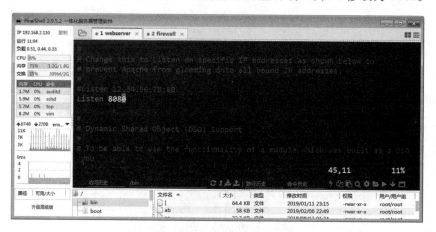

图 13-66　修改 http 服务的端口

使用命令 *systemctl restart httpd* 重启服务，如图 13-67 所示。

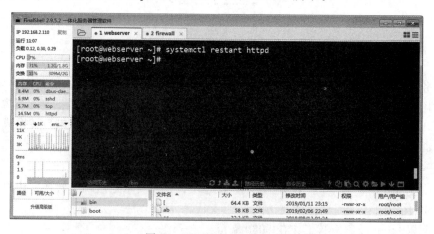

图 13-67　重启 httpd 服务

3. 修改防火墙配置

（1）使用命令 *firewall-cmd --zone=dmz --add-port=8080-8088/tcp* 将端口 8080-8088 添加到区域中，使用命令 *firewall-cmd --zone=dmz --list-ports* 查看端口情况，如图 13-68 所示。

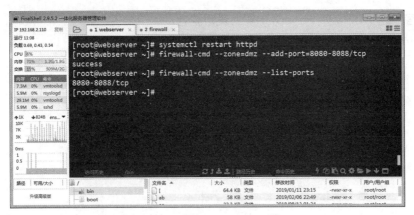

图 13-68　添加 8080-8088 端口

（2）在 webserver 上进行验证，输入 *curl http://192.168.2.110* 无法访问网站，因为已经将端口修改为 8080，再输入 *curl http://192.168.2.110:8080* 成功访问网站，如图 13-69 所示。

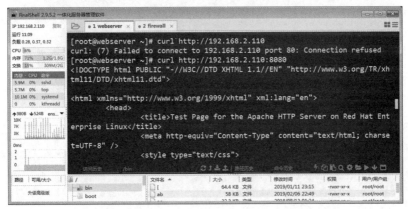

图 13-69　webserver 上验证端口

4. 在 firewall 上进行验证

输入 *curl http://192.168.2.110* 无法访问网站，提示访问端口 80 时连接被拒绝，因为已经将端口修改为 8080，再输入 *curl http://192.168.2.110:8080* 成功访问网站，如图 13-70 所示。

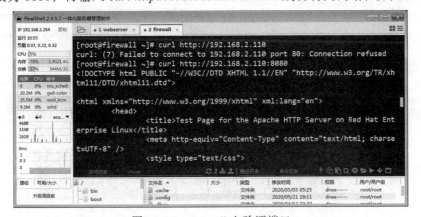

图 13-70　firewall 上验证端口

项目
13

架设防火墙

5. 在客户机 Windows Server 2016 上进行验证

输入 *http://192.168.2.110*，无法访问，如图 13-71 所示，输入 *http://192.168.2.110:8080*，成功访问，如图 13-72 所示。

图 13-71　客户机上使用 80 端口无法访问

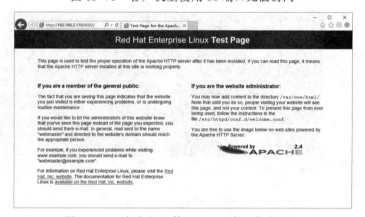

图 13-72　客户机上使用 8080 端口成功访问

6. 在 webserver 上实现端口转换

（1）添加一条富规则，使用命令 *firewall-cmd --zone=dmz --add-rich-rule="rule family=ipv4 source address=192.168.2.0/24 forward-port port=80 protocol=tcp to-port=8080"*，将网段 192.168.2.0 的 80 端口的访问都转换为 8080，如图 13-73 所示，这样就完成了端口转换。

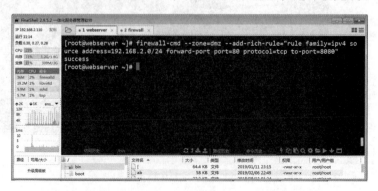

图 13-73　添加一条富规则实现端口转换

（2）使用命令 *firewall-cmd --lsit-all --zone=dmz* 查看规则，如图 13-74 所示，可以看到开放的服务有 http 和 ssh，增加了一条富规则。

图 13-74　查看富规则

7. 验证

（1）在 webserver 上进行验证，输入 *curl http://192.168.2.110* 无法访问网站，提示访问端口 80 时连接被拒绝，再输入 *curl http://192.168.2.110:8080* 成功访问网站，如图 13-75 所示，说明这个富规则对服务器本身不生效，服务器本身还是使用正常端口访问。

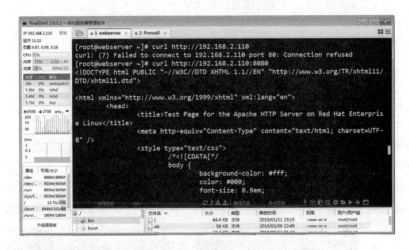

图 13-75　webserver 上验证

（2）在 firewall 上进行验证，输入 *curl http://192.168.2.110* 成功访问网站，如图 13-76 所示，说明端口已经成功转换，客户机可以使用端口 80 访问服务器上的 8080 端口。客户机并不关心实际端口是多少，使用 80 端口访问是最便捷的，而服务器设置了一般端口 8080，保证了服务器的安全。

（3）在客户机 Windows Server 2016 上访问时，输入 *http://192.168.2.110*，成功访问，如图 13-77 所示。

项目 13　架设防火墙

图 13-76　firewall 上验证

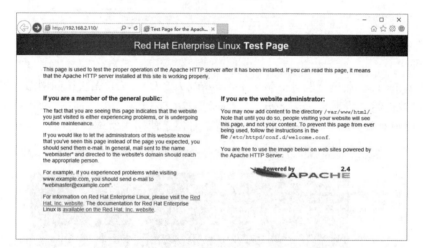

图 13-77　firewall 上成功访问

8. 添加规则，拒绝 192.168.3.0 网段的主机访问 Web 服务器

使 用 命 令 *firewall-cmd --zone=dmz --add-rich-rule="rule family=ipv4 source address=192.168.3.0/24 service name=http reject"* 添加一条富规则，如图 13-78 所示。

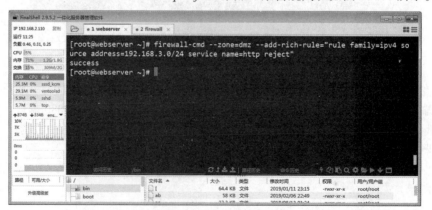

图 13-78　添加拒绝特定网段拒绝访问 Web 服务器

请扫描二维码观看任务 4 配置防火墙实现端口转换。

任务 4
配置防火墙实
现端口转换

13.4 项 目 总 结

本项目是综合性项目，学习了防火墙安全，安装防火墙软件包，启动防火墙，配置防火墙规则，允许服务通过，并进行了验证，在验证过程中，需要启动 Web 服务器和 FTP 服务器。

13.5 项 目 实 训

1. **实训目的**

（1）掌握防火墙的基本知识。

（2）能够配置防火墙，允许服务器运行提供 Web 服务和 FTP 服务。

（3）能够进行客户端验证。

2. **实训环境**

（1）Linux 服务器。

（2）Windows 客户机。

3. **实训内容**

（1）规划防护墙防护区域，并画出网络拓扑图。

（2）配置防火墙，实现防护 HTTP 服务和 FTP 服务。

（3）在客户端进行验证。

（4）设置防火墙自动运行。

4. **实训要求**

实训分组进行，可以两人一组，小组讨论，确定方案后进行讲解；教师给予指导，全体学生参与评价。方案实施过程中，一台计算机作为防火墙服务器，另一台计算机作为客户机，要轮流进行角色转换。

5. **实训总结**

完成实训报告，总结项目实施中出现的问题。

项目
13

架设防火墙

13.6 项 目 练 习

一、选择题

1. 查看防火墙所有区域信息的命令是（   ）。
   A. firewall-cmd --list-all-zones   B. firewall-cmd --get-active-zones
   C. firewall-cmd --set-default-zone=public   D. firewall-cmd --get-default-zone

2. 重载防火墙规则的命令是（   ）。
   A. firewall-cmd –state   B. firewall-cmd --reload
   C. firewall-cmd –state   D. firewall-cmd --reload

3. 设置 public 为默认区域的命令是（   ）。
   A. firewall-cmd --list-all-zones   B. firewall-cmd --get-active-zones
   C. firewall-cmd --set-default-zone=public   D. firewall-cmd --get-default-zone

二、填空题

1. 防火墙的种类包括_____、_____和_____三种。

2. 重启防火墙使用命令_____。

3. Netfilter/iptables IP 信息包过滤系统被称为单个实体，它由_____和_____两个组件组成。

4. 设置 firewalld 服务开机自动运行的命令是_____。

参 考 文 献

[1]杨云，唐柱斌. Linux 操作系统及应用[M]. 4 版. 大连：大连理工大学出版社，2017.

[2]芮坤坤，李晨光. Linux 服务管理与应用[M]. 大连：东软电子出版社，2018.

[3]孙丽娜，孔令宏，杨云. Linux 网络操作系统与实训[M]. 2 版. 北京：中国铁道出版社，2016.

[4]周志敏. Linux 操作系统应用技术[M]. 北京：电子工业出版社，2013.

[5]姜大庆，周建，邓荣. Linux 系统与网络管理[M]. 3 版. 北京：中国铁道出版社，2015.

[6]丛佩丽. Linux 操作系统配置及应用项目化教程[M]. 北京：化学工业出版社，2017.

[7]夏笠芹. Linux 网络操作系统配置与管理[M]. 3 版. 大连：大连理工大学出版社，2018.

[8]丛佩丽. 网络操作系统管理与应用[M]. 4 版. 北京：中国铁道出版社有限公司，2020.